ABITUR-WISSEN CHEMIE

Habekost · Hünten · Metzger
Pfenning · Weile

Struktur der Materie und Kernchemie

STARK

ISBN 978-3-89449-663-0

www.stark-verlag.de
1. Auflage 2004

Inhalt

Fortsetzung siehe nächste Seite

Autoren: Prof. Dr. Achim Habekost und Heike Weile (Struktur der Materie)
Michael Hünten, Monika Metzger und Rainer Pfenning (Kernchemie)

Vorwort

Liebe Schülerin, lieber Schüler,

der Band „Abitur-Wissen Chemie, Struktur der Materie und Kernchemie“ zeigt die Entwicklung von Modellen, mit denen der Mensch seit der Antike den Aufbau der belebten und unbelebten Materie zu erklären versucht. Eng verknüpft mit der Verfeinerung der Atommodelle ist die Entdeckung und Erforschung radioaktiver Zerfallsprozesse. Im 20. Jh. wurde dieses Wissen zur Entwicklung von Atomwaffen eingesetzt und damit die Aufrüstung zu Zeiten des „Kalten Krieges“ vorangetrieben. Die friedliche Nutzung der enormen Energiebeträge, die mit Kernreaktionen einhergehen, versprach gleichzeitig einen Weg aus der Abhängigkeit von fossilen Energieträgern und damit die Lösung aller Energieprobleme der Menschheit.

Dieses Buch bietet eine strukturierte Darstellung wichtiger **Fakten und Zusammenhänge** zu den folgenden, eng verknüpften Themengebieten:

- Historische Entwicklung wegweisender **Atommodelle** bis hin zu modernen, quantenmechanischen Vorstellungen.
- Eigenschaften der chemischen Elemente und die daraus resultierenden Aufbauprinzipien des **Periodensystems der Elemente**.
- Verschiedene Typen **chemischer Bindungen**, deren Ausbildung mit den Eigenschaften der beteiligten Elemente in Zusammenhang steht.
- Aufbau von **Kristallen** und **amorphen Festkörpern** mit Schwerpunkt auf dem Verständnis der **Bindung in Metallen** und den daraus resultierenden Eigenschaften dieser Stoffe.
- Struktur, Aufbau, Benennung, Vorkommen und Verwendung von **komplexen chemischen Verbindungen** mit detaillierter Erklärung ihrer besonderen Bindungsverhältnisse.
- Entdeckungsgeschichte, Arten, Wirkung und Eigenschaften **radioaktiver Strahlung** sowie die Nutzung künstlicher und natürlicher Elementumwandlungen mit Ausblick auf die Zukunft der Kernenergietechnik.

Damit ermöglicht dieser Band die gezielte Vorbereitung auf den **Unterricht** und das **Abitur**. Er hilft mit der **anschaulichen Erläuterung** aller Modelle und Prinzipien, **präzisen Definitionen** und **übersichtlichen Grafiken** außerdem bei der selbstständigen Erarbeitung, Vertiefung und Wiederholung des prüfungsrelevanten chemischen Faktenwissens.

Ihr
Stark Verlag

Die Struktur der Materie

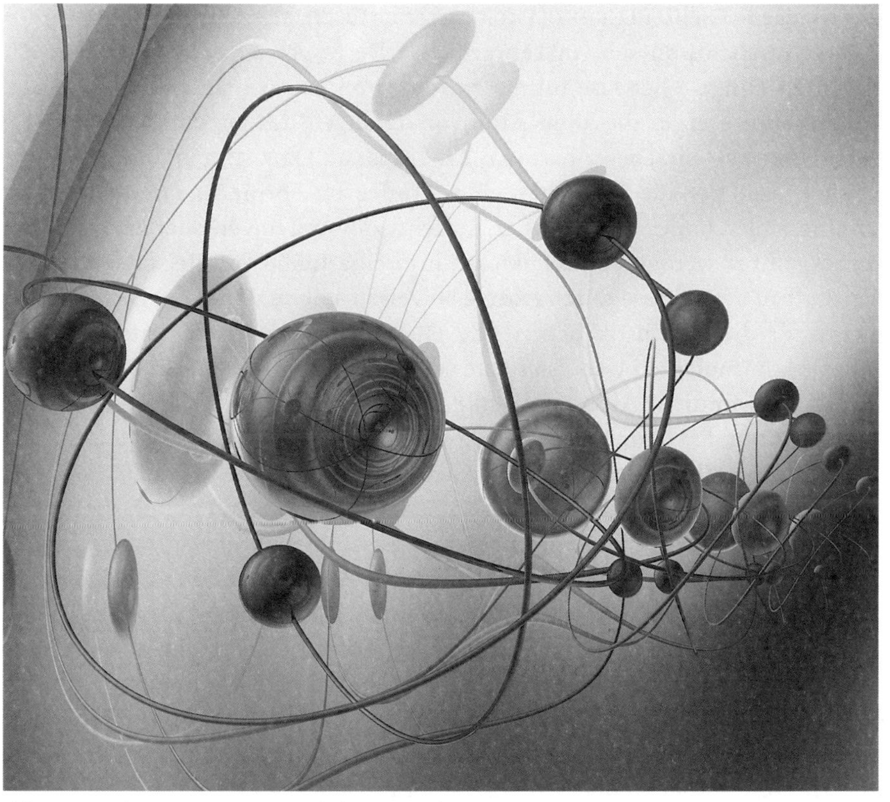

Elektronen umkreisen einen positiv geladenen Atomkern

1 Atommodelle im Wandel der Zeit

1.1 Von Demokrit bis Dalton

Der römische Dichter LUKREZ (Titus Lucretius Caro), ein Zeitgenosse von Julius CÄSAR, versuchte in seinem Lehrgedicht „*De rerum natura*“ (lat.: „Von der Natur der Dinge“) Beweise für die Existenz von Atomen zusammenzutragen. Dabei knüpfte er an die alten Atomvorstellungen des griechischen Philosophen DEMOKRIT an. Dieser hatte im Anschluss an LEUKIPP eine Theorie ausgearbeitet, nach der alle Qualitäten eines Stoffes auf Form, Lage und Größe inkompressibler, undurchdringlicher, unsichtbarer und unveränderlicher **Atome** zurückgeführt werden kann. Lukrez führte eine Reihe von Beispielen an, die den Aufbau der Materie durch Atome beweisen sollten. Eines der besten Argumente für die Atomistik betrifft die Durchdringbarkeit der Materie. Wenn Materie kontinuierlich wäre, so fragte er sich, wie könne dann ein Fisch durchs Wasser schwimmen? Aufbauend auf der Atomvorstellung erklärte Lukrez, wie sich die Atome zu immer komplexeren Strukturen zusammenfügen. Ebenso wie der unendliche Reichtum der Literatur durch die Kombination von Buchstaben hervorgebracht werde, so setze sich die Natur durch die unterschiedliche Kombination weniger Atomen zusammen. Viele Jahrhunderte vergingen, bis in der abendländischen Kultur die Atomvorstellung wieder aufgegriffen wurde. Im 18. Jahrhundert wurde eine Reihe von empirischen Untersuchungen zur stofflichen Veränderung vorgenommen, wobei die Waage eine große Rolle spielte. So stellte LAVOISIER (siehe S. 29) 1780 fest, dass sich bei chemischen Reaktionen die Gesamtmasse der an einer Reaktion teilnehmenden Stoffe nicht ändert. Dies ist das so genannte **„Gesetz von der Erhaltung der Masse“**. Ferner stellte er die Behauptung auf, dass Elemente Stoffe sind, die sich nicht weiter zerlegen lassen.
Schon im Jahr 1797 hatte PROUST die Regel von der **Konstanz der Proportionen** formuliert:

> Chemische Stoffe lassen sich in stets gleiche Gewichtsanteile von Elementen („Grundstoffen“) zerlegen. Chemische Elemente reagieren in bestimmten, konstanten Gewichtsverhältnissen zu neuen Stoffen.

Dieses Grundgesetz der Stöchiometrie wurde später vom britischen Naturforscher DALTON zum **Gesetz der konstanten Proportionen** erweitert.

Ende des 18. Jahrhunderts untersuchte Dalton die physikalischen Eigenschaften von Flüssigkeiten und Gasen, v. a. das Verhalten von Gasgemischen. 1808 stellte er dann eine chemische **Atomtheorie** auf, indem er die Ergebnisse seiner Untersuchungen in sieben Punkten zusammenfasste:

1. Materie besteht aus kleinen Teilen, den Atomen.
2. Diese Atome sind unteilbar, d. h. sie können nicht zerstört werden.
3. Alle Atome desselben Elements haben dieselbe Masse.
4. Atome unterschiedlicher Elemente besitzen auch unterschiedliche Massen.
5. Eine Verbindung wird stets durch dieselbe Anzahl von Atomen der Elemente gebildet.
6. Die Masse der Teilchen einer Verbindung ist die Summe aus den Massen der die Verbindung aufbauenden Atome.
7. Gibt es mehr als nur eine Verbindung zwischen zwei Elementen, so entspricht das Zahlenverhältnis der die Verbindung aufbauenden Atome dem Verhältnis ganzer Zahlen.

Mithilfe der Überlegungen von Dalton ließen sich die stöchiometrischen Gesetze ableiten, und nachdem ab etwa 1850 auch die **relativen Atommassen** der wichtigsten Elemente bekannt waren, konnten diese für technische Analysen von chemischen Verbindungen vorhergesagt werden.
Durch die Arbeiten von BOYLE, MARIOTTE, AMONTONS und GAY-LUSSAC im 18. Jahrhundert wusste man, dass sich elementare Gase bei Druck- und Temperaturänderung vollkommen gleichartig verhalten. Betrachtet man die Atome als bewegte punktförmige Massen, so lässt sich diese Beobachtung mit dem **Satz von Avogadro** deuten:

> Alle Gase enthalten bei gleicher Temperatur, unter gleichem Druck und im gleichen Volumen die gleiche Zahl von Teilchen.

1865 konnte der Wiener Physiker LOSCHMIDT aus der Diffusionsgeschwindigkeit von Gasen den Atomdurchmesser zu 100 pm[1] und die Masse des Wasserstoffatoms zu 10^{-24} g bestimmen. Damit war es möglich, die Zahl der Wasserstoffatome anzugeben, die sich in einem Gramm Wasserstoffgas befinden. Unter Normalbedingungen sind dies $6{,}023 \cdot 10^{23}$ Teilchen.

1 Einheit: 1 pm = 1 Pikometer = $1 \cdot 10^{-12}$ m

Elektrochemische Erscheinungen, wie die Funktion der Volta'schen Säule oder die Faraday'schen Gesetze über die quantitative Beziehung zwischen transportierter Ladung und abgeschiedener Stoffmenge konnten mit der Atomtheorie von Dalton nicht erklärt werden.
Erweitert wurde dieses Modell durch den englischen Physiker THOMSON, der 1897 nach der Entdeckung des **Elektrons** postulierte, dass die Elektronen in den Atomen regellos in einem Raum positiver Ladung verteilt sind. Sein Atommodell wurde daher „**Rosinenkuchenmodell**" genannt. Thomson vermutete weiter, dass sich die Elektronen in „Sphären" innerhalb einer positiv geladenen Kugel bewegen.

1.2 Das Rutherford'sche Kern-Hülle-Modell

Auf die Frage, wie die positiven und negativen elektrischen Ladungen räumlich im Atom verteilt sind, wurde durch die **Streuexperimente** von Thomsons Schüler RUTHERFORD eine Antwort gefunden.

Abb. 1: Ernest RUTHERFORD (1871–1937).

Rutherford untersuchte aber nicht die Eigenschaften des Elektrons, sondern wandte sich zunächst der Erforschung der Radioaktivität zu. 1909 beobachtete er, wie **α-Teilchen** streuen, wenn sie auf eine sehr dünne Goldfolie „abgefeuert" werden. α-Teilchen sind positiv geladene Heliumkerne, die beim radioaktiven Zerfall von Radium entstehen (siehe S. 132 ff.). Sie sind so energiereich, dass sie durch eine dünne Goldfolie normalerweise einfach „hindurchgehen". Nur wenige α-Teilchen prallen auf Goldatome und werden dabei abgelenkt.

Auf Veranlassung von Rutherford führte MARSDEN verschiedene Experimente zur Untersuchung des Streuverhaltens von α-Teilchen an Goldfolien durch. Zu diesem Zweck legte er etwas radioaktives Material in einen Bleikasten, das mit einem Loch versehen war, durch das die radioaktive Strahlung in einem geraden Strahl austreten konnte. Die Teilchen trafen auf eine Goldfolie, während hinter der Folie ein Spinthariskop („Leuchtschirm") das Auftreffen der Heliumkerne sichtbar machte. Danach verschob Marsden das Spinthariskop aus der Richtung des Strahlengangs heraus und war erstaunt, auch hier α-Teilchen auf dem Detektor zu finden, wenn auch nur wenige.

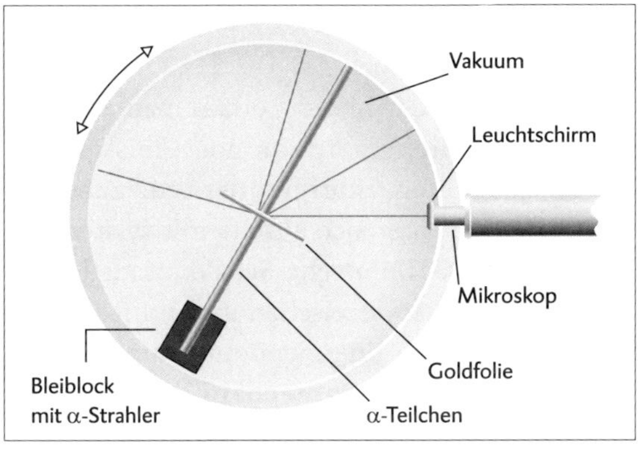

Abb. 2: Schematische Anordnung zu Rutherfords Streuversuchen.

Rutherford berechnete, welchen Weg ein α-Teilchen im Inneren eines Goldatoms nimmt und wie es wieder herausgelangt. Aufgrund der gemessenen Streuwinkel der α-Teilchen an der Goldfolie stellte er die Hypothese auf, dass die gesamte positive Ladung und die Masse des Atoms auf kleinstem Raum im Zentrum, dem „**Kern**", konzentriert ist. Dieser Kern ist von einer bestimmten Anzahl von Elektronen umgeben, die ihn umkreisen:

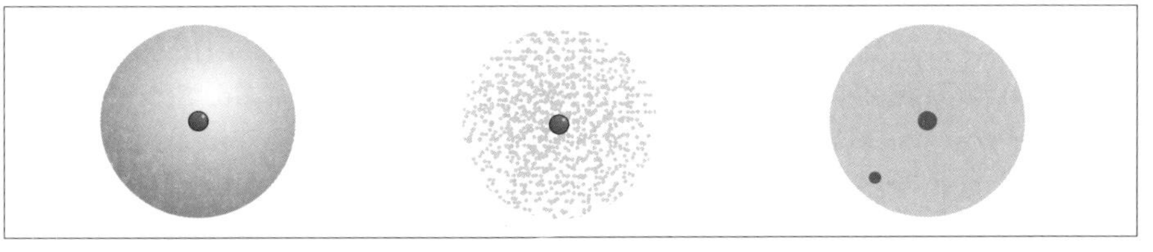

Abb. 3: Atomhülle und Atomkern (links). Viele Momentaufnahmen eines Elektrons im Atom (Mitte). Ein Atom mit einem Elektron (rechts).

Das Atom ist also kein unteilbares Ganzes, sondern besitzt eine Struktur aus einem Zentrum, dem **Atomkern**, und einer Ummantelung, der **Elektronenhülle**. Dieses Atommodell wird **strukturiertes Atommodell** genannt.
„Zusammengehalten werden" sollte dieses Atom nach Rutherfords Vorstellungen von der elektrostatischen Anziehung zwischen dem positiv geladenen Kern und den negativ geladenen Elektronen. Die Stabilität des Systems stellte sich später als der „schwache Punkt" der Modellvorstellung heraus.
Die für die chemische Natur des im Ruterford-Experiment beschossenen Ziels charakteristische Zahl Z wurde **Atomzahl** genannt. Sie gibt die elektrische Ladung des Kerns in den Einheiten der Elektronenladung an und entspricht der Anzahl der um den Kern kreisenden **Elektronen**. Diese Entdeckung erlaubte eine neue Definition des chemischen Elements (siehe S. 32).

1.3 Absorption und Emission von Licht

Die wichtigste Information über die Struktur der Materie erhält man aus charakteristischen **Linienspektren**, die durch die Absorption und Emission bestimmter Energieportionen, den so genannten **Energiequanten**, zustande kommen. Die Energie des Wasserstoffatoms lässt sich bereits mit relativ einfachen Modellen recht genau berechnen. Das Bohr'sche Schalenmodell etwa erklärt anschaulich die Entstehung der Linien im optischen und im Röntgenbereich durch **Elektronenübergänge** zwischen Energieniveaus. Eine genaue Charakterisierung ist jedoch nur über die **Quantenmechanik** mithilfe der Schrödinger-Gleichung möglich. Diese macht Aussagen zu Aufenthaltswahrscheinlichkeiten von Elektronen in Atomen (siehe S. 20 ff.).
Neben dieser Beschreibung der Energie der Atome ist die Natur des Lichts und der Elektronen von besonderem Interesse: Je nach dem experimentellen Arrangement verhalten sich diese wie eine Welle oder wie ein Teilchen („**Welle-Teilchen-Dualismus**").
Lange Zeit war die theoretische Beschreibung der Energieverteilung eines so genannten „Hohlraumstrahlers" oder „Schwarzen Strahlers" nur unvollständig möglich. Ein Schwarzer Strahler ist eine Art Ofen mit einem kleinen Loch, der auf hohe Temperatur gebracht wird und dann ein **kontinuierliches** Spektrum elektromagnetischer Strahlung emittiert. Die Intensität der Strahlung ist abhängig von der Wellenlänge und der Temperatur des Schwarzen Strahlers. Den Aussagen der klassischen Physik zufolge müsste die Strahlungsintensität mit Zunahme der Frequenz bis ins Unendliche anwachsen. Dies wird experimentell aber nicht beobachtet, bei höherer Frequenz geht die Strahlungsintensität gegen Null:

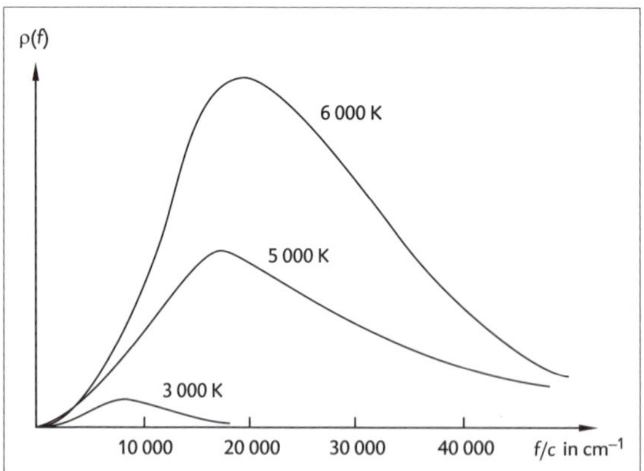

Abb. 4: Hohlraumstrahlung bei drei verschiedenen Temperaturen. ($\rho(f)$: Intensität der Strahlung, f: Frequenz, c: Lichtgeschwindigkeit, f/c ist die so genannte Wellenzahl.)

Quantelung der Energie und Absorption

Im Jahr 1900 deutete PLANCK die experimentellen Befunde auch theoretisch. Er nahm an, dass die Energie E der emittierten Strahlung nicht beliebig ist, sondern nur in bestimmten, **diskreten Portionen** auftreten kann:

$$E = h \cdot f$$

Diese Gleichung ist als Planck'sche Gleichung bekannt, die Konstante h als das **Planck'sche Wirkungsquantum** ($h = 6{,}626 \cdot 10^{-34}$ J · s), f ist die Frequenz der Strahlung.
1905 definierte EINSTEIN das Produkt $h \cdot f$ als „**Energiequantum**". Absorption bzw. Emission von Strahlung ist nur unter Aufnahme oder Abgabe eines Energiequants möglich.

Abb. 5: Max PLANCK (1858–1947).

Das folgende Schema zeigt die Aufnahme bzw. Abgabe von Energiequanten:

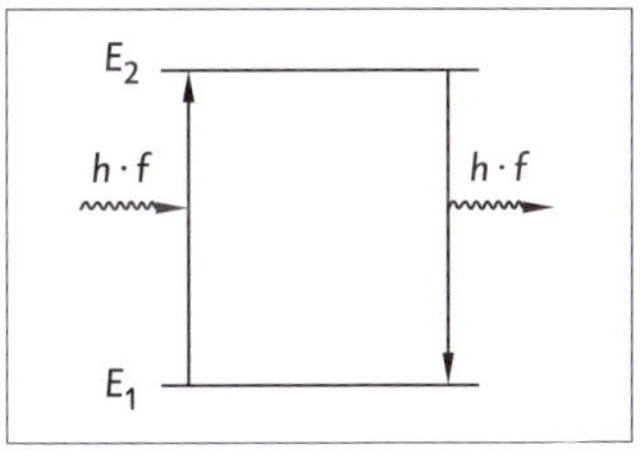

Abb. 6: Absorption und Emission von Strahlung zwischen den Energieniveaus E_1 und E_2 durch Aufnahme und Abgabe der Energie $h \cdot f$.

Eine Bestätigung der Vorstellung, dass Materie Energie **nicht kontinuierlich**, sondern immer nur „portionsweise" abgibt, erbrachte das Experiment von FRANCK und HERTZ im Jahr 1914. In einer mit Quecksilber gefüllten Röhre wurden Elektronen aus einer Glühwendel (Kathode) auf eine Anode mit unterschiedlicher Spannung beschleunigt. Elektronen mit einer ganz bestimmten Energie gaben diese Energie vollständig an die Quecksilberatome ab und wurden dabei absorbiert. Diese Elektronen gelangten also nicht durch das Gitter auf die Anode, es floss kein elektrischer Strom zwischen Gitter und Anode. Zunächst aber stieg der Stromfluss bis zu einer Beschleunigungsspannung von etwa 4,9 V an, danach sank die Stromstärke ab, denn als die Energie der beschleunigten Elektronen 4,9 eV betrug, konnten diese von den Quecksilberatomen absorbiert werden. Anschließend erfolgte ein weiterer Anstieg der Stromstärke bis zur Beschleunigungsspannung von 9,8 eV, die Quecksilberatome absorbierten die Energie von 4,9 eV dann genau zweimal:

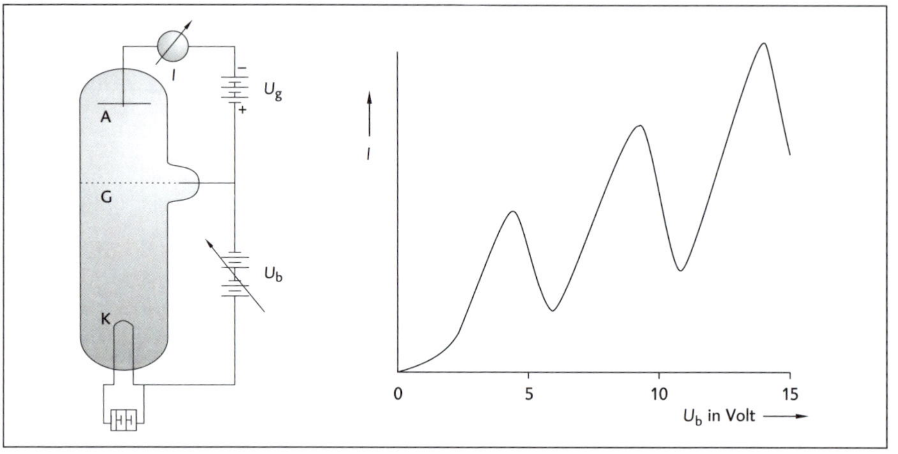

Abb. 7: Schema zum Versuchsaufbau des Franck-Hertz-Experiments und dessen Ergebnis. Der Stromfluss I zwischen Gitter G und Anode A ist gegen die Beschleunigungsspannung U_b zwischen Kathode K und Gitter aufgetragen.

Aus den Beobachtungen schloss man, dass ein mögliches Energieniveau von angeregtem Quecksilber etwa 4,9 eV oberhalb des Grundniveaus liegt. Man hat dieses Experiment auf andere Gase ausgedehnt und festgestellt, dass auch sie nur ganz bestimmte Energiebeiträge absorbieren, daher spricht man von „gequantelter Absorption". Die Energiebeträge sind jeweils für das entsprechende Gas charakteristisch. Da die Energie und die Wellenlänge über die Beziehung $E = h \cdot c \cdot \lambda^{-1}$ verknüpft sind, weisen die Stoffe auch charakteristische **Absorptionsspektren** auf.
Auch das **Emissionsspektrum** ist für jeden Stoff typisch. So emittiert erhitztes Natrium Licht einer anderen Wellenlänge als etwa Neon oder Quecksilber. Diese Beobachtungen legen die Vermutung nahe, dass ein Zusammenhang zwischen der Absorption und der Emission von Licht besteht und dass die entsprechenden Energien elementspezifisch sind.

Emissionsspektren

Zur Aufzeichnung von **Emissionsspektren** regt man den zu untersuchenden Stoff in einer Gaszelle mittels Licht an, sodass dieser nach der Anregung Strahlung emittiert, die sich in alle Raumrichtungen ausbreitet.

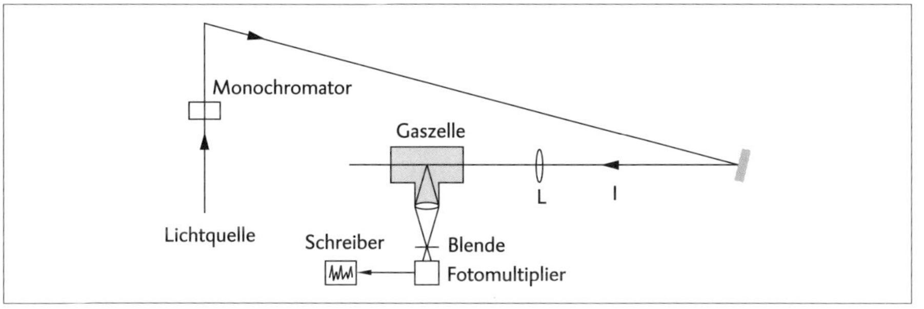

Abb. 8: Versuchsaufbau zur Aufzeichnung von Emissionsspektren. In der experimentellen Anordnung ist der Fotodetektor, z. B. ein Fotomultiplier, senkrecht zum Anregungslicht angeordnet, um den Streulichtanteil möglichst gering zu halten.

Die Emissionsspektren von Helium und Neon sind in Abbildung 9 dargestellt. Bei diesen handelt es sich nicht um kontinuierliche Spektren, sondern um solche mit unterscheidbaren, „diskreten" Emissionslinien.

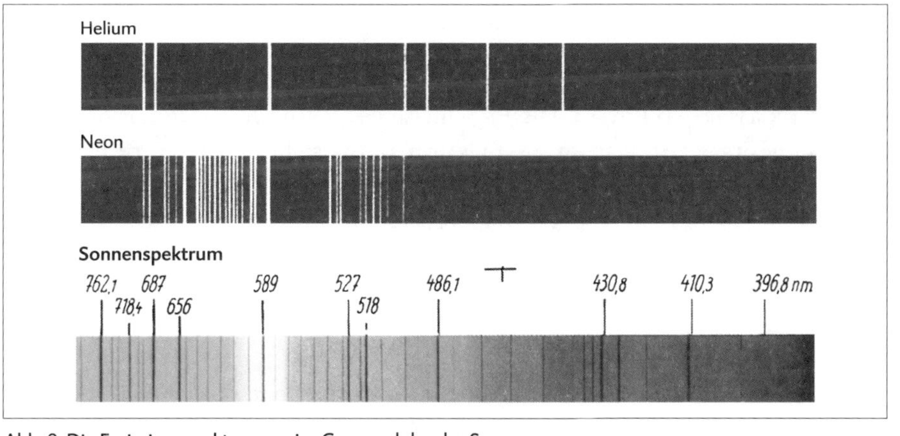

Abb. 9: Die Emissionsspektren zweier Gase und das der Sonne.

Das Spektrum des Sonnenlichts dagegen wirkt wie das „Negativ" der beiden zuvor gezeigten Liniensprektren: Es ist ein kontinuierliches Spektrum mit charakteristischen Linien, den so genannten **Fraunhofer'schen Linien**. Diese kommen zustande, weil Verbindungen, die sich in der Sonnenatmosphäre befinden, bestimmte Wellenlängen aus dem Spektrum des Sonnenlichts absorbieren. Diese Wellenlängen „fehlen" daher im Sonnenspektrum.

1.4 Das Wasserstoffatom

BALMER untersuchte das Absorptionsspektrum des Wasserstoffatoms und formulierte 1884 anhand seiner Ergebnisse ein Bildungsgesetz für die Frequenz der emittierten Strahlung, die so genannte **Balmer-Formel**, in der C eine Konstante ist ($C = 3,88 \cdot 10^{15}$ Hz) und n für natürliche Zahlen steht:

$$f = C \cdot \left(\frac{1}{2^2} - \frac{1}{n^2}\right)$$

Durch Einsetzen von $n = 3, 4, \ldots$ erhält man die Frequenzen f der im sichtbaren Bereich des Spektrums auftretenden Wasserstofflinien. Die physikalische Bedeutung der natürlichen Zahlen konnte von Balmer nicht geklärt werden.

Die **diskreten Linien** in den Emissions- und Absorptionsspektren stehen für Licht ganz bestimmter Wellenlängen, das absorbiert und emittiert wird. Die Aussendung von Licht diskreter Wellenlängen bedeutet, dass die angeregten Atome nur bestimmte, für den Stoff **charakteristische Energiebeträge** abgeben können („quantenhafte“ Emission).

Für viele Erscheinungen, die man an Atomen beobachtete, versagten die Modelle der klassischen Physik. Die Ergebnisse des Rutherford-Streuexperiments warfen die Frage auf, warum die Elektronen, die sich um den Kern bewegen, nicht nach kurzer Zeit in diesen hineinstürzen. Denn bewegte Ladungen setzen elektromagnetische Wellen frei, verlieren also Energie an ihre Umgebung. *„Gibt es eine Art abstoßende Kraft, die die Elektronen auf einer stabilen Kreisbahn hält?“*, lautete eine der ungeklärten Fragen.

Das Bohr'sche Atommodell

Der dänische Physiker BOHR hatte bereits 1913 versucht, diese Frage zu beantworten. Bohr experimentierte mit einem Planetenmodell, bei dem sich die Elektronen auf einer Kreisbahn bewegen und sich die Coulomb-Anziehung mit der Zentrifugalkraft die Waage hält. Bohr stellte folgende **Postulate** auf:

- Nur ganz bestimmte **Bahnen** sind zulässig, d. h. stabil.
- Der **Bahndrehimpuls** des Elektrons, der durch die Drehung um den Kern entsteht, kann nicht kontinuierlich geändert werden, sondern nur in Stufen, er ist also **gequantelt**, genauso wie die Energie.
- Strahlungsübergänge sind nur zwischen zwei stabilen Bahnen mit den Energien E_1 und E_2 möglich, d. h. eine Absorption geschieht nur dann, wenn die „passende“ Energie $\Delta E = E_2 - E_1$ eingestrahlt wird. Andererseits kann von angeregten Atomen nur die Energie $\Delta E = E_2 - E_1$ abgestrahlt werden.

Abb. 10: Niels BOHR (1885–1962) nach Entgegennahme des Ehrendiploms der Lomonossow-Universität am 17. Mai 1961 in Moskau.

Aufgrund dieser Postulate entwarf Bohr 1913 ein Modell vom Wasserstoffatom, das der Vorstellung von diskreten Übergängen zwischen verschiedenen Energiezuständen entsprach. Anhand seines Modells konnte Bohr die **Energiestufen** des Wasserstoffatoms vorhersagen:

$$E_n = -\frac{1}{8} \cdot \frac{m_e \cdot e^4}{\varepsilon_0^2 \cdot h^2} \cdot \frac{1}{n^2}$$

In dieser Formel kommen folgende Größen vor:

e = Elementarladung = $1{,}6 \cdot 10^{-19}$ C

m_e = Masse des Elektrons = $9{,}11 \cdot 10^{-31}$ kg

n = Quantenzahl = 1, 2, …

ε_0 = elektrische Feldkonstante = $8{,}854 \cdot 10^{-12}$ $\text{As} \cdot \text{V}^{-1} \cdot \text{m}^{-1}$

Die Energiewerte sind negativ, da per Konvention die Gesamtenergie von Proton und Elektron dann gleich Null gesetzt wird, wenn sie unendlich weit voneinander entfernt sind. Wenn sich Elektron und Proton nähern, wird Energie frei. Um Elektron und Proton voneinander zu trennen, muss Energie aufgewendet werden.
Berechnet man die Energiedifferenz, die sich für den Übergang zwischen den Energiezuständen m und n ergibt, so erhält man einen Ausdruck, der der von Balmer gefundenen Formel entspricht:

$$\Delta E = C \cdot \left(\frac{1}{n^2} - \frac{1}{m^2} \right)$$

Die Balmer-Formel ist also der Spezialfall für alle Übergänge von der Energiestufe $n = 2$. Im Folgenden ist die Energie als Funktion der **Quantenzahl** n aufgetragen:

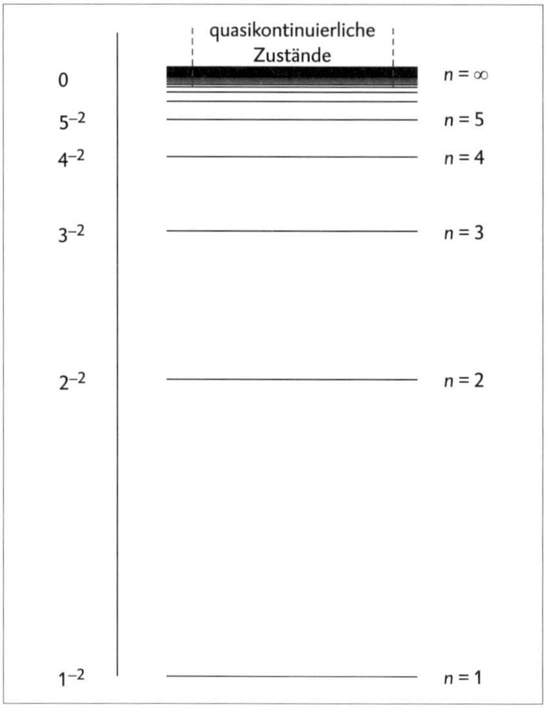

Abb. 11: Energie als Funktion der Quantenzahl n in Einheiten von $1 \cdot n^{-2}$.

Der energetische Abstand dieser Stufen ist nicht äquivalent, sondern nimmt mit zunehmender Energie ab. Für Energien mit „*n* gegen Unendlich" liegen Protonen und Elektronen vollständig getrennt voneinander vor, das Wasserstoffatom ist dann **ionisiert**.

Der lichtelektrische Effekt (Fotoeffekt)

Bestrahlt man eine Zinkplatte, die auf einem Elektroskop steckt, das vorher negativ aufgeladen wurde, mit dem Licht aus einer **Quecksilberdampflampe**, so treten Elektronen aus der Platte aus, die den Zeigerausschlag des Elektroskops schnell auf Null bringen. Die Zahl der austretenden Elektronen ist dabei abhängig von der Intensität des auftreffenden Lichts. Je höher die Lichtintensität, umso größer ist auch die Zahl der emittierten Elektronen.

Verwendet man statt der Quecksilber- eine **Natriumdampflampe**, so beobachtet man keinen Stromfluss. Elektronen werden also nur dann aus dem Kathodenmaterial herausgeschlagen, wenn es mit Licht bestimmter Energie (Frequenz) bestrahlt wird. Es existiert eine „Schwellenfrequenz", die notwendig ist, um die Elektronen aus dem Kathodenmaterial zu lösen. Den Effekt des „Herauslösens" von Elektronen aus einem Material nennt man **Fotoeffekt**.

Erhöht man die Frequenz, so erhöht sich auch die kinetische Energie der emittierten Elektronen:

$$E_{gesamt} = E_A + E_{kin} \text{ (Elektronen)}$$

Hierbei bedeutet E_{gesamt} die eingestrahlte Energie, E_A ist diejenige Energie, die notwendig ist, um die Elektronen aus dem Zink zu lösen (A: „Austrittsarbeit“) und E_{kin} ist die kinetische Energie der Elektronen.
Diese kinetische Energie lässt sich mit der so genannten **Gegenfeldmethode** ermitteln. Dazu variiert man die Spannung zwischen Anode und Kathode der Fotodiode so lange, bis der Stromfluss durch die wegfliegenden Elektronen unterdrückt wird, die emittierten Elektronen sind dann vollständig abgebremst.

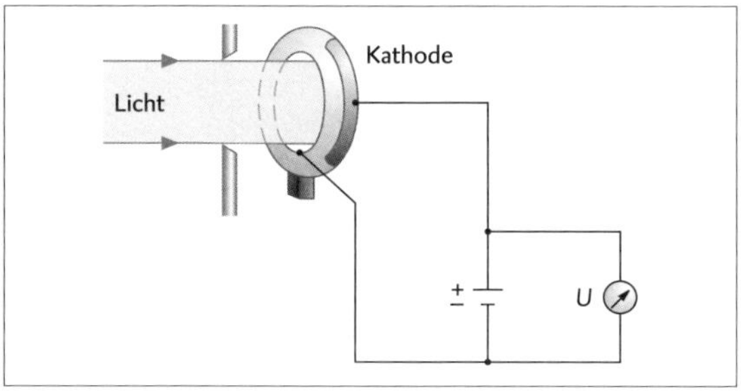

Abb. 12: Die Gegenfeldmethode.

Röntgenspektroskopie
1895 entdeckte RÖNTGEN, dass ein fluoreszierender Stoff in der Nähe eines elektrischen Entladungsrohres leuchtete. Röntgen zeigte, dass Strahlung aus dem Entladungsrohr entweichen musste und dass diese sogar Körper mehr oder weniger stark durchdringen konnten. Röntgen nannte diese Strahlen „x-Strahlen“, weil er ihre Natur nicht erklären konnte.
Heute weiß man, dass **Röntgenstrahlen** hochenergetische Strahlung ist, die zur Abbildung des menschlichen Knochenbaus, zur Zerstörung von krankhaftem Gewebe und zur Untersuchung von Feststoffen eingesetzt werden kann. Die Quelle der Röntgenstrahlen ist die so genannte „Röntgenröhre“. In ihr werden Elektronen aus einer Glühwendel durch eine Spannung von ca. 35 kV auf eine abgeschrägte Anode beschleunigt, die z. B. aus Kupfer besteht. Wenn die Elektronen auf die Anode treffen, werden sie abgebremst und geben ihre Energie an die inneren Elektronen des Kupfers ab. Kurz darauf „fallen“ diese Elektronen wieder auf ein niedrigeres Energieniveau (innere „Schale“, siehe S. 14) zurück, dabei wird Röntgenstrahlung emittiert. Sie kann auf einem Leuchtschirm oder durch ein Geiger-Müller-Zählrohr detektiert werden.

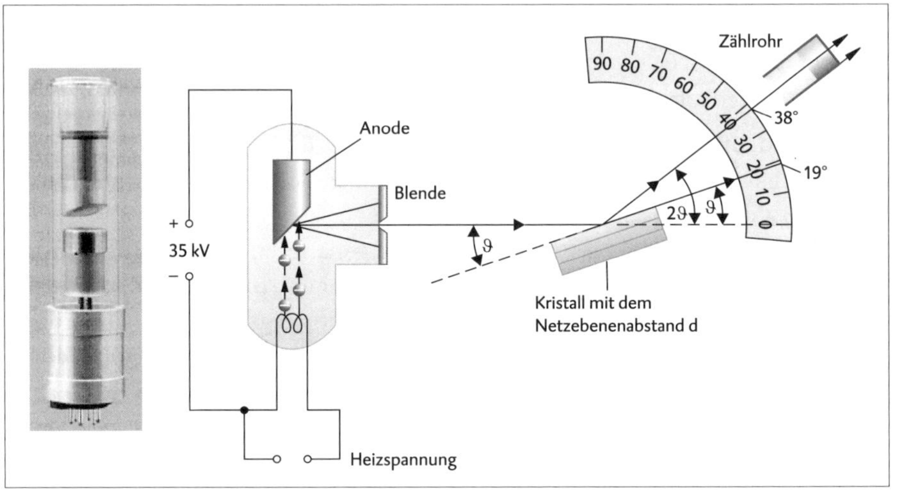

Abb. 13: Röntgenapparatur: links eine reale Röntgenröhre, rechts das Funktionsprinzip.

Der „Rückfall“ der Elektronen kann z. B. der elektronische Übergang von der zweitinneren **L-Schale** auf die innerste **K-Schale** (K_α-Strahlung), oder von der drittinneren **M-Schale** auf die K-Schale (K_β-Strahlung) sein:

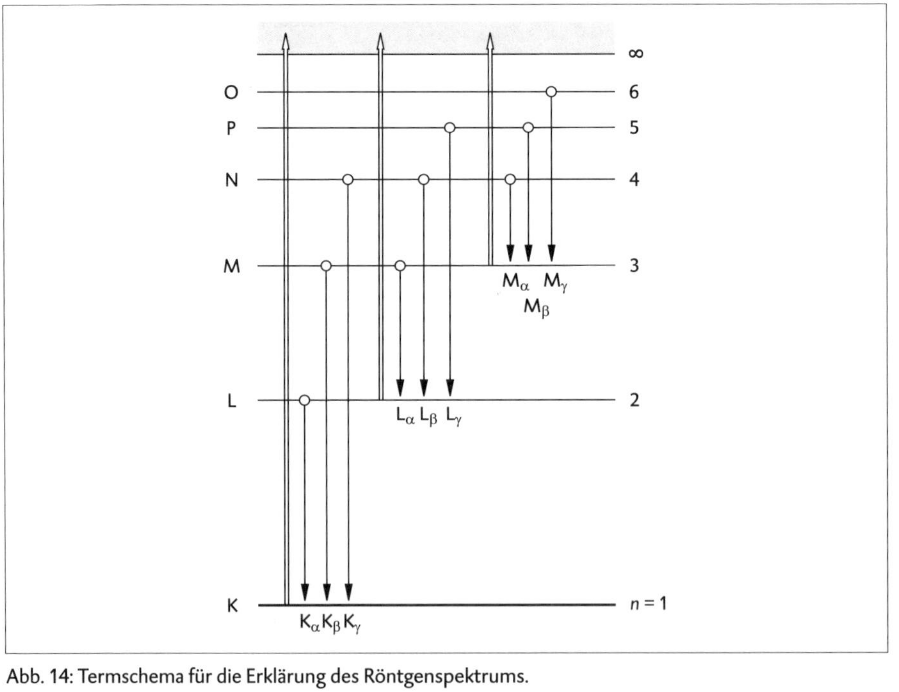

Abb. 14: Termschema für die Erklärung des Röntgenspektrums.

Misst man die Absorption als Funktion der Wellenlänge, so findet man an bestimmten Stellen Sprünge, so genannte **Absorptionskanten**: Ist die Energie der Röntgenstrahlung größer als diese Kantenenergie, so werden Elektronen aus einer tieferen Schale in höher liegende angeregt bzw. das Atom ionisiert. Daher gibt es verschiedene Kanten (K-, L-, M-Kante, ...), bei denen entsprechend Elektronen aus der K-, L-, M-Schale angeregt werden. Die Energie der Kanten ist abhängig von der Kernladungszahl (siehe S. 31). Somit ist die Lage der Kanten charakteristisch für das untersuchte Atom.
17 Jahre nach der Entdeckung durch Röntgen zeigte VON LAUE, dass Röntgenstrahlen an Kristallen gebeugt werden. In Einkristallen sind die Atome sehr regelmäßig angeordnet. Den Abstand der einzelnen Schichten („Netzebenen“) zueinander nennt man **Netzebenenabstand** d:

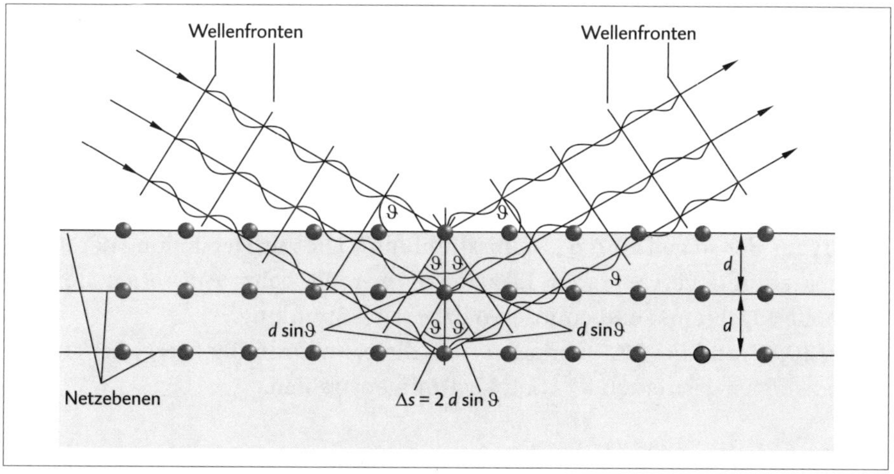

Abb. 15: Beugung von Röntgenstrahlen an den Atomen eines Kristallgitters.

Treffen die Röntgenstrahlen im Winkel ϑ auf den Kristall, so werden diese an jedem Gitteratom gestreut. Dasselbe gilt für die nächste Netzebene. Nach der Streuung interferieren die gestreuten Wellen. Die Intensität der gestreuten Strahlung ist durch den Gangunterschied der gestreuten Wellen gegeben. Beträgt dieser ein Vielfaches von λ, also $n \cdot \lambda$, so interferieren die Teilwellen konstruktiv miteinander, es entsteht ein Streumaximum. Hierfür gilt die **Bragg-Beziehung**:

$$n \cdot \lambda = d \cdot \sin\vartheta \quad \text{mit} \quad n = 1, 2, 3, \ldots$$

λ ist die Wellenlänge der gestreuten Röntgenstrahlung, d der Abstand der Netzebenen, ϑ der so genannte „Glanzwinkel“.

In der folgenden Abbildung ist ein typisches **Röntgenspektrum** dargestellt. Aufgetragen ist die Intensität der gestreuten Röntgenstrahlung gegen den Glanzwinkel:

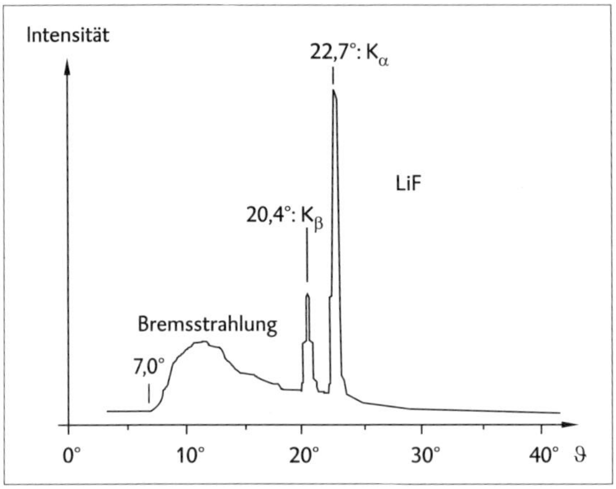

Abb. 16: Röntgenspektrum eines LiF-Einkristalls.

Man erkennt verschiedene Bereiche:

- Zwischen 7 ° und 15 ° liegt ein relativ breiter „Intensitätsberg". Dieser resultiert aus der so genannten „Bremsstrahlung". Die zur Herstellung der Röntgenstrahlung verwendeten Elektronen werden beim Auftreffen auf die Anode abgebremst und emittieren dabei eine Strahlung.
- Bei 20,4 ° und bei 22,7 ° erkennt man die erste Ordnung ($n = 1$) der an den Netzebenen gestreuten K_α- und K_β-Röntgenstrahlen.

Aus den Angaben erhält man den für den untersuchten Festkörper charakteristischen Netzebenenabstand.

Der Compton-Effekt

Im Jahre 1922 untersuchte der amerikanische Physiker COMPTON die Streuung von Röntgenstrahlen an Kohlenstoff und stellte fest, dass neben einer Streustrahlung, die dieselbe Wellenlänge wie die eingestrahlte Röntgenstrahlung besitzt, auch eine Streustrahlung entstand, deren Wellenlänge größer als die ursprüngliche war. Der Unterschied in den Wellenlängen der beiden gestreuten Strahlungsanteile nimmt mit dem **Streuwinkel** zu. Neben der elastischen Streuung, bei der die Wellenlänge unverändert bleibt, muss es auch inelastische Streuanteile geben, d. h. ein Teil der Energie der auftreffenden Röntgenstrahlung muss vom Kohlenstoff absorbiert worden sein. Da sich die Photonen der Röntgenstrahlung[2] mit Lichtgeschwindigkeit bewegen, muss die Auswertung der Streuung nach einem relativistischen Ansatz erfolgen. Bei der Streuung von Röntgenlicht an Elektronen vergrößert sich die Wellenlänge der gestreuten Strahlung um

$$\Delta\lambda = \frac{h}{(m_e \cdot c)} \cdot (1 - \cos\phi)$$

wobei m_e die Ruhemasse des Elektrons, c die Lichtgeschwindigkeit und ϕ der Winkel zwischen der eingestrahlten Röntgenstrahlung und der gestreuten Strahlung ist.

Der **lichtelektrische Effekt** und der **Compton-Effekt** zeigen, dass Energie durch Strahlung übertragen werden kann, etwa durch sichtbares, UV- oder Röntgenlicht. Die Strahlung verhält sich so, als bestünde sie aus kleinen Teilchen, den Photonen, die durch Energie- und Impulsübertragung mit Materie wechselwirken.

Die Gleichung von de Broglie

In so genannten „Doppel- oder Mehrfachspalt-Experimenten" verhalten sich die Elektronen ganz anders als beim Fotoeffekt oder bei der Compton-Streuung: Bestrahlt man einen Doppelspalt mit Elektronen, so erkennt man auf einem dahinter stehenden Schirm ein Interferenzmuster, genau wie dies bei bei der Bestrahlung mit Licht zu beobachten ist.

1923 veröffentlichte der französische Physiker DE BROGLIE Überlegungen zur **Wellennatur** von Teilchen, wobei er die Analogie zum Licht zog. Er ordnete allen Teilchen, z. B. auch Elektronen, eine bestimmte Wellenlänge zu. Seine Hypothesen lauteten:

1. Die Ausbreitung jedes Teilchens erfolgt als Welle, deren Wellenlänge durch $\lambda = h \cdot p^{-1}$ gegeben ist, wobei h das Planck'sche Wirkungsquantum und p der Impuls des Teilchens ist. Diese Gleichung wird als **de Broglie-Gleichung** bezeichnet, λ ist die de Broglie-Wellenlänge.
2. Zwischen der Frequenz f der Welle und der Gesamtenergie des Teilchens gilt der Zusammenhang $E = h \cdot f$.

Die folgende Abbildung zeigt das Ergebnis einer Elektronenbeugung an polykristallinem Graphit. Bei den äußeren „Ringen" handelt es sich um Interferenzmaxima:

2 Hierzu wird angenommen, dass Röntgenstrahlung aus kleinsten Teilchen (Photonen) besteht.

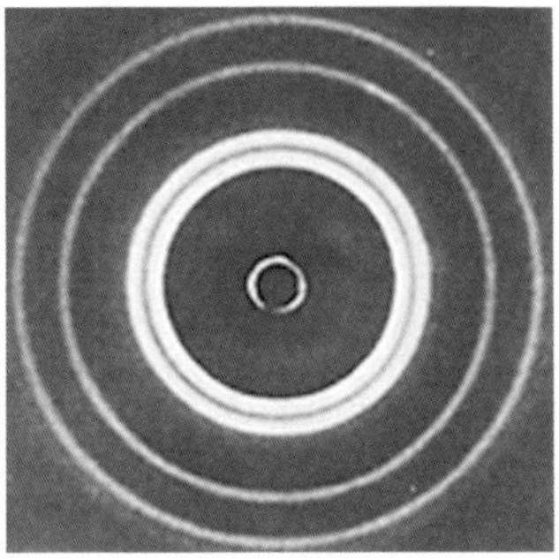

Abb. 17: Bei der Elekronenbeugung an polykristallinem Graphit erhaltene Interferenzkreise.

Diese Ringe können nur durch die Welleneigenschaften der Elektronen erklärt werden: Fallen Elektronenstrahlen auf die polykristalline Graphitfolie, so werden infolge der willkürlichen Anordnung der Mikrokristalle stets solche zu finden sein, die mit der einfallenden Strahlung Winkel bilden, die der Bragg-Bedingung genügen. Alle von solchen Kristaliten ausgehenden Reflexe liegen auf Kreismänteln mit gemeinsamer Achse. Ein Schnitt durch diese Kegel ist der Leuchtschirm, sodass die gebeugten Elektronenstrahlen als **konzentrische Kreise** erscheinen. Da Graphit zwei verschiedene Netzebenen mit unterschiedlichen Abständen besitzt, entstehen zwei „Beugungskreise".

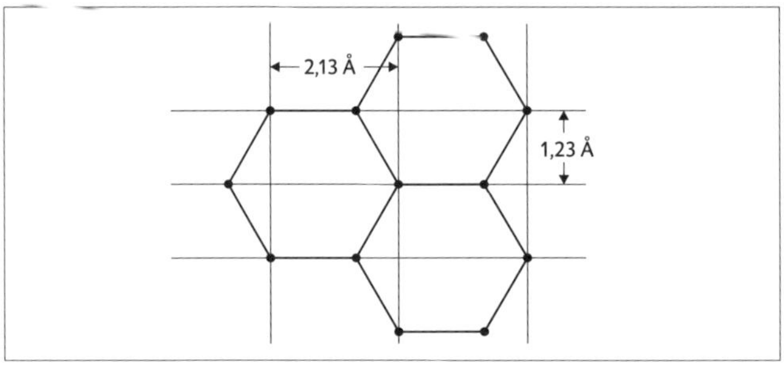

Abb. 18: Die Netzebenen im Graphit.

Einem Elektron, das aus einem Wasserstoffatom entfernt wurde, sich also frei, d. h. ohne energetische Einschränkung im Raum bewegt, lässt sich nach de Broglie eine Welle mit einer Wellenlänge λ zuordnen. Die Wellenlänge ist abhängig von der Geschwindigkeit v, mit der sich das Elektron bewegt:

$$\lambda = \frac{h}{m_e \cdot v}$$

Da man einem Elektron jede beliebige Geschwindigkeit geben kann, etwa mithilfe einer beliebig großen Potenzialdifferenz, sind auch beliebige Wellenlängen möglich. Was aber geschieht, wenn man das Elektron wieder in die Nähe eines Protons bringt, es also auf einen festen Raum beschränkt?

Schwingungen im eindimensionalen Kasten

Zur Vereinfachung betrachte man einen so genannten „**eindimensionalen Kasten**“, in dem sich das Elektron auf nur einer Linie hin- und herbewegen kann. Vergleichbar ist diese Bewegungsmöglichkeit des Elektrons mit den Schwingungen einer Gitarrensaite, bei der nur bestimmte Wellen auftreten:

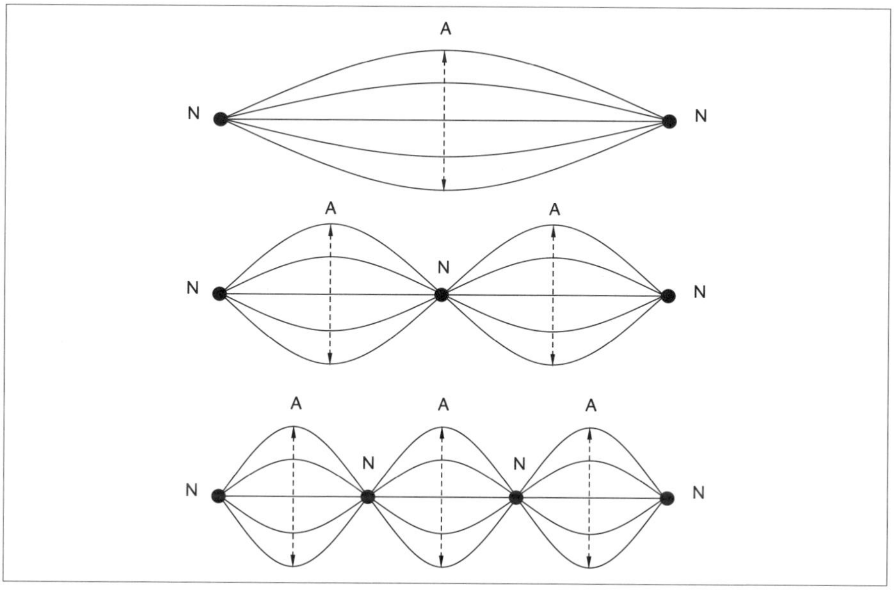

Abb. 19: Schwingende Saite, z. B. einer Gitarre (A: Amplitude, N: Knoten).

Diese Art Wellen nennt man „**stehende Wellen**“. Damit sich diese ausbilden können, muss die folgende Bedingung gelten:

$n \cdot \lambda = 2 \cdot L$ (L = Länge des Kastens; $n = 1$: Grundschwingung, $n > 1$: Oberschwingungen)

Für die kinetische Energie eines Elektrons, das sich im Kasten bewegt, gilt:

$$E_{kin} = \frac{h^2}{8m_e \cdot L^2} \cdot n^2$$

Nach dieser sehr groben Berechnung ist – anders als nach den Voraussagen von Bohr (siehe S. 11) – die Energie proportional zu n^2.
Begrenzt man den Ausbreitungsraum des Elektrons, sodass es sich nicht mehr frei im Raum bewegen kann, so stellt man also eine Einschränkung der Energie des Elektrons fest, die Energie ist gequantelt.

Die Schrödinger-Gleichung

Quantenmechanische Betrachtungen haben ergeben, dass sich die Bewegung eines Elektrons allgemein durch die **Schrödinger-Gleichung** berechnen lässt:

$$E_{ges} \cdot \Psi = H\,\Psi$$

Hierin bedeutet Ψ die **Wellenfunktion** des Elektrons, die seinen Ort beschreibt, H ist der so genannte **Hamilton-Operator**[3], E_{ges} die Gesamtenergie des Systems.

Beispiel

Die Funktion $\Psi = A \cdot \sin(\pi \cdot n \cdot L^{-1} \cdot x)$ bescheibt die Bewegung eines Elektrons in einem Kasten der Länge L. Damit ergibt sich für

$$H\Psi = A \cdot \frac{\pi^2 \cdot n^2}{L^2} \cdot \sin\left(\frac{\pi \cdot n}{L} x\right) \cdot \frac{h^2}{8\pi^2 \cdot m_e^2}$$

A erhält man aus der so genannten „Normierungsbedingung“, da sich das Elektron ja zwischen 0 und L befinden muss:

$$\int_0^L A^2 \cdot \sin^2\left(\frac{\pi \cdot n}{L} \cdot x\right) dx \Rightarrow A = \sqrt{\frac{2}{L}}$$

Also ergibt sich aus

$$H\Psi - E_{ges}\ \Psi$$

$$E_{ges} = \frac{h^2 \cdot \pi^2 \cdot n^2}{8\pi^2 \cdot L^2 \cdot m_e} = \frac{h^2}{8m_e^2 \cdot L^2} \cdot n^2$$

Durch die Lösung der **eindimensionalen Schrödinger-Gleichung** erhält man folgende Größen:

1. Die Wellenfunktion Ψ_n (auch „Eigenfunktion“ des Elektrons genannt), und
2. die Energiewerte E_n des Elektrons im eindimensionalen Kasten. Diese bezeichnet man als „Energieeigenwerte“. Sie sind nicht kontinuierlich, sondern diskret („gequantelt“).

Das **Quadrat** der Wellenfunktion Ψ^2 stellt die **Aufenthaltswahrscheinlichkeit** des Elektrons, z. B. in einem eindimensionalen Kasten, dar.

Zur Veranschaulichung stelle man sich vor, man sei in der Lage, die Position eines Elektrons im eindimensionalen Kasten zu fotografieren. Nach vielen „Schnappschüssen“ ergäbe sich dann das im Folgenden dargestellte Bild.

3 Der Hamilton-Operator ist eine Rechenvorschrift, die Folgendes besagt: „*Finde eine Funktion Ψ, leite diese zweimal nach dem Ort ab und multipliziere das Ergebnis mit dem Faktor* $-h^2 \cdot (8\pi^2 m_e)^{-1}$.“

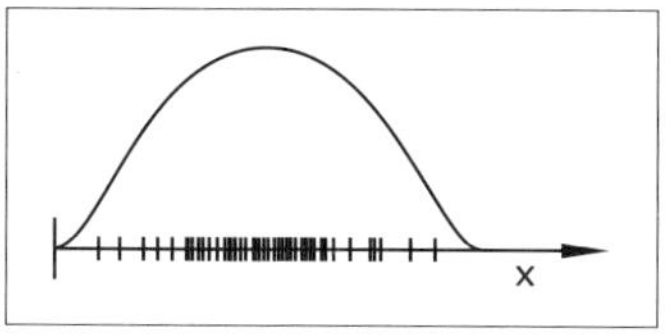

Abb. 20: „Schnappschüsse" in einem eindimensionalen Kasten. Die Häufigkeit des Antreffens eines Elektrons an einem bestimmten Ort x ist als Funktion des Ortes aufgetragen.

In einem anderen, **angeregten** Bewegungszustand Ψ_2 ergibt sich ein Ort, an dem das Elektron nicht anzutreffen ist:

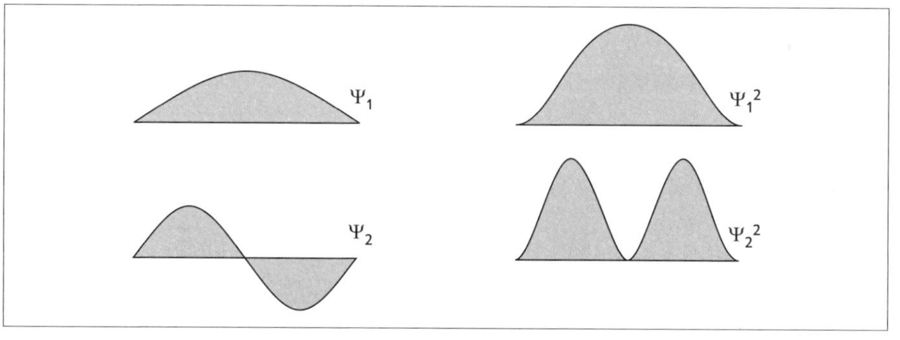

Abb. 21: Bild des Grundzustandes (oben) und des angeregten Zustands (unten). Links ist die Wellenfunktion, rechts jeweils das Quadrat der Wellenfunktion, die Aufenthaltswahrscheinlichkeit, gezeigt.

Abbildung 21 zeigt, dass die größte Wahrscheinlichkeit, ein durch Lichtabsorption angeregtes Elektron anzutreffen, nicht mehr in der Mitte des Kastens liegt, sondern symmetrisch zu den beiden Rändern hin verschoben ist.
Da die Energieeigenwerte gequantelt sind (siehe S. 11), erhält man Energiestufen E_n mit den entsprechenden Wellenfunktionen Ψ_n. Im konkreten Fall des Elektrons im eindimensionalen Kasten lauten die Eigenfunktionen (siehe vorangegangenes Beispiel):

$$\Psi_n = \left(\frac{2}{L}\right)^{\frac{1}{2}} \cdot \sin\left(\frac{n \cdot \pi}{L \cdot x}\right) \quad \text{mit } n = 1, 2, \ldots$$

Schwingungen im dreidimensionalen Kasten

Die Wellenfunktionen und Energiewerte des Elektrons im dreidimensionalen Kasten können in völlig analoger Weise wie im eindimensionalen Fall abgeleitet werden. Es ergeben sich aber nicht nur **Quantenzahlen** n (siehe S. 11), sondern Quantenzahlttripel n_x, n_y und n_z.

> Das im Wasserstoffatom „eingesperrte“ Elektron kann, wie das Elektron im Kasten, nur in ganz bestimmten, diskreten Zuständen existieren. Die Wellenfunktion, die die Bewegung des Elektrons „im Wasserstoffatom-Kasten“ beschreibt, nennt man **Atomorbital (AO)**.

Die Energie des Wasserstoffatoms lässt sich mithilfe der Schrödinger-Gleichung exakt berechnen. Abbildung 22 zeigt das aus dieser Gleichung ermittelte Energieschema. Für die Energie des Wasserstoffatoms gilt:

$$E_n = -\frac{1}{8} \cdot \frac{m_e \cdot e^4}{\varepsilon_0{}^2 \cdot h^2} \cdot \frac{1}{n^2}$$

Löst man die Schrödinger-Gleichung für das Wasserstoffatom, so erhält man eine Wellenfunktion für das Elektron, die von zwei weiteren Quantenzahlen abhängig ist:

- Die Energieabfolge ergibt sich aus der **Hauptquantenzahl** n ($n = 1, 2, 3, \ldots$).
- Die Unterscheidung nach s-, p-, d-, f-Atomorbitalen erfolgt durch die **Nebenquantenzahlen** ℓ („Bahndrehimpulsquantenzahl“ $\ell = 0, 1, 2, 3, \ldots, n-1$, entsprechend den Bezeichnungen s, p, d, f), die sich aus der Lösung der Schrödinger-Gleichung ergeben.
- Die zu einer Nebenquantenzahl gehörige Zahl elektronischer Zustände richtet sich nach der Größe der **Magnetquantenzahl** m ($m = +\ell, +\ell-1, +\ell-2, \ldots, -\ell$). Für $\ell = 0$ ergibt sich folglich $m = 0$, für $\ell = 1$ ergibt sich $m = -1$, $m = 0$ und $m = +1$.

Die Nebenquantenzahl ℓ und die magnetische Quantenzahl m hängen voneinander sowie von der Hauptquantenzahl n ab. ℓ kann alle Werte von 0 bis $n-1$ annehmen, während m bei einem gegebenen Wert von ℓ die Werte $-\ell, \ldots, 0, \ldots, -\ell$ besitzen kann. Folgende Kombinationen sind möglich:

n	ℓ	Orbital				m			
1	0	1s				0			
2	0	2s				0			
2	1	2p			+1	0	−1		
3	0	3s				0			
3	1	3p			+1	0	−1		
3	2	3d		+2	+1	0	−1	−2	
4	0	4s				0			
4	1	4p			+1	0	−1		
4	2	4d		+2	+1	0	−1	−2	
4	3	4f	+3	+2	+1	0	−1	−2	+3

Tab. 1: Mögliche Werte für die Quantenzahl n, ℓ und m.

Als Termschema erhält man daraus:

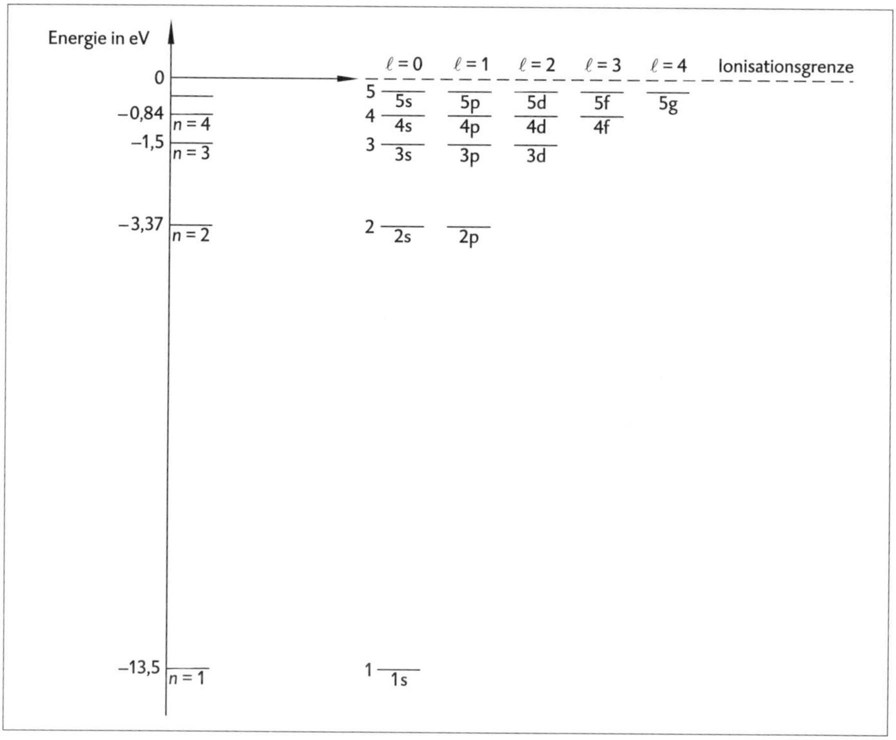

Abb. 22: Termschema des Wasserstoffatoms. (Unterscheidung anhand *m* ist nur im Magnetfeld möglich.)

Bei der Lösung der Schrödinger-Gleichung für das Wasserstoffatom ist es aus mathematischen Gründen sinnvoll, die Wellenfunktion Ψ nicht für die drei karthesischen Koordinaten x, y, z zu berechnen, sondern für die Polarkoordinaten r, ϑ und ϕ. Die Umrechnung ist einfach:

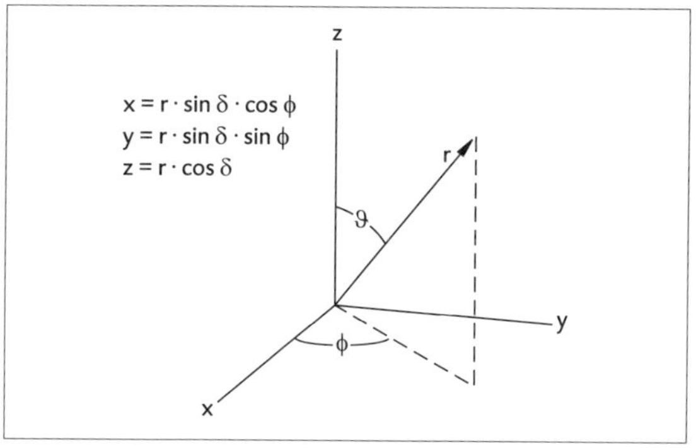

Abb. 23: Umrechnung karthesischer Koordinaten in Polarkoordinaten.

Der Vorteil dieses Verfahrens besteht darin, die Wellenfunktion als ein Produkt aus einzelnen Wellenfunktionen anzugeben, die jeweils nur noch von **einer Koordinate** abhängig ist:

$$\Psi(r, \vartheta, \phi) = R(r) \cdot \phi(\vartheta) \cdot \Phi(\varphi)$$

Bei diesem Ansatz zeigen sich folgende Abhängigkeiten:

- R(r) hängt nur von den Quantenzahlen n und ℓ ab.
- $\phi(\vartheta)$ hängt nur noch von ℓ und m ab.
- $\Phi(\varphi)$ hängt nur noch von m ab.

Damit ergibt sich als Gesamtwellenfunktion Ψ:

$$\Psi_{n,\ell,m}(r, \vartheta, \phi) = R_{n,\ell}(r) \cdot \phi_{\ell,m}(\vartheta) \cdot \Phi_m(\varphi)$$

R(r) ist der **radialabhängige**, $\phi(\vartheta) \cdot \Phi(\varphi)$ der **winkelabhängige** Teil (auch „Kugelfunktion" genannt) der Gesamtwellenfunktion. Die Funktionen der Radialfunktion sind in der folgenden Tabelle dargestellt:

n	ℓ	R(r)	n	ℓ	R(r)
1	0	$R_{1,0} = 2e^{-\rho}$	3	0	$R_{3,0} = \frac{2}{81\sqrt{3}}(27 - 18\rho + 2\rho^2) \cdot e^{\frac{-\rho}{3}}$
2	0	$R_{2,0} = \frac{1}{2\sqrt{2}}(2-\rho)e^{\frac{-\rho}{2}}$	3	1	$R_{3,1} = \frac{4}{81\sqrt{6}}(6\rho - \rho^2) \cdot e^{\frac{-\rho}{3}}$
2	1	$R_{2,1} = \frac{1}{\sqrt{24}}\rho \cdot e^{\frac{-\rho}{2}}$	3	2	$R_{3,2} = \frac{4}{81\sqrt{30}}\rho^2 \cdot e^{\frac{-\rho}{3}}$

Tab. 2: Radialabhängiger Teil, Funktionen.

Eine graphische Darstellung dieser Radialfunktionen ist in den folgenden Abbildungen 24 und 25 gezeigt:

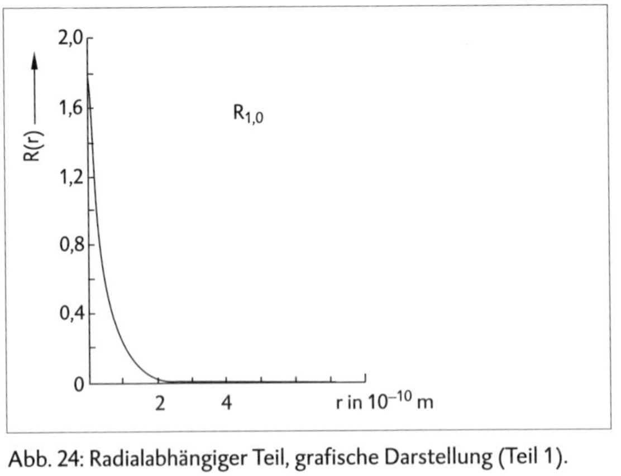

Abb. 24: Radialabhängiger Teil, grafische Darstellung (Teil 1).

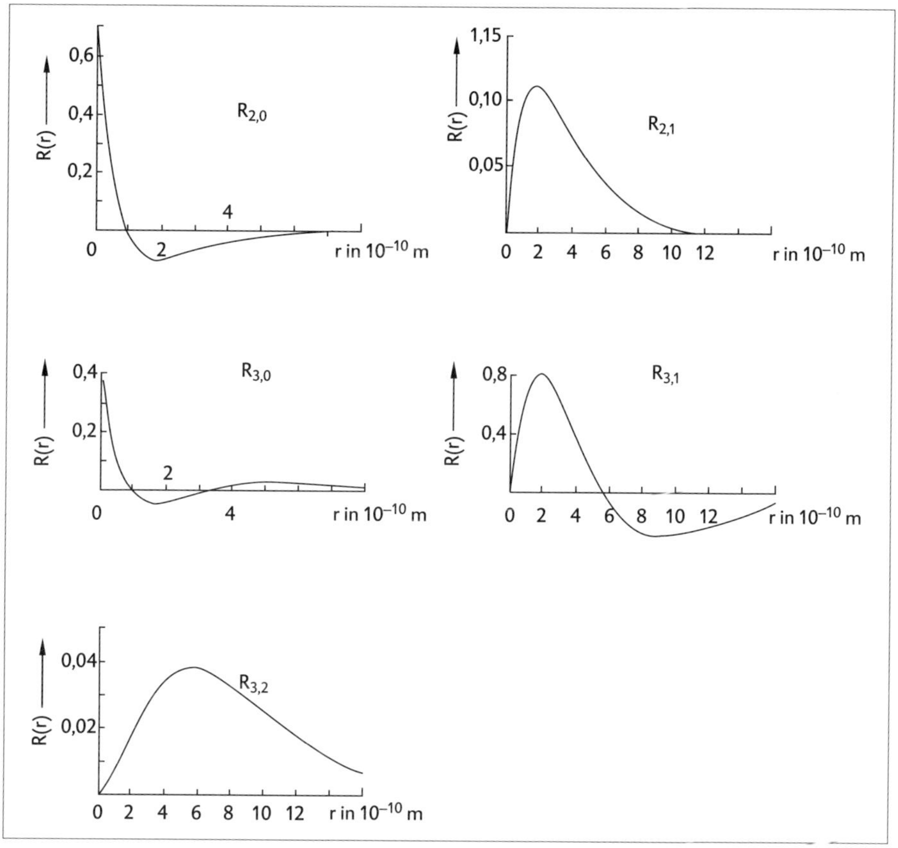

Abb. 24: Radialabhängiger Teil, grafische Darstellung (Teil 2).

Da die Kugelfunktion $\phi(\vartheta) \cdot \Phi(\varphi)$ – wie zuvor erläutert – winkelabhängig ist, gilt dies auch für die Gesamtwellenfunktion. Ein Elektron muss sich immer irgendwo in dem Raum, den diese Wellenfunktion einnimmt, aufhalten. Insgesamt ist deshalb die Wahrscheinlichkeit, dass sich das Elektron irgendwo in diesem Bereich befindet, gleich Eins. Gesamtwellenfunktionen sind daher nicht nur winkelabhängig, sondern auch „genormt“ und werden **Orbitale** genannt. In der folgenden Abbildung sind solche Orbitale dargestellt:

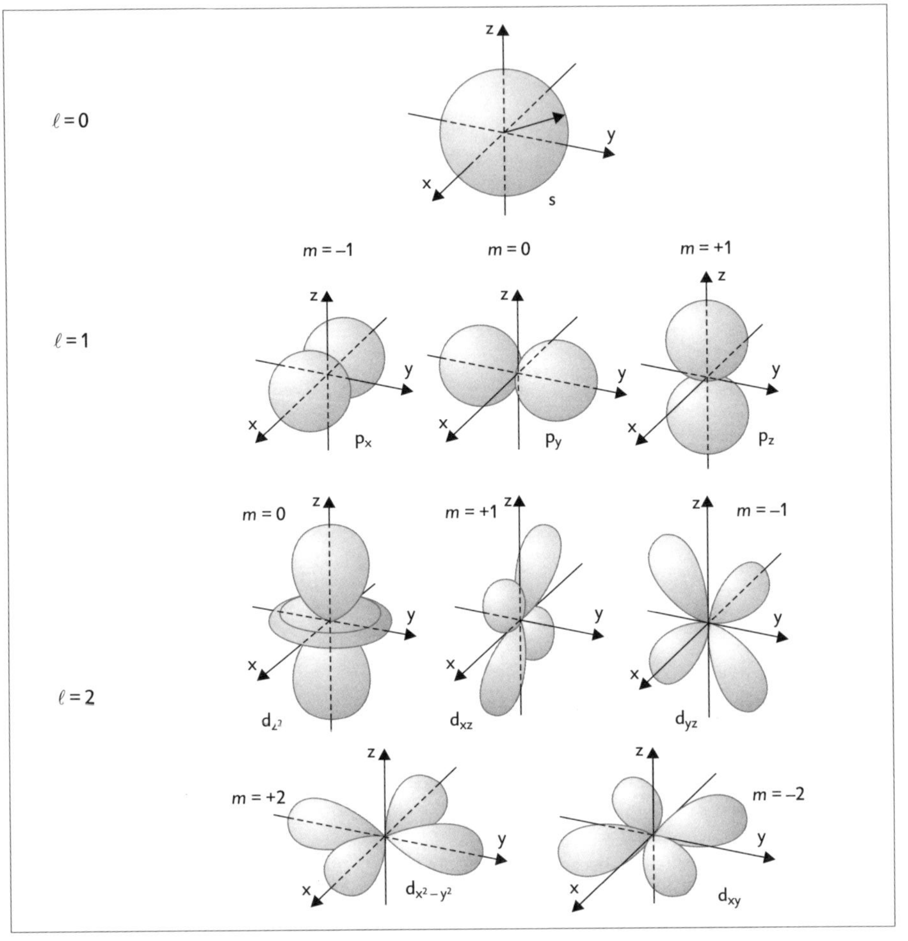

Abb. 25: Grafische Darstellung der normierten, winkelabhängigen Wellenfunktion $\phi(\vartheta) \cdot \Phi(\varphi)$.

1.5 Atome mit mehreren Elektronen

Die Schrödinger-Gleichung lässt sich für Atome mit mehreren Elektronen nicht mehr exakt lösen. Daher wurde vielfach versucht, die experimentell gut zugänglichen Energiezustände der untersuchten Atome durch unterschiedliche Ansätze möglichst exakt zu berechnen. Eines der gebräuchlichsten Verfahren ist die „Self Consistent Field"-Methode (SCF-Methode) nach HARTREE und FOCK, ein kompliziertes mathematisches Näherungsverfahren.

Neben der Energie und dem Bahndrehimpuls ℓ ist auch der **Eigendrehimpuls** (Spin s) nicht kontinuierlich veränderbar, sondern nur in Sprüngen. Energie, Bahndrehimpuls und Spin sind gequantelt. Der Bewegungszustand eines Elektrons lässt sich durch **vier Quantenzahlen** eindeutig beschreiben:

- Hauptquantenzahl n
- Bahndrehimpulsquantenzahl ℓ (= Nebenquantenzahl)
- Orientierung des Bahndrehimpulses m bezogen auf ein äußeres Magnetfeld
- Spin s (Dieser kann die Werte $+\frac{1}{2}$ („up") und $-\frac{1}{2}$ („down") annehmen.)

Nach dem **Pauli-Prinzip** darf es in einem Atom keine zwei Elektronen geben, deren Zustand in allen vier Quantenzahlen übereinstimmt.

Die energetische Reihenfolge der Atomorbitale wird durch die folgenden drei Regeln festgelegt:

1. ns-Orbitale haben eine niedrigere Energie als np-Orbitale.
2. np-Orbitale haben eine niedrigere Energie als nd-Orbitale
3. Die Energie der nd-Orbitale ist etwa so hoch wie die der $(n+1)$s-Orbitale.

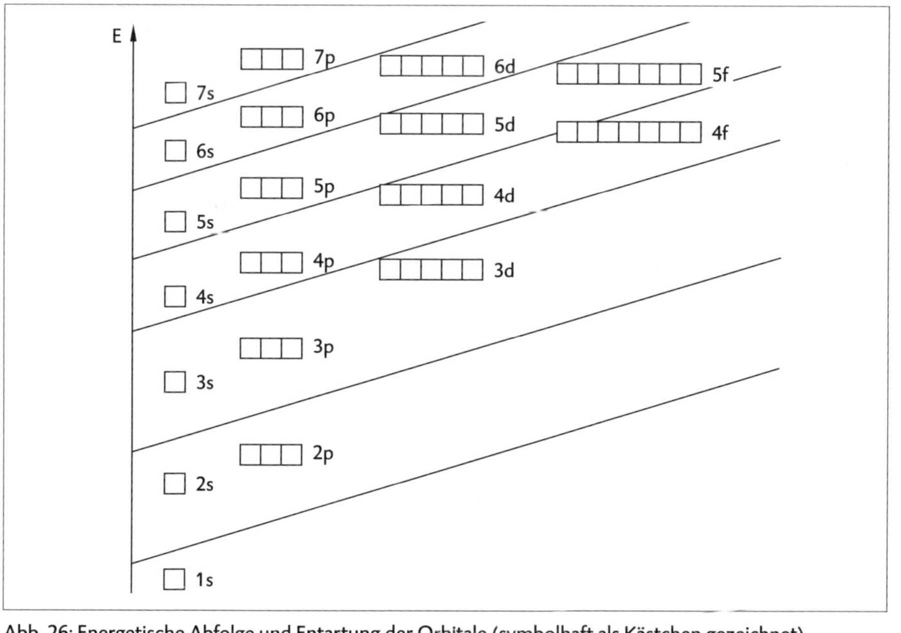

Abb. 26: Energetische Abfolge und Entartung der Orbitale (symbolhaft als Kästchen gezeichnet).

In der vorangegangenen Abbildung 26 sind die energetischen Zustände der verschiedenen Orbitale dargestellt: Während es jeweils nur ein s-Orbital gibt, sind die p-Orbitale dreifach, die d-Orbitale fünffach und die f-Orbitale siebenfach „entartet", d. h. es gibt entsprechend viele p-, d- und f-Orbitale mit derselben Energie.

Die Heisenberg'sche Unschärferelation

Eine der erstaunlichsten Folgerungen der Quantenmechanik, also der Mechanik der Atome und Moleküle, ist die **Heisenberg'sche Unschärfebeziehung**. Danach lassen sich bei einer Messung des Ortes und des Impulses eines Teilchens beide physikalische Größen nicht gleichzeitig beliebig genau bestimmen. Gleiches gilt für die Energie und die Zeit bzw. den Drehwinkel und den Drehimpuls. Ist man durch das experimentelle „Arrangement" in der Lage, den Ort sehr genau zu bestimmen, dann bleiben der Impuls und damit die Geschwindigkeit des Teilchens „unscharf" und umgekehrt. Der Zusammenhang zwischen Orts- und Impulsunschärfe ist durch die Beziehung von Heisenberg[4] festgelegt:

$$\Delta x \cdot \Delta p = \frac{h}{(2\pi)}$$

Diese Tatsache hat unter anderem zur Folge, dass es im quantenmechanischen Sinne falsch ist, von „diskreten Bahnen" zu sprechen. Der Begriff „**Aufenthaltswahrscheinlichkeit**" legt nahe, dass ein Elektron nicht exakt lokalisiert werden kann. Wollte man versuchen, den Ort eines Elektrons genau zu bestimmen, so müsste man es mit kurzwelligem Licht bestrahlen, etwa mit Röntgenstrahlung. Dies hätte zur Folge, dass das Röntgenquant am Elektron gestreut und damit einen Teil seines Impulses auf das Elektron übertragen würde. Dann aber wäre der Ort des Elektrons nicht mehr derselbe:

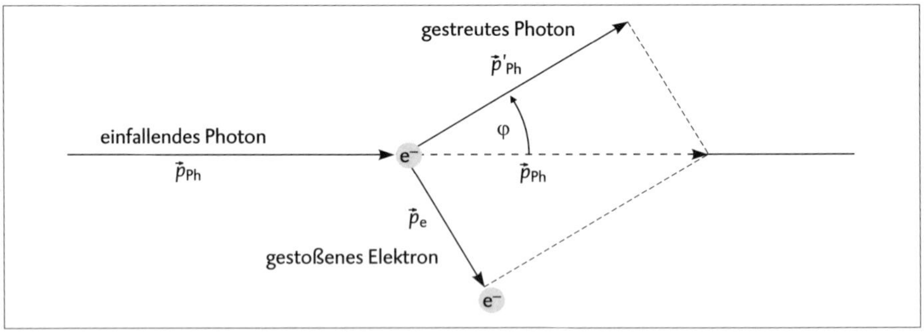

Abb. 27: Darstellung der Impulse *p* eines Photons und des Elektrons vor und nach der Streuung.

4 Werner HEISENBERG (1901–1976), Nobelpreis für Physik 1932

2 Das Periodensystem der Elemente

2.1 Historische Entwicklung

Der französische Chemiker LAVOISIER, einer der Mitbegründer der modernen Chemie, versuchte als einer der ersten, Ordnung in die ihm bekannten Elemente zu bringen. Sein Konzept war bestimmt durch die Beschränktheit der chemischen Analytik des 18. Jahrhunderts. Seine Liste umfasste 23 „einfache Körper", fünf „Erden" und die zwei unwägbaren „Fluide" Licht und Wärme.

Abb. 28: Antoine Laurent LAVOISIER (1743–1794), mit seiner Frau und Mitarbeiterin.

Im Verlauf des 19. Jahrhunderts wurden neue Analysetechniken entwickelt und in der Folge immer mehr Elemente entdeckt. So konnte der englische Chemiker DAVY durch Elektrolyse mithilfe der Volta'schen Säule sowie durch Reduktions- und Oxidationsreaktionen die Elemente Natrium, Kalium, Magnesium, Calcium, Barium und Strontium nachweisen.
Mitte des 18. Jahrhunderts waren etwa 50 Elemente bekannt. Die stetig zunehmende Vielfalt an Stoffen machte eine Systematisierung notwendig, die Frage war nur, nach welchen Kriterien eine solche Klassifizierung vorgenommen werden sollte. Der Jenaer Chemieprofessor DÖBEREINER hatte 1829 entdeckt, dass die Elemente Calcium, Strontium und Barium chemisch ähnlich reagieren. Ebenso ergaben sich **chemische Verwandtschaften** bei den Elementen Schwefel, Selen und Tellur bzw. bei Lithium, Natrium und Kalium und auch bei bei Chlor, Brom und Iod („Triadenregel").

Die Beobachtung, dass die **Atommassen** der Elemente immer ein ganzzahliges Vielfaches der Atommasse des Wasserstoffs betragen, ließ den britischen Arzt und Chemiker PROUT die Vermutung äußern, dass alle Elemente aus Wasserstoff zusammengesetzt sind. Diese im Prinzip richtige Behauptung verlor im 19. Jahrhundert allerdings wieder an Bedeutung, als Atommassen immer genauer bestimmt wurden und sich immer häufiger Abweichungen von Prouts Hypothese ergaben. Wie sich erst später durch die Entwicklung der **Massenspektroskopie** herausstellte, werden diese Abweichungen dadurch hervorgerufen, dass die Elemente nicht „rein“ sind, sondern „Gemische“ verschiedener **Isotope** darstellen (siehe S. 145). Bis zur Mitte des 19. Jahrhunderts blieb es bei etwa 50 bekannten Elementen.
Unabhängig voneinander entwickelten 1869 der deutsche Chemieprofessor MEYER und der russische Chemiker MENDELEJEW das noch heute gebräuchliche Ordnungssystem, das **Periodensystem der Elemente**. Sie ordneten die Elemente zunächst nach steigender Atommasse. Dabei war auffällig, dass auf ein Halogen immer ein Alkalimetall und danach ein Erdalkalimetall folgt. Mendelejew notierte dazu:

„1. *Die nach der Größe ihres Atomgewichts geordneten Elemente zeigen eine deutliche Periodizität der Eigenschaften.*
2. *Elemente, die in ihrem chemischen Verhalten ähnlich sind, besitzen entweder einander nahe kommende Atomgewichte (Pt, Ir, Os) oder stetig und gleichförmig zunehmende (K, Rb, Cs).*
3. *Die Anordnung der Elemente oder ihrer Gruppen nach der Größe ihres Atomgewichts entspricht ihrer so genannten Wertigkeit (...).*
4. *(...) Was die Untersuchungen von Professor Lothar Meyer in Bezug auf das periodische Gesetz betrifft, so ist es (...) augenscheinlich, dass er das periodische Gesetz in der Form angenommen hat, in welcher ich dasselbe aufgestellt hatte.*“

Die Elemente der Edelgase waren damals noch unbekannt und wurden erst im Jahr 1900 durch RAMSEY entdeckt.
Zur Konstruktion des Periodensystems beginnt man mit dem **Alkalimetall** Lithium und notiert die folgenden Elemente mit der jeweils höheren Atommassenzahl in einer Zeile. Das auf Fluor folgende Element Natrium schreibt man dann in die nächste Zeile unter das verwandte Element Lithium. Füllt man die neue Zeile weiter auf, so stehen immer Elemente mit ähnlichen Eigenschaften in einer Spalte untereinander.

Die so entstehenden Spalten im Periodensystem der Elemente werden als **Hauptgruppen**, die Zeilen als **Perioden** bezeichnet.

Einige Elemente wie z. B. Gallium (Ga), Scandium (Sc) und Germanium (Ge) waren damals noch unbekannt. Durch das Ordnungssystem konnte das Fehlen dieser Elemente aber erkannt werden. Meyer und Mendelejew konnten daher chemische und physikalische Eigenschaften bislang unbekannter Elemente voraussagen.

Abb. 29: Dimitrij MENDELEJEW (1834–1907), links und Lothar MEYER (1830–1895), rechts.

Die **Atommasse** *A* (= Nukleonenzahl) stellte sich schon damals als nicht vollständig geeignetes Ordnungskriterium heraus. Danach müsste das Element Iod ($A = 126{,}9$) vor dem Element Tellur ($A = 127{,}6$) eingeordnet werden. Dadurch wäre jedoch das **Prinzip der Verwandtschaft** verletzt und das Halogen Iod würde der Gruppe der Chalkogene zugerechnet. Schon Meyer und Mendelejew ordneten Iod deshalb vor Tellur ein.
Anfang des 20. Jahrhunderts hatte der britische Wissenschaftler MOSELEY eine Methode entwickelt, die es gestattete, die **Protonenzahl** *Z* (Kernladungszahl) mithilfe von Röntgenspektren (siehe S. 13) zu bestimmen. Die Frequenzen bestimmter, im Spektrum deutlich ausgeprägter Röntgenlinien – etwas die K_α-Übergänge – sind proportional zu Z^2. Trägt man die Quadratwurzel aus λ^{-1} gegen *Z* auf, so erhält man eine Gerade (siehe Abb. 30). Moseley konnte aus den Röntgenspektren der Elemente auf die Reihenfolge der Ordnungszahlen schließen. So ergab sich bei der Aufstellung des Moseley-Gesetzes, dass bei den Ordnungszahlen 43 (Tc), 61 (Pm), 85 (At) und 87 (Fr) die zugehörigen Elemente noch fehlten. Diese wurden erst später entdeckt. Bei den Edelgasen (Ar, Kr) konnte man seinerzeit die Röntgenlinien aus versuchstechnischen Gründen nicht auswerten.

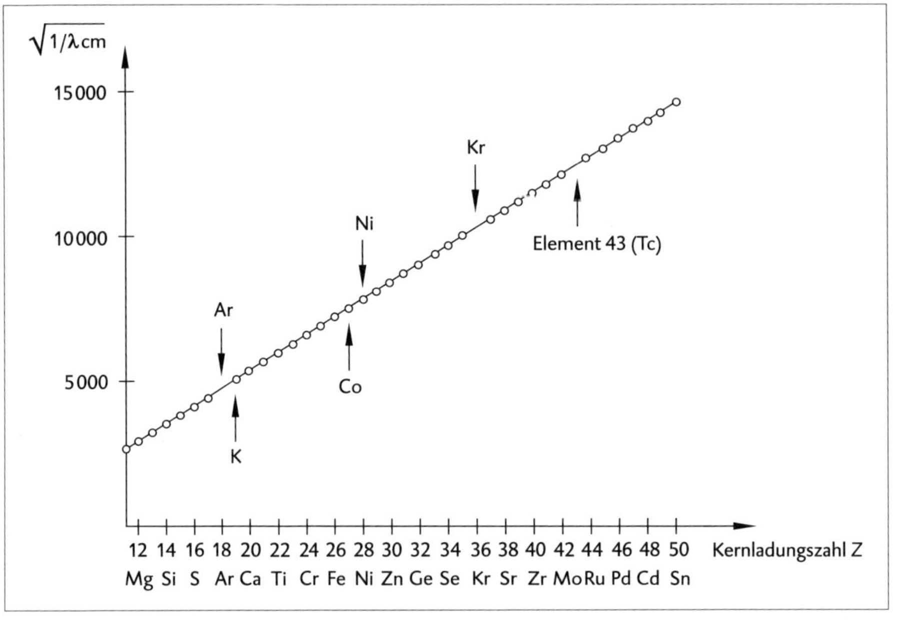

Abb. 30: Abhängigkeit der Wellenzahl der K_α-Linie von der Protonenzahl nach dem Moseley-Gesetz (nach Hollemann Wiberg, Lehrbuch der Anorganischen Chemie, verändert).

In Anlehnung an die Experimente Moseleys wird das Periodensystem nicht mehr nach Atommassen, sondern nach steigender Protonenzahl geordnet.

Die **Zahl der Protonen** eines Elements entspricht seiner **Ordnungszahl** Z im Periodensystem der Elemente.

2.2 Aufbauprinzipien des Periodensystems

Heute kennt man die folgenden acht Hauptgruppen:

I. Hauptgruppe: **Alkalimetalle**
II. Hauptgruppe: **Erdalkalimetalle**
III. Hauptgruppe: **Erdmetalle**
IV. Hauptgruppe: **Kohlenstoffgruppe**
V. Hauptgruppe: **Stickstoffgruppe**
VI. Hauptgruppe: **Chalkogene**
VII. Hauptgruppe: **Halogene**
VIII. Hauptgruppe: **Edelgase** (manchmal auch 0. Hauptgruppe genannt)

Über die Einordnung des Wasserstoffs in das Periodensystem wurde viel diskutiert. Man schrieb ihn sowohl über die Alkalimetalle als auch über die Halogene. Heute wird der Wasserstoff meist oberhalb der I. Hauptgruppe angeordnet, wie dies im Folgenden dargestellt ist:

Hauptgruppenelemente

Periode	I	II	III	IV	V	VI	VII	VIII	Periode
1	1,00797 1 H							4,0026 2 He	1
2	6,939 3 Li	9,0122 4 Be	10,811 5 B	12,011 6 C	14,007 7 N	15,999 8 O	18,998 9 F	20,183 10 Ne	2
3	22,990 11 Na	24,312 12 Mg	26,982 13 Al	28,066 14 Si	30,974 15 P	32,064 16 S	35,453 17 Cl	39,948 18 Ar	3
4	39,102 19 K	40,08 20 Ca	69,72 31 Ga	72,59 32 Ge	74,922 33 As	78,96 34 Se	79,909 35 Br	83,80 36 Kr	4
5	85,47 37 Rb	87,62 38 Sr	114,82 49 In	118,69 50 Sn	121,75 51 Sb	127,60 52 Te	126,90 53 I	131,30 54 Xe	5
6	132,90 55 Cs	137,34 56 Ba	204,37 81 Tl	207,19 82 Pb	208,98 83 Bi	(209) 84 *Po	(210) 85 *At	(222) 86 *Rn	6
7	(223) 87 *Fr	(226) 88 *Ra							7

Metalle | Nichtmetalle | Edelgase | * radioaktive Elemente

Elemente mit metallischen und nichtmetallischen Eigenschaften

12,011
6 C (12,011: Atommassenzahl, 6: Protonenenzahl, C: Elementsymbol)

Abb. 31: Das gekürzte Periodensystem, aus dem auch die metallischen Eigenschaften abzulesen sind.

Außer Wasserstoff sind alle Mitglieder der I. Hauptgruppe sowie alle Mitglieder der II. Hauptgruppe **Metalle**. Die Mitglieder der VII. und VIII. Hauptgruppe sind **Nichtmetalle**. In der IV., V. und VI. Hauptgruppe sind die Elemente mit niedriger Ordnungszahl wie Kohlenstoff, Stickstoff, Phosphor, Sauerstoff und Schwefel Nichtmetalle. Die Elemente mit hoher Ordnungszahl wie Zinn, Blei, Antimon und Bismuth sind Metalle.

Mit steigender Protonenzahl nimmt die Zahl der Elektronen jeweils um eins zu. Diese werden auf die einzelnen „Schalen" verteilt, wobei die Schalen mit dem niedrigsten Energiegehalt zuerst belegt werden. Eine neue Periode beginnt, wenn zum ersten Mal eine Schale mit Elektronen besetzt wird, die vorher unbesetzt war.

Nach dem **Bohr'schen Atommodell** (siehe S. 10 ff.) sollte deshalb eine neue Periode beginnen, wenn die alte Schale vollständig mit Elektronen besetzt ist. Da sich die Zahl der Elektronen pro Schale (n) nach dem Bohr'schen Atommodell als $2n^2$ berechnet, sollten jede Periode aus $2n^2$ Elementen bestehen. Diese theoretische Überlegung trifft in der Realität aber nur teilweise zu:

	theoretische Zahl	tatsächliche Zahl
1. Periode	2 Elemente	2 Elemente
2. Periode	8 Elemente	8 Elemente
3. Periode	18 Elemente	8 Elemente
4. Periode	34 Elemente	18 Elemente
5. Periode	50 Elemente	18 Elemente
6. Periode	72 Elemente	32 Elemente
7. Periode	98 Elemente	bislang 30 Elemente

Tab. 3: Theoretische und tatsächliche Zahl der Elemente pro Periode.

Wodurch kommt diese Abweichung von den theoretischen Überlegungen zustande? Die Frage lässt sich beantworten, wenn man die tatsächlichen Energiegehalte der einzelnen Orbitale betrachtet. In der 4. Periode werden die 3d-Orbitale erst nach der Belegung des 4s-Orbitals aufgefüllt (siehe Abb. 26). Zwischen dem Erdalkalimetall Calcium und dem nächsten Erdmetall Gallium folgen deshalb 10 Elemente, die aufgrund ihrer Eigenschaften keiner der Hauptgruppen zugeordnet werden können. Sie werden als **Nebengruppenelemente** bezeichnet und sind ohne Ausnahme Metalle. In der nächsten, der 5. Periode zwischen Strontium und Indium sind weitere 10 Nebengruppenelemente eingefügt. In der 6. Periode werden nach der Belegung des 6s-Orbitals zunächst die 4f-Orbitale und danach die 5d-Orbitale aufgefüllt. Deshalb folgen auf Barium die 14 Elemente der **Lanthanoide** (ebenfalls ausschließlich Metalle) und nochmals 10 Nebengruppenelemente[5]. Dasselbe wiederholt sich in der 7. Periode nach Radium. Hier folgen 14 Elemente der **Actinoide** und weitere Nebengruppenelemente zur Auffüllung der 5f- und 6d-Orbitale. Die Actinoide sind ebenfalls Metalle.

Die Nebengruppenelemente sowie die Lanthanoide und Actinoide haben jeweils **zwei Elektronen** auf der **äußeren Schale**. Nur die Elektronenzahl auf den **inneren** Schalen ändert sich. Deshalb ähneln sich diese Elemente chemisch sehr stark und sind keiner der Hauptgruppen zuzuordnen.

5 Lanthan (La) zählt zu den Nebengruppenelementen, da hier ein Elektron das 5d-Orbital besetzt, während dies beim folgenden Cer (Ce) frei bleibt. Stattdessen sind dort die f-Orbitale mit zwei Elektronen besetzt.

Alle Elemente der 7. Periode sowie die Elemente Polonium, Astat und Radon aus der 6. Periode sind **radioaktiv** (siehe S. 132).

Abbildung 32 zeigt das nach den zuvor beschriebenen Kriterien erstellte und um die Nebengruppenelemente erweiterte Periodensystem:

Hauptgruppenelemente

Periode	I	II		III	IV	V	VI	VII	VIII	Periode
1	1,00797 1 H								4,0026 2 He	1
2	6,939 3 Li	9,0122 4 Be		10,811 5 B	12,011 6 C	14,007 7 N	15,999 8 O	18,998 9 F	20,183 10 Ne	2
3	22,990 11 Na	24,312 12 Mg		26,982 13 Al	28,066 14 Si	30,974 15 P	32,064 16 S	35,453 17 Cl	39,948 18 Ar	3
4	39,102 19 K	40,08 20 Ca		69,72 31 Ga	72,59 32 Ge	74,922 33 As	78,96 34 Se	79,909 35 Br	83,80 36 Kr	4
5	85,47 37 Rb	87,62 38 Sr		114,82 49 In	118,69 50 Sn	121,75 51 Sb	127,60 52 Te	126,90 53 I	131,30 54 Xe	5
6	132,90 55 Cs	137,34 56 Ba		204,37 81 Tl	207,19 82 Pb	208,98 83 Bi	(209) 84 *Po	(210) 85 *At	(222) 86 *Rn	6
7	(223) 87 *Fr	(226) 88 *Ra		(284) 113 *Uut	(289) 114 *Uuq	(288) 115 *Uup	(292) 116 *Uuh			7

Nebengruppenelemente

4	44.956 21 Sc		47,90 22 Ti	50,942 23 V	51,996 24 Cr	54,938 25 Mn	55,847 26 Fe	58,933 27 Co	68,71 28 Ni	63,54 29 Cu	65,37 30 Zn	4
5	89,905 39 Y		91,22 40 Zr	92,906 41 Nb	95,94 42 Mo	(97) 43 *Tc	101,07 44 Ru	102,90 45 Rh	106,4 46 Pd	107,87 47 Ag	112,40 48 Cd	5
6	138,91 57 La		178,49 72 Hf	180,95 73 Ta	183,95 74 W	186,2 75 Re	190,2 76 Os	192,2 77 Ir	195,09 78 Pt	196,97 79 Au	200,59 80 Hg	6
7	(227) 89 *Ac		(261) 104 *Rf	(262) 105 *Db	(266) 106 *Sg	(264) 107 *Bh	(269) 108 *Hs	(268) 109 *Mt	(271) 110 *Ds	(272) 111 *Rg	(285) 112 *Uub	7

Lanthanoide (6. Periode)
Actinoide (7. Periode)

6	140,12 58 Ce	140,91 59 Pr	144,24 60 Nd	(145) 61 Pm	150,35 62 Sm	151,96 63 Eu	157,25 64 Gd	158,92 65 Tb	162,50 66 Dy	164,93 67 Ho	167,26 68 Er	168,93 69 Tm	173,04 70 Yb	174,97 71 Lu	6
7	232,04 90 *Th	(231) 91 *Pa	238,03 92 *U	(237) 93 *Np	(244) 94 *Pu	(243) 95 *Am	(247) 96 *Cm	(251) 97 *Bk	(251) 98 *Cf	(254) 99 *Es	(253) 100 *Fm	(256) 101 *Md	(253) 102 *No	(257) 103 *Lr	7

Metalle

Nichtmetalle

Edelgase

*radioaktive Elemente

Elemente mit metallischen und nichtmetallischen Eigenschaften

Abb. 32: Das ungekürzte Periodensystem der Elemente.

Atomradien

Atome besitzen keine scharfen Begrenzungen, deshalb muss man definieren, was man überhaupt unter **Atomradien** versteht. Eine mögliche Definition ist der metallische Radius, bestimmt als die Hälfte des Abstandes zweier benachbarter Atome im metallischen Kristallverband. Im Kupfer beispielsweise beträgt dieser 270 pm, woraus sich ein Kupfer-Atomradius von 135 pm ergibt. Experimentell lassen sich Atomradien durch Röntgenspektroskopie ermitteln (siehe S. 15).

Bereits Lothar Meyer ordnete das **Atomvolumen**[6] als Funktion der **Atommasse** an und erhielt so eine „Atomvolumenkurve“. Die erhaltene Periodizität spiegelt das Aufbauprinzip des Periodensystems wider:

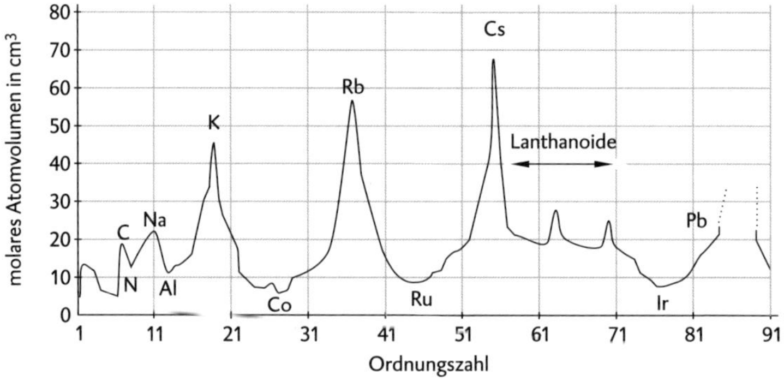

Abb. 33: Atomvolumenkurve in Abhängigkeit von der Ordnungszahl. (Angegeben ist hier das molare Atomvolumen, da die Zahlenwerte leichter handhabbar sind; nach Hollemann Wiberg, verändert.)

Innerhalb einer Hauptgruppe nimmt der **Atomradius** von oben nach unten zu, innerhalb einer Periode von links nach rechts ab.

Innerhalb einer Hauptgruppe wird bei jeder neuen Periode eine neue Schale erstmals besetzt. Da diese weiter außen liegt als die bis dahin vorhandenen, muss das Atom größer sein als das vorhergehende. Innerhalb einer Periode wird dieselbe Schale weiter aufgefüllt. Da diese im Prinzip immer denselben **Kernabstand** besitzt, sollte der Atomradius innerhalb einer Periode gleich bleiben. Da jedoch gleichzeitig die Kernladungszahl (Ordnungszahl) zunimmt, werden die Elektronen stärker vom Kern angezogen. Hierdurch nimmt der Atomradius ab.

6 Atomvolumen = Atommasse · Dichte^{-1}

Ionenradien

Ionen entstehen, wenn Atome Elektronen aufnehmen (negative Ionen = **Anionen**) oder abgeben (positive Ionen = **Kationen**). Positive Ionen sind immer kleiner als die entsprechenden Atome. Dieser Größenunterschied ist besonders im Falle der Alkalimetalle beträchtlich, da positiv geladene Alkalimetallionen eine ganze Schale weniger besitzen als die Alkalimetalle selbst.
Ebenso deutlich ist der Unterschied zwischen den Elementen der Chalkogene oder der Halogene sowie ihren zweifach oder einfach negativ geladenen Ionen. Diese sind deutlich größer als die Atome selbst, da sie durch die Elektronenaufnahme eine voll besetzte äußere Schale erreichen:

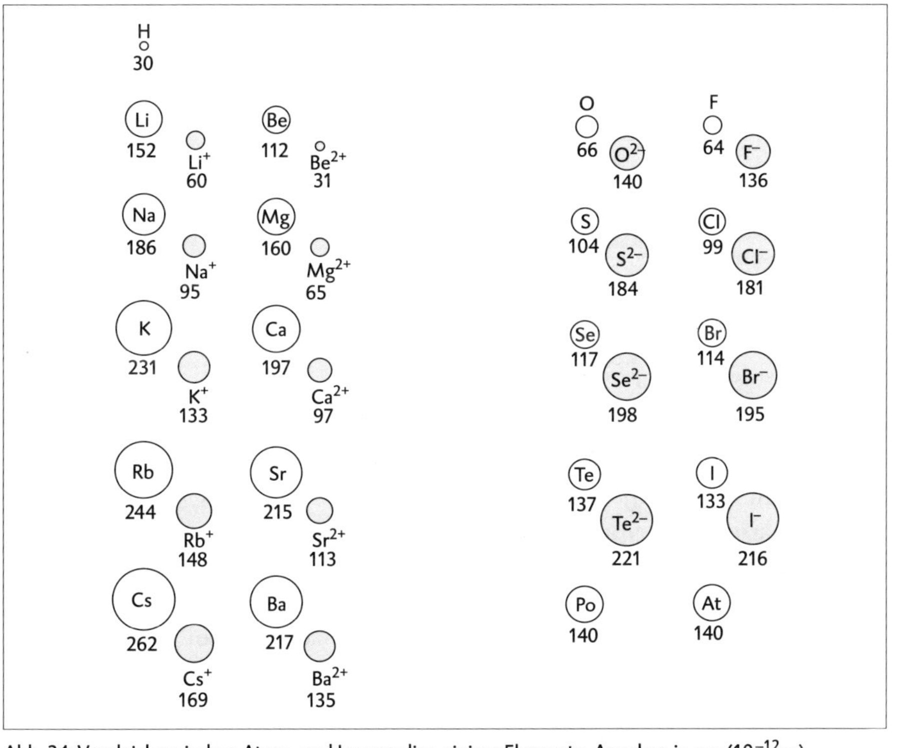

Abb. 34: Vergleich zwischen Atom- und Ionenradien einiger Elemente. Angaben in pm (10^{-12} m).

Wie die Atomradien, so nimmt auch der **Ionenradius** innerhalb einer Hauptgruppe von oben nach unten zu.

Vergleicht man die Größen **isoelektronischer** Ionen, d.h. Ionen mit gleicher Elektronenzahl, wie beispielsweise N^{3-}, O^{2-}, F^-, Na^+, Mg^{2+} und Al^{3+}, die alle dieselbe **Elektronenkonfiguration** wie das Edelgasatom Neon besitzen, so wird der Einfluss der Kernladungszahl besonders deutlich: Der Ionenradius nimmt in der Reihe von N^{3-} nach Al^{3+} bei einer von 7 auf 13 steigenden Kernladungszahl stetig ab:

Ion	Elektronenzahl	Kernladungszahl	Ionenradius in pm
N^{3-}	7 + 3 = 10	7	171
O^{2-}	8 + 2 = 10	8	140
F^-	9 + 1 = 10	9	136
Na^+	11 – 1 = 10	11	95
Mg^{2+}	12 – 2 = 10	12	65
Al^{3+}	13 – 3 = 10	13	50

Tab. 4: Elektronenzahl, Kernladungszahl und Radius isoelektronischer Ionen im Vergleich.

Ionisierungsenergien

Die Ionisierungsenergie (IE) ist diejenige Energie, die notwendig ist, um ein Elektron (e^-) aus einem Atom (A) zu entfernen:

$$A + \text{Ionisierungsenergie} \longrightarrow A^+ + e^-$$

Folgende Punkte machen es leicht nachvollziehbar, dass diejenige Energie, die notwendig ist, um ein Elektron aus einem Atom zu entfernen, für die einzelnen Elemente unterschiedlich sein muss:

- Das Elektron wird vom Kern angezogen. Diese Anziehungskraft ist umso größer, je größer die Kernladungszahl und je kleiner der Abstand des Elektrons zum Kern ist.
- Das Elektron wird von Elektronen derselben Schale abgestoßen.
- Elektronen aus anderen Schalen beeinflussen sich gegenseitig nur wenig.

Wie aus Abbildung 35 zu ersehen ist, steigen die Ionisierungsenergien innerhalb einer Periode an, etwa von Li zu Ne oder von N zu Ar, da sich die Kernladungszahl jeweils um eine Einheit erhöht und die neu hinzukommenden Elektronen in dieselbe Schale eingebaut werden. Die Alkalimetalle besitzen die niedrigsten Ionisierungsenergien, da derjenige Energiebetrag, der notwendig ist, um ein weit außen liegendes Elektron aus einem Atom mit relativ geringer Kernladungszahl zu entfernen, verhältnismäßig klein ist.

Entgegengesetzt hingegen ist die Situation bei den **Edelgasen**, dort findet man die höchsten Ionisierungsenergien, da die große Kernladung auch die Elektronen auf der äußersten Schale noch stark anzieht.
Innerhalb einer Hauptgruppe nimmt die Ionisierungsenergie von oben nach unten ab, da der zunehmend größere Abstand der Elektronen vom Kern deren Ablösung aus dem Atom erleichtert:

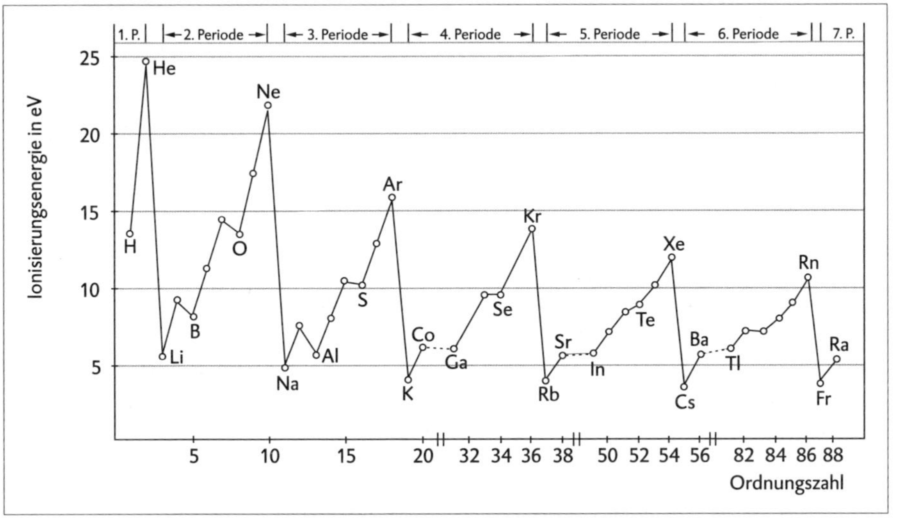

Abb. 35: Ionisierungsenergien der Hauptgruppenelemente.

Elektronegativität

Die Elektronegativität (EN) ist ein Maß für die Fähigkeit eines Atoms, die Bindungselektronen (siehe S. 48 ff.) in einer chemischen Verbindung anzuziehen. Die Werte sind nach ALLRED und ROCHOW proportional zur **Coulomb-Kraft**, die zwischen einem Atomkern und den Bindungselektronen wirkt:

> Je höher die **Elektronegativität** eines Atoms ist, umso stärker zieht es Bindungselektronen an.

Elektronegativitäten sind dimensionslose Werte zwischen 0,7 und 4,0. Sie nehmen innerhalb einer Periode von links nach rechts zu, innerhalb einer Hauptgruppe von oben nach unten ab. Dementsprechend ist **Fluor** das Element mit der größten Elektronegativität:

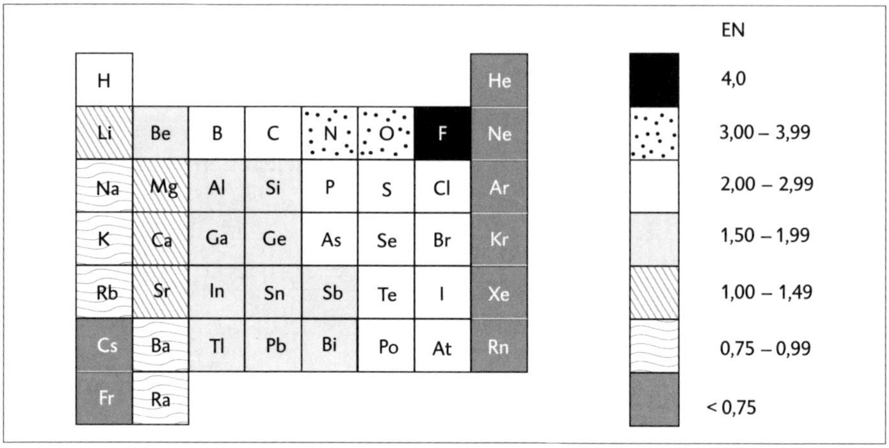

Abb. 36: Elektronegativitäten der Hauptgruppenelemente.

Wie lassen sich diese Tendenzen im Periodensystem erklären? Innerhalb einer Periode nimmt die Kernladungszahl zu und der Atomradius ab (siehe S. 36). Deshalb wird bei den weiter rechts stehenden Elementen jedes Elektron stärker vom Kern angezogen. Innerhalb einer Hauptgruppe steigt zwar die Kernladungszahl ebenfalls an, da jedoch der Atomradius aufgrund der höheren Anzahl an Schalen größer ist, sind die Valenzelektronen weiter vom Kern entfernt. Insgesamt wirkt auf sie daher eine geringere Anziehung ein.

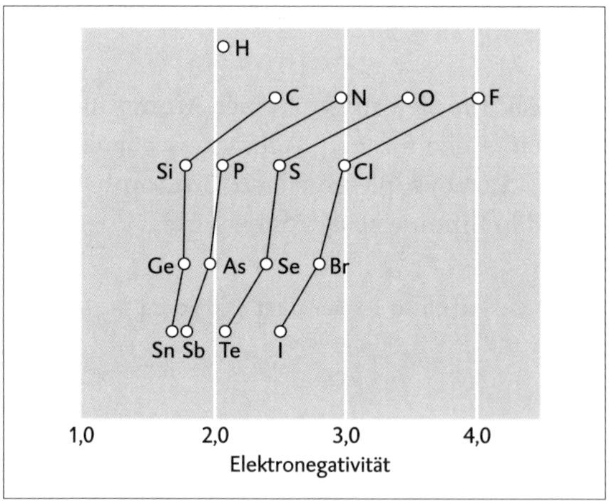

Abb. 37: Gang der Elektronegativitäten in den Hauptgruppen des Periodensystems.

Aus der Differenz der Elektronegativitäten der Bindungspartner eines Moleküls lässt sich die **Polarität** einer chemischen Bindung, etwa der zwischen einem Wasserstoff- und einem Sauerstoffatom abschätzen (siehe S. 54).

Elektronenaffinität

Die Elektronenaffinität (EA) eines Atoms ist diejenige Energie, die frei wird (negative EA-Werte) oder benötigt wird (positive EA-Werte), wenn ein Atom ein Elektron aufnimmt, wobei ein negativ geladenes Ion, ein Anion entsteht:

$$A + e^- \longrightarrow A^- + \text{Elektronenaffinität}$$

Da es bei einigen Elementen schwierig ist, negative Ionen zu erzeugen, kann die experimentelle Ermittlung der Elektronenaffinität sehr aufwändig sein. Die Werte sind daher nicht für alle Elemente bekannt. Die für die Hauptgruppenelemente bekannten Werte zeigt die folgende Übersicht:

H −0,73							He (+0,21)
Li −0,60	Be (+2,40)	B −0,27	C −1,22	N 0	O −1,41	F −3,28	Ne (+0,29)
Na −0,53	Mg (+2,30)	Al −0,43	Si −1,34	P −0,72	S −2,00	Cl −3,49	Ar (+0,35)
K −0,48	Ca (+1,56)	Ga −0,29	Ge −1,16	As −0,77	Se −1,95	Br −3,25	Kr (+0,39)
Rb −0,47	Sr (+1,68)	In −0,29	Sn −1,21	Sb −1,01	Te −1,90	I −2,95	Xe (+0,41)
Cs −0,45	Ba (+0,52)	Tl −0,29	Pb −0,35	Bi −0,91	Po −1,83	At −2,70	Rn (+0,41)

Abb. 38: Elektronenaffinitäten der Hauptgruppenelemente in Elektronenvolt (eV).

Elektronenaffinitäten sind insgesamt kleiner als die Ionisierungsenergien, die der Halogene sind – im Vergleich – aber besonders groß. Die Halogene bilden leicht Halogenidionen und erreichen damit die **Edelgaskonfiguration** (siehe S. 42). Allgemein lässt sich feststellen, dass bei einer Elektronenaufnahme immer dann eine hohe Energie frei wird, wenn dem entsprechenden Element genau ein Elektron zum Erreichen einer **halb- oder vollbesetzten Schale** fehlt. Elektronenaffinitäten beziehen sich, genauso wie Ionisierungsenergien, auf isolierte Atome, die sich vielfach nur unter schwierigen experimentellen Bedingungen untersuchen lassen. Für den tatsächlichen Betrag der genannten Energien ist in chemischen Verbindungen immer die Wechselwirkung der Ionen untereinander oder jene mit Fremdionen von Bedeutung, in Lösungen die Wechselwirkungen der Ionen mit den Lösungsmittelmolekülen.

3 Chemische Bindungen

3.1 Die Sonderstellung der Edelgase

Das Edelgas Argon wurde erst 1894 durch RAMSAY und RAYLEIGH entdeckt. Dies erscheint verwunderlich, wenn man weiß, dass es etwa 1 % unserer Atemluft ausmacht und somit auf der Erde häufiger vorkommt als z. B. Gold. Um dies zu verstehen, muss man die Gruppe der Edelgase genauer betrachten: Alle Edelgase – Helium, Neon, Argon, Krypton, Xenon und Radon – gehen unter normalen Bedingungen keine Verbindungen mit anderen Stoffen ein, sie liegen fast immer elementar vor. Erst unter extremen Bedingungen wie sehr hohen Drucken und/oder hohen Temperaturen lassen sich einige wenige Verbindungen der Edelgase nachweisen, die aber sehr instabil sind.

Edelgaskonfiguration

Wie ist erklärbar, dass Edelgase – anders als alle anderen Elemente – praktisch keine Verbindungen eingehen? Die Frage lässt sich mithilfe der Stellung der Edelgase im Periodensystem beantworten: Zwar unterscheiden sich die Edelgase in der Gesamtzahl der Elektronen, mit Ausnahme von Helium besitzen sie jedoch immer **acht Elektronen** auf der äußersten Schale.

Nach der so genannten „**Oktettregel**" ist eine Besetzung der **äußersten Schale** mit **acht Elektronen** energetisch besonders günstig. Dieser Zustand wird **Edelgaskonfiguration** genannt.

Dieser energetisch günstige Zustand liegt offenbar immer dann vor, wenn die s- und p-Orbitale der äußersten Schale **voll besetzt** sind (siehe Abb. 26). Jede andere Elektronenverteilung weist eine höhere Energie auf. Atome mit solchen Elektronenverteilungen sind daher bestrebt, ebenfalls acht Elektronen auf der äußersten Schale und damit den energetisch günstigen Zustand zu erreichen. Dies lässt sich für Atome, die selbst keine Edelgaskonfiguration aufweisen, nur durch Wechselwirkung mit anderen Atomen realisieren – chemische Bindungen sind die Folge. Für ein Atom gibt es zwei Möglichkeiten, durch Ausbildung einer chemischen Bindung die begünstigte Edelgaskonfiguration zu erlangen:

- durch **Ionenbindung**
- durch **Elektronenpaarbindung** (Atombindung; daran sind meist nur die Elektronen der äußersten Schale, die Außen- oder **Valenzelektronen**, beteiligt.)

Besonderheiten bei Helium

Da bei Helium die äußerste Schale bereits mit zwei Elektronen vollständig gefüllt ist, dort also keine acht Elektronen Platz finden, wird der energetisch günstigste Zustand bereits mit zwei Außenelektronen erreicht, weshalb in diesem Fall ein Atom mit nur zwei Gesamtelektronen bereits die Edelgaskonfiguration aufweist.

3.2 Ionenbindungen

Kochsalz besteht aus den Elementen Natrium und Chlor. Es hat eine hohe Schmelz- (801 °C) und Siedetemperatur (1440 °C). Kochsalz ist gut wasserlöslich, die dabei entsehende Salzlösung leitet den elektrischen Strom. Kochsalzkristalle sind spröde. Heftige chemische Reaktionen geht Kochsalz nicht ein, es ist offenbar chemisch stabil. Ein Modell, dass die chemische Bindung im Kochsalzkristall beschreibt, muss in der Lage sein, alle diese Beobachtungen zu erklären.
Da Kochsalz offenbar sehr stabil ist, müssen die beteiligten Atome Edelgaskonfiguration aufweisen. Chlor besitzt sieben Außenelektronen, Natrium weist ein Außenelektron auf. Um die Edelgaskonfiguration zu erreichen, muss Chlor also genau ein Elektron aufnehmen. Dieses kann es z. B. von Natrium erhalten. Gibt Natrium ein Elektron ab, so ist seine 3. Schale leer und die darunterliegende Schale weist mit acht Elektronen Edelgaskonfiguration auf. Durch diese Elektronenübertragung erreichen beide Atome die Edelgaskonfiguration. Da Chlor durch Aufnahme eines Elektrons aber 18 Elektronen besitzt, denen im Kern nur 17 Protonen gegenüber stehen, weist es eine einfach negative Überschussladung auf, das **Cloridion** ist einfach negativ geladen. Beim Natrium stehen den noch 22 Elektronen 23 Protonen im Kern gegenüber, deshalb ist das **Natriumion** einfach positiv geladen:

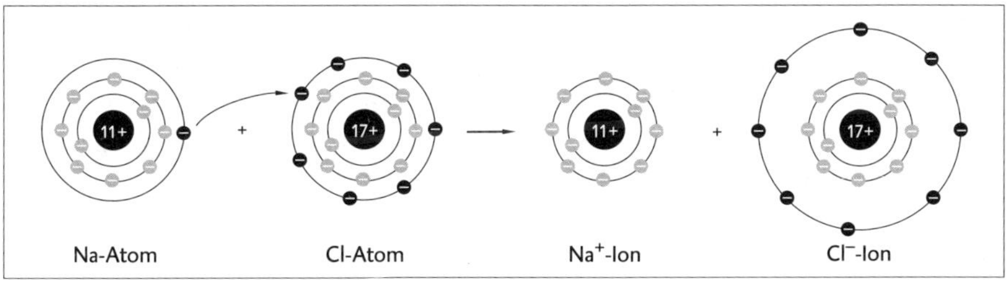

Abb. 39: Schema der Ionenbildung am Beispiel von NaCl.

Positiv oder negativ geladene Atome oder Atomgruppen werden als **Ionen** bezeichnet.

Durch den Austausch von Elektronen kommt noch keine Bindung zustande. Der Zusammenhalt des Kochsalzkristalls erklärt sich ausschließlich durch die **elektrostatische Anziehung** der positiv und negativ geladenen Ionen. Dabei ordnen sich die Ionen in einem regelmäßgien Gitter so an, dass jedes positiv geladene Ion von negativ geladenen Ionen umgeben ist und umgekehrt:

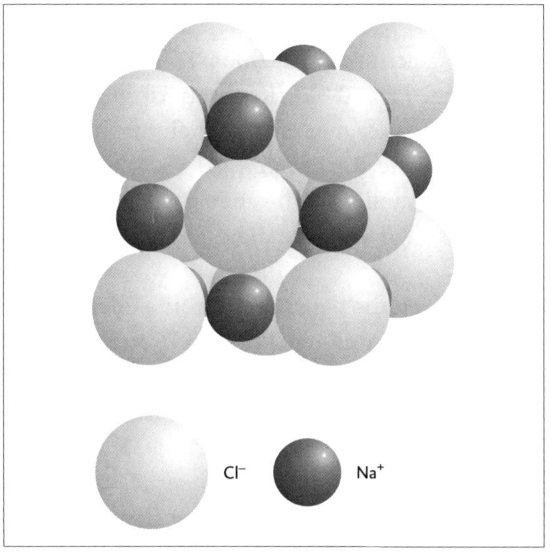

Abb. 40: Darstellung des NaCl-Kristalls mit den Cl^-- und Na^+-Ionen als Kugeln, maßstäblich richtig. Na^+-Ionen haben einen Radius von 102 pm, Cl^--Ionen von 181 pm.

Mithilfe des Modells geladener Atome lassen sich alle eingangs erwähnten Beobachtungen an Kochsalz erklären:

- Bei der Zusammenlagerung des Natrium- und der Choridionen im Natriumchlorid-Gitter wird **Gitterenergie** durch die elektrostatische Anziehung frei. Sie beträgt $-781\ kJ \cdot mol^{-1}$ bei 25 °C. Dieser hohe Energiebetrag muss beim Schmelzen und Sieden von Kochsalz überwunden werden.
- Beim Lösen des Kristalls in Wasser „spalten" die Wassermoleküle aufgrund ihres Dipolcharakters (siehe S. 54) einzelne Ionen aus dem Ionengitter ab und umgeben sie mit einer Hydrathülle:

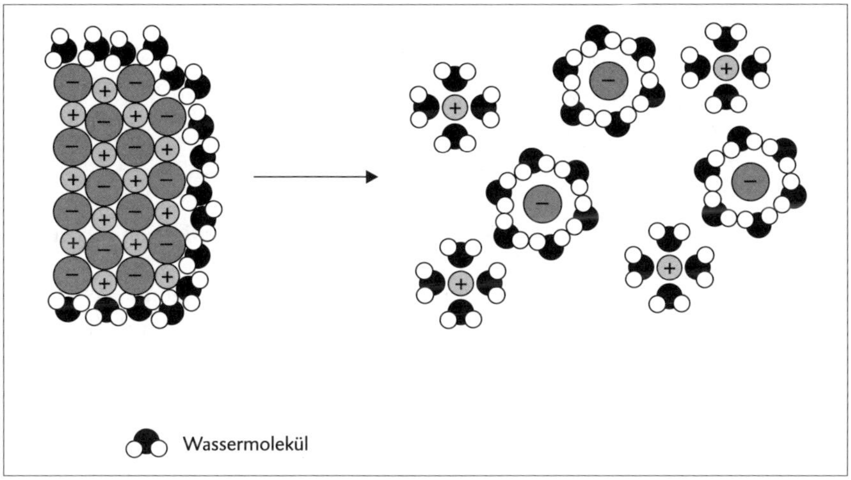

Abb. 41: Zerteilung eines Ionengitters durch Wassermoleküle.

Dabei muss die Gitterenergie aufgebracht werden. Im Gegenzug wird die **Hydratationsenergie** von $-400\,kJ \cdot mol^{-1}$ für Na^+- bzw. $380\,kJ \cdot mol^{-1}$ für Cl^--Ionen frei.

- Die entstehenden, hydratisierten Ionen sind in der Lösung frei beweglich. Daher leitet die Lösung den elektrischen Strom.
- Bei mechanischer Einwirkung, z. B. einem Schlag mit dem Hammer, werden zwei Schichten des Ionengitters gegeneinander verschoben. Dabei gelangen gleichnamige Ladungen nebeneinander und stoßen sich ab, der spröde Kristall zerbricht:

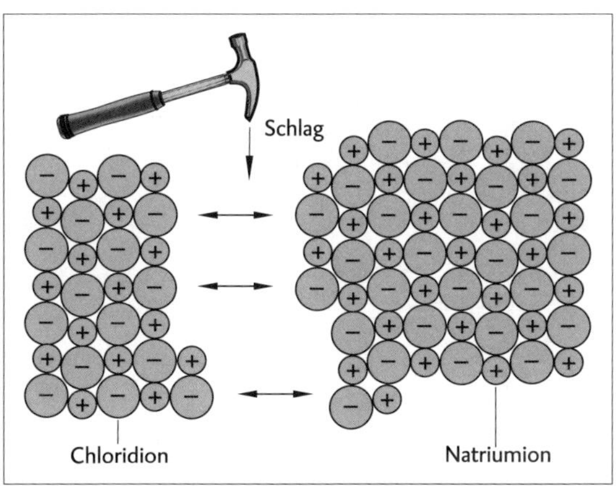

Abb. 42: Salzkristalle sind spröde.

Die Eigenschaften von Ionenkristallen im Überblick:

- Ionenkristalle sind bei Raumtemperatur fest,
- besitzen hohe Schmelztemperaturen,
- sind spröde,
- weisen regelmäßige geometrische Formen auf,
- sind in Wasser löslich und
- die wässrigen Lösungen und Schmelzen leiten den elektrischen Strom.

Ionenbindungen kommen zwischen Elementen zustande, wenn das eine Element nur wenige Elektronen auf der äußeren Schale besitzt und diese abgibt und dem anderen Element nur wenige Elektronen bis zur Edelgaskonfiguration fehlen und es daher bereit ist, Elektronen aufzunehmen. Diese Konstellation ist z. B. dann gegeben, wenn **Metalle mit Nichtmetallen** reagieren. Verbindungen zwischen Metallen und Nichtmeltallen sind daher meist ionische Verbindungen.

Elektrolyse

Konstruiert man einen ununterbrochenen Stromkreis, indem man zwei mit einer Gleichstromquelle leitend verbundene Elektroden in destilliertes Wasser taucht, so kann kein Stromfluss beobachtet werden. Fügt man dem Wasser jedoch ein **Salz** hinzu, z. B. Kupferchlorid, so fließt ein Strom. Nach kurzer Zeit können an den Elektroden Veränderungen beobachtet werden, die von der Art des verwendeten Salzes abhängen. Bei Kupferchlorid bildet sich am negativen Pol ein rotbrauner Überzug, am positiven Pol steigen stechend riechende Gasbläschen auf:

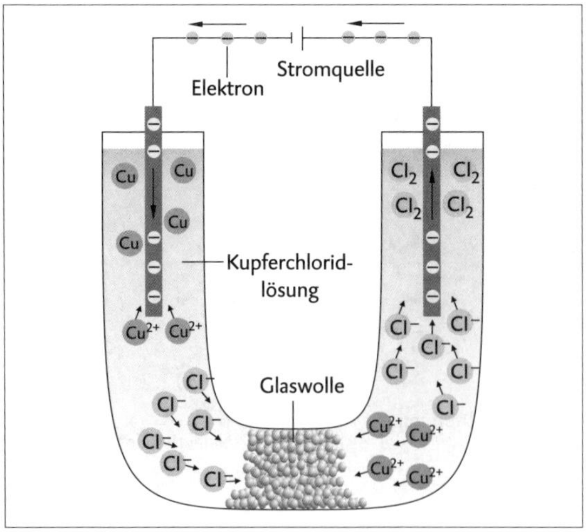

Abb. 43: Vorgänge bei einer Elektrolyse.

Diese Beobachtungen lassen sich folgendermaßen erklären: Freie Elektronen können sich nicht im Wasser bewegen. Der Stromfluss kommt deshalb dort nur mithilfe von Ionen zustande. Der positive Pol, die Anode, zieht die negativ geladenen Ionen, die **Anionen,** elektrostatisch an. Da diese sich in der Lösung bewegen können, wandern sie zum Pluspol. Berühren sie die Elektrode, so geben sie ihre überschüssige negative Ladung an die Elektrode ab und gelangen so in den elementaren Zustand. Die Chloridionen werden durch die Entladung zu Chloratomen, die sich zu Chlormolekülen verbinden und als Chlorgas aufsteigen:

$$2\,Cl^-(aq) \longrightarrow Cl_2(g) + 2\,e^-$$

Auf gleiche Weise zieht der negative Pol, die Kathode, die positiv geladenen Ionen, die **Kationen**, an. Beim Kontakt mit der Elektrode nehmen diese Ionen negative Ladung von der Elektrode auf und gehen in den elementaren Zustand über. Kupferionen werden wieder zu Kupferatomen, die sich als rotbrauner Niederschlag an der Elektrode absetzen:

$$Cu^{2+}(aq) + 2\,e^- \longrightarrow Cu(s)$$

Die Spannungsquelle „pumpt" also die von den Chloridionen am Pluspol abgegebenen Elektronen zum Minuspol, wo sie von den Kupferionen aufgenommen werden. Dadurch entsteht ein geschlossener Stromkreis. Der Stromfluss kommt zum Erliegen, sobald alle Ionen in Atome umgewandelt worden sind:

Anode:	$2\,Cl^-(aq)$	$\longrightarrow$	$Cl_2(g) + 2\,e^-$
Kathode:	$Cu^{2+}(aq) + 2\,e^-$	$\longrightarrow$	$Cu(s)$
Gesamtreaktion:	$Cu^{2+}(aq) + 2\,Cl^-(aq)$	$\longrightarrow$	$Cu(s) + Cl_2(g)$

Da die ionischen Formen hier den energetisch **stabileren** Zustand darstellen, erfordert die Umwandlung in Atome den Einsatz von Energie, hier in Form von elektrischer Energie.

Verbindungen der Nebengruppenelemente

Verbindungen von Nebengruppenelementen (siehe S. 34) mit Ausnahme jener von Zink, Cadmium und Quecksilber weisen hohe Schmelztemperaturen und eine relativ hohe Dichte auf. Viele Nebengruppenelemente bilden farbige Salze und haben eine ausgesprochene Neigung zur **Komplexbindung** (siehe S. 99 ff.). Grund für diese gemeinsamen Eigenschaften ist die Besetzung der äußersten Schale mit maximal zwei Elektronen, während auf inneren Schalen die **d-** bzw. **f-Orbitale** aufgefüllt werden. Dadurch wird die Elektronenhülle nur wenig größer, wodurch sich die Zunahme der Kernladung deutlich bemerkbar macht.

Die Atomradien der Nebengruppenelemente sind daher meist geringer als die der Hauptgruppenelemente. Die Atome können sich eng zusammenlagern, viele Nebengruppenelemente haben daher eine hohe Dichte, woraus sich auch der Begriff „Schwermetalle" ableitet.
Da zum Erreichen der Edelgaskonfiguration bei den meisten dieser Elemente die Abgabe einer großen Zahl von Elektronen erforderlich wäre und eine energetisch ungünstige, hohe Ladung zur Folge hätte, kommen bei den Nebengruppenelementen v. a. solche Zustände infrage, bei denen zwar nicht die Edelgaskonfiguration, immerhin aber **voll- oder halbbesetzte d-Schalen** erreicht werden, etwa bei Zn(II)-, Cu(I)- oder Fe(III)-Ionen. Dies erklärt die große Bereitschaft der Nebengruppenelemente, Komplexe zu bilden (siehe S. 99 ff.).

3.3 Elektronenpaarbindungen (Atombindungen)

Neben den salzartigen Verbindungen zwischen Metallen und Nichtmetallen gibt es auch chemische Verbindungen der Nichtmetalle untereinander, wie z. B. in SO_2, NO_2 oder Cl_2. In diesen Verbindungen weisen beide Partner viele Elektronen auf der äußeren Schale auf. Daher ist die Energie, die aufgewendet werden müsste, um alle äußeren Elektronen eines Partners abzuspalten, größer als der Energiegewinn beim Erreichen der Edelgaskonfiguration. In Form von ionischen Verbindungen wären diese Stoffe daher instabil. Da die genannten Stoffe chemisch aber ebenfalls stabil sind, muss eine andere Art von Bindung vorliegen, die **Elektronenpaarbindung** (Atombindung), die zur Bildung von **Molekülen** führt. Ihr Zustandekommen soll zunächst am Wasserstoffmolekül erläutert werden.

Das Wasserstoffmolekül

Ein Wasserstoffatom besitzt nur ein Elektron. Um die volle Besetzung seines 1 s-Orbitals und damit die Edelgaskonfiguration des Heliums zu erreichen, benötigt es zwei Elektronen.

Im Wasserstoffmolekül bilden zwei Wasserstoffatome eine **gemeinsame Elektronenhülle** aus, in der sich zwei gemeinsame Elektronen aufhalten.

In diesem Molekül ist die Aufenthaltswahrscheinlichkeit der Elektronen zwischen den Atomkernen am größten, wie folgende Abbildung illustriert:

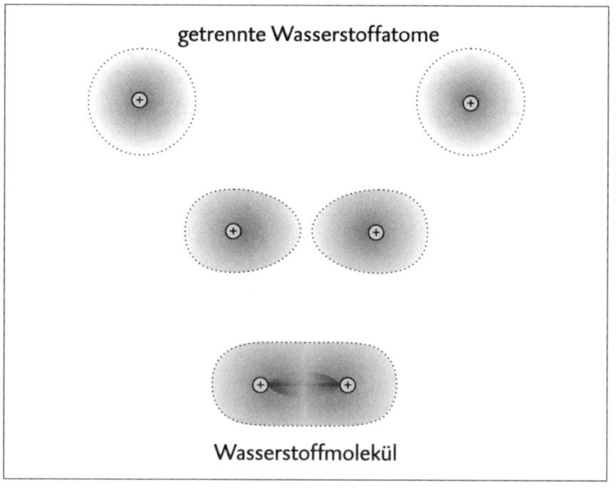

Abb. 44: Bildung des Wasserstoffmoleküls aus zwei Wasserstoffatomen.

Die beiden Elektronen gehören gleichermaßen zu beiden Atomen. Die gemeinsame, negativ geladene Elektronenhülle bildet die stabile **Elektronenpaarbindung** zwischen den positiv geladenen Atomkernen. Im Gegensatz zu den Ionen in salzartigen Verbindungen erreichen die Atome die Edelgaskonfiguration hierbei aber nur zusammen mit ihrem Bindungspartner.

Moleküle weiterer Elemente

Die Ausbildung einer gemeinsamen Elektronenhülle ist auch bei Elementen mit mehr als einem Außenelektron möglich. Beobachtungen zeigen jedoch, dass nicht die gesamten Atomhüllen an der Atombindung beteiligt sind, sondern immer zwei Elektronen eine gemeinsame Elektronenhülle besetzen können. Daher wird diese gemeinsame Elektronenhülle mit zwei Elektronen, die von verschiedenen Atomen stammen, **bindendes Elektronenpaar** genannt.
Zur Darstellung einer Elektronenpaarbindungen verwendet man so genannte Valenzstrich- oder **Lewis-Formeln**[7]. Die Außenelektronen, deren Anzahl aus der Hauptgruppennummer ableitbar ist, werden zeichnerisch auf alle vier Seiten des chemischen Symbols verteilt. Dabei ist darauf zu achten, dass zunächst jede Seite nur mit einem durch einen Punkt dargestellten Elektron versehen wird, bevor ein fünftes Außenelektron neben ein bereits verteiltes Elektron platziert werden darf. Zwei auf diese Weise nebeneinander platzierte Elektronen können statt durch zwei Punkte durch einen Strich dargestellt werden und symbolisieren auf diese Weise ein **freies Elektronenpaar**. Ein bindendes Elektronenpaar entsteht, wenn zwei einzelne Elektronen verschiedener Atome durch einen Strich miteinander verbunden werden.

7 Benannt nach Gilbert N. Lewis, der seine Theorie zur kovalenten Bindung im Jahr 1916 vorstellte.

Beispiele

Beim Chlormolekül bildet eines der sieben Elektronen des einen Atoms mit einem Elektron des anderen Atoms ein bindendes Elektronenpaar. Die verbleibenden sechs Elektronen bilden je drei freie Elektronenpaare:

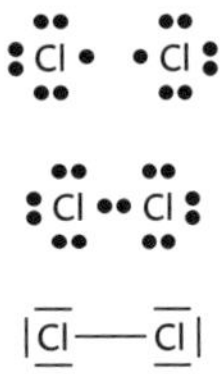

Fehlen, wie beim Sauerstoffatom, zwei Elektronen zum Erreichen der Edelgaskonfiguration, so kann das Atom entweder zwei Bindungen mit verschiedenen Partnern eingehen oder aber mit einem Partner zwei Elektronenpaarbindungen bilden:

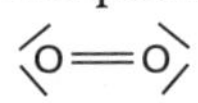

Diese Möglichkeit wird als **Doppelbindung** bezeichnet. **Dreifachbindungen** kommen auf analoge Weise zustande, wenn beiden Partnern je drei Elektronen zum Erreichen der Edelgaskonfiguration fehlen. Dieser Fall ist etwa im Stickstoff(N_2)-Molekül verwirklicht. Vierfachbindungen sind unbekannt.

3.4 Der räumliche Bau von Molekülen

Für Chemiker ist nicht nur die Zusammensetzung einer Verbindung von Interesse, sondern auch ihr räumlicher Bau. Die teratogene[8] Wirkung des Schlafmittels Contergan®, dessen Einnahme bei schwangeren Frauen zu schweren Missbildungen an Armen und Beinen der Kinder führte, kam dadurch zustande, dass bei der Herstellung des Medikaments eine Verbindung mit identischer chemischer Zusammensetzung, aber **spiegelbildlicher Struktur** als Nebenprodukt entstand.

Das Elektronenpaar-Abstoßungsmodell

Der räumliche Bau einer Verbindung lässt sich sehr gut mithilfe ihrer Elektronenverteilung voraussagen. Dazu wird das von GILLESPIE und NYHOLM entwickelte Elektronenpaar-Abstoßungsmodell (**VSEPR-Modell**[9]) angewandt.

8 *teratogen* = „den Embryo schädigend"

9 VSEPR: **V**alence **S**hell **E**lectron **P**air **R**epulsion = „Valenzelektronenpaar-Abstoßung"

Dabei geht man in folgenden Schritten vor:

- Zunächst wird, wie auf Seite 50 gezeigt, die Lewis- bzw. Valenzstrichformel der Verbindung aufgestellt.
- Anschließend bestimmt man die Anzahl der freien und bindenden Elektronenpaare am Zentralatom.
- Die **Bindungswinkel** in einem Molekül ergeben sich schließlich aus der räumlichen Struktur, die es unter Berücksichtigung der freien Elektronenpaare einnimmt.

Da sich die negativ geladenen Elektronenpaare untereinander abstoßen, stellen sie einen **möglichst großen Abstand** zueinander her. Hierdurch wird die räumliche Struktur des Moleküls wesentlich bestimmt.

Beispiele

Anzahl der Elektronenpaare	räumliche Anordnung		Beispiel(e)	
2		linear	|F—Be—F| |Cl—Be—Cl|	
3	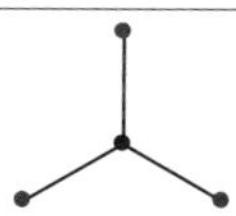	planar trigonal	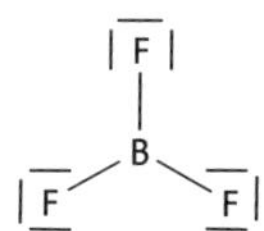	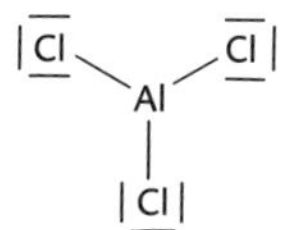
4		tetraedrisch	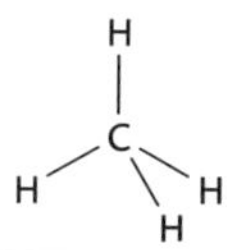	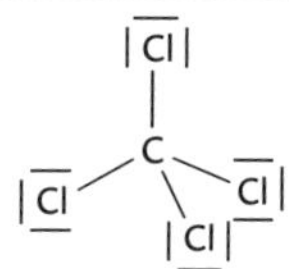
5		trigonal bipyramidal	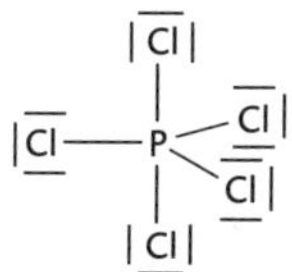	
6		oktaedrisch	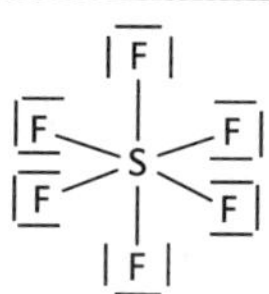	

Tab. 5: Molekülstruktur und Anzahl der Elektronenpaare.

Einfluss freier und bindender Elektronenpaare

Nach dieser Modellvorstellung sollten alle Moleküle mit vier Elektronenpaaren wie CH_4, NH_3 und H_2O einen Bindungswinkel von 109,5 ° haben, den Innenwinkel eines idealen **Tetraeders**. Tatsächlich weichen die Bindungswinkel jedoch vom Idealwert ab (siehe Abb. 45). Dies lässt sich damit erklären, dass ein freies Elektronenpaar mehr Raum einnimmt als ein bindendes. Bindende Elektronenpaare werden von den Bindungspartnern angezogen, ihr Aufenthaltsraum ist deshalb „gestreckter“ als der von freien Elektronenpaaren.

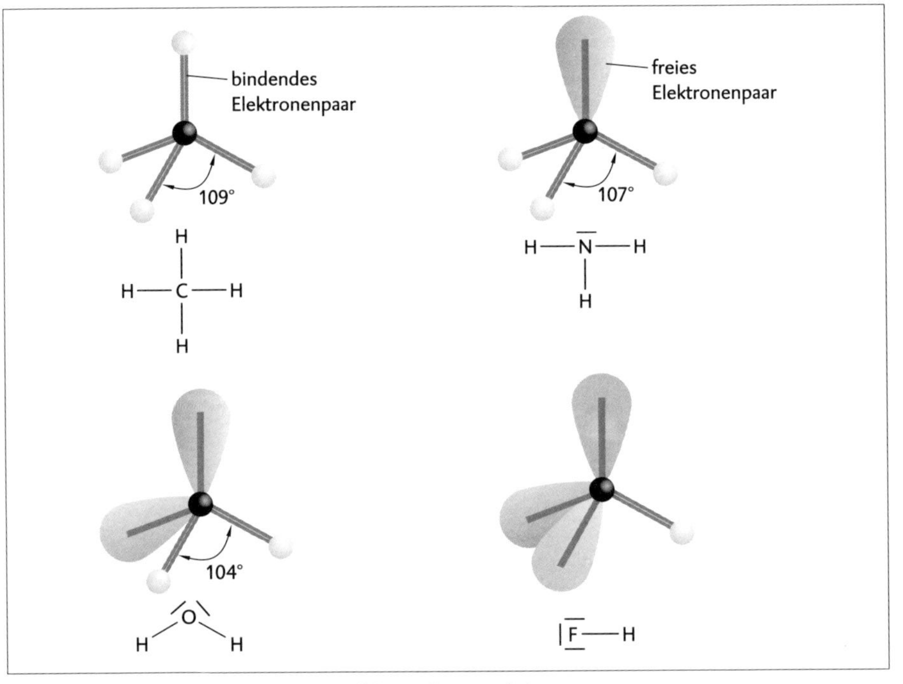

Abb. 45: Einfluss freier Elektronenpaare auf die Bindungswinkel.

Einfluss der Elektronegativität

Auch die Elektronegativität des Bindungspartners spielt eine Rolle. So beträgt der Bindungswinkel H–C–H im Monochlormethan (CH_3Cl) 110,3 ° statt des erwarteten Tetraederwinkels von 109,5 °. Dies lässt sich damit erklären, dass das Chloratom aufgrund seiner hohen Elektronegativität das bindende Elektronenpaar stärker anzieht als die Wasserstoffatome. Damit nimmt es weniger Raum ein, und die bindenden Elektronenpaare zwischen Kohlenstoff und Wasserstoff können sich weiter „ausbreiten“, der von ihnen eingeschlossene Winkel wird größer.

Mehrfachbindungen

Mehrfachbindungen haben nur einen geringfügig größeren Platzbedarf als Einfachbindungen. Dies kommt dadurch zustande, dass die p-Orbitale sich oberhalb und unterhalb der Kern-Kern-Verbindungsachse befinden (siehe S. 70) und somit auf die Molekülebene nur einen geringen Einfluss ausüben. Die folgende Tabelle zeigt **Molekülstrukturen** nach dem VSEPR-Modell:

Anzahl Elektronenpaare	Geometrie Elektronenpaare	Molekültyp	Molekülgestalt	Beispiele
2	linear	AB_2	linear	HgX_2, CdX_2, ZnX_2, $BeCl_2$
3	dreieckig	AB_3	dreieckig	BX_3, GaI_3
		AB_2E	V-förmig	$SnCl_2$
4	tetraedrisch	AB_4	tetraedrisch	BeX_4^{2-}, BX_4^-, CX_4, NX_4^+, SiX_4, GeX_4, AsX_4^+
		AB_3E	trigonal-pyramidal	NX_3, OH_3^+, PX_3, AsX_3, SbX_3, P_4O_6
		AB_2E_2	V-förmig	OX_2, SX_2, SeX_2, TeX_2
5	trigonal-bipyramidal	AB_5	trigonal-bipyramidal	PCl_5, PF_5, PCl_3F_2, $SbCl_5$
		AB_4E	tetraedrisch verzerrt	SF_4, SeF_4, SC_4
		AB_3E_2	T-förmig	ClF_3, BrF_3
		AB_2E_3	linear	ICl_2^-, I_3^-, XeF_2
5	quadratisch-pyramidal	AB_5	quadratisch-pyramidal	SbF_5
6	oktaedrisch	AB_6	oktaedrisch	SF_6, SeF_6, TeF_6, PCl_6^-, PF_6^-, SiF_6^{2-}, $Te(OH)_6$
		AB_5E	quadratisch-pyramidal	ClF_5, BrF_5, IF_5
		AB_4E_2	quadratisch-planar	ICl_4^-, I_2Cl_6, BrF_4^-, XeF_4
7	pentagonal-bipyramidal	AB_7	pentagonal-bipyramidal	IF_7, TeF_7^-

Tab. 6: Molekülstrukturen nach dem VSEPR-Modell („E" steht für freie Elektronenpaare, „X" für ein einfach gebundenes Atom).

Die elektronische Struktur des **Benzolrings** (siehe S. 71) und anderer aromatischer Systeme kann mit dem VSEPR-Modell nicht vorhergesagt werden.

3.5 Polare Atombindungen

Bisher wurden bindende Elektronenpaare zwischen gleichen Atomen wie in H_2, O_2 oder F_2 untersucht, nun werden Moleküle aus verschiedenen Atomen betrachtet. Als Beispiel dient das **Fluorwasserstoff**-Molekül:

Beispiel

Während Wasserstoff eine geringe Elektronegativität aufweist, ist die von Fluor sehr groß (siehe S. 39). Dies resultiert bei Fluor aus der hohen Kernladung bei gleichzeitig kleiner Elektronenhülle und bewirkt eine größere Anziehung auf die Elektronen als sie das Wasserstoffatom ausübt. Dies gilt auch für die Elektronen des bindenden Elektronenpaars. Daher werden sich diese bindenden Elektronen näher beim Fluor- als beim Wasserstoffatom aufhalten. Als Folge hiervon herrscht am Wasserstofftom ein relativer „Mangel" an Elektronen, während am Fluoratom ein „Überschuss" an Elektronen gemessen werden kann. Dies wird als **partielle positive** (δ^+) bzw. **partielle negative** (δ^-) Ladung bezeichnet:

Die Existenz von positiven und negativen Partialladungen kann sich auf die Eigenschaften der Moleküle sehr unterschiedlich auswirken: Während Wassermoleküle von einem **elektrischen Feld** angezogen werden, hat dasselbe Feld auf Tetrachlormethan-Moleküle keinen Einfluss, obwohl in beiden Molekülen positive und negative Partialladungen vorliegen:

- Im Wassermolekül befinden sich die positiven Partialladungen an den Wasserstoffatomen, die negative Partialladung am Sauerstoffatom. Der Schwerpunkt der positiven Partialladung liegt also zwischen den beiden Wasserstoffatomen, der Schwerpunkt der negativen Partialladung beim Sauerstoffatom. Da das Wassermolekül gewinkelt gebaut ist (siehe S. 53), fallen die beiden Schwerpunkte nicht zusammen, weshalb das Molekül einen positiven und einen negativen Pol aufweist, es ist **polar** gebaut und man spricht von einem **Dipol**:

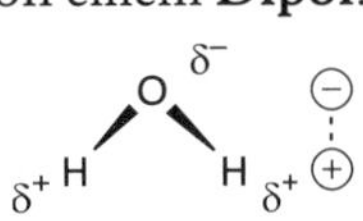

Ein elektrisches Feld beeinflusst daher die Bewegung und Orientierung von Wassermolekülen.

- Beim **Tetrachlormethan** CCl_4 befinden sich die negativen Partialladungen an den vier Chloratomen, die an den Ecken des regelmäßigen Tetraeders liegen. Der Schwerpunkt der negativen Partialladung liegt damit genau in der Mitte des Tetraeders. Da die einzige positive Partialladung am Kohlenstoffatom und somit auch im Zentrum des Tetraeders liegt, fallen die Schwerpunkte von positiver und negativer Partialladung zusammen. Tetrachlormethan ist daher kein Dipol, das Molekül ist unpolar, ein elektrisches Feld hat keinen Einfluss auf seine Bewegung.

Für die Untersuchung der Dipoleigenschaften eines Moleküls ist es wichtig, dass man als zunächst die räumliche Struktur des Moleküls bestimmt und dabei die freien Elektronenpaare berücksichtigt. Erst anhand des dreidimensionalen Modells lassen sich die Schwerpunkte richtig bestimmen. Die Ermittlung der Schwerpunkte von positiver und negativer Partialladung muss immer getrennt erfolgen. Dazu stelle man sich die positiven oder negativen Partialladungen als kleine Gewichte an einem dreidimensionalen Modell vor. Der Schwerpunkt liegt dort, wo man das Modell in der Balance halten könnte.
Dipolmoleküle unterscheiden sich von Molekülen, die keine Dipole sind, nicht nur darin, dass ein elektrisches Feld einen Einfluss auf sie ausübt: Ihre **Siedetemperatur** ist höher als bei Nicht-Dipolmolekülen mit gleichem Molekulargewicht, da größere zwischenmolekulare Kräfte herrschen, sodass es mehr Energie erfordert, einzelne Moleküle beim Verdampfen aus dem Verband herauszulösen.
Die elektrische Anziehung zwischen den Dipolmolekülen bewirkt, dass elektrisch ungeladene Moleküle, also Nicht-Dipole, zwischen ihnen „herausgedrängt“ werden. Dies hat zur Folge, dass sich zwei Flüssigkeiten, deren Moleküle aus Dipolen bestehen, gut **mischen** lassen, nicht jedoch solche Flüssigkeiten, bei denen die eine aus Dipolmolekülen besteht, die andere aus Nicht-Dipolmolekülen. Aus diesem Grund lassen sich Wasser und Ethanol, nicht aber Wasser und Benzin oder Öl miteinander mischen.

3.6 Weitere bindende Wechselwirkungen

Wasserstoffbrückenbindungen

Eigentlich müssten H_2O, HF und NH_3 aufgrund ihres geringeren Molekulargewichts eine niedrigere Siedetemperatur aufweisen als H_2S, HCl bzw. PH_3. Das Gegenteil ist jedoch der Fall. Da alle Moleküle Dipole sind, muss eine weitere Eigenschaft für diese Beobachtung ausschlaggebend sein.

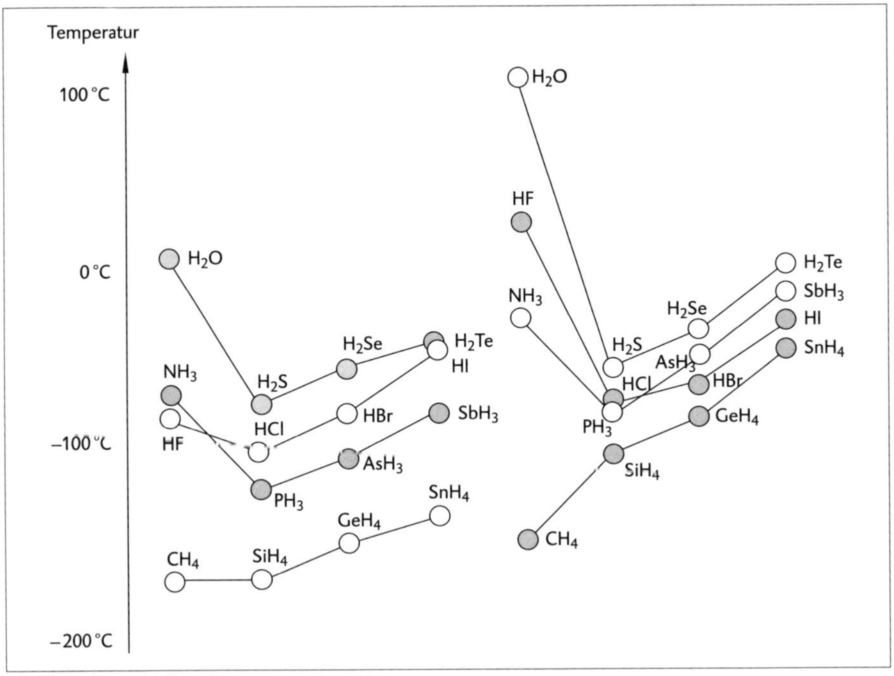

Abb. 46: Schmelz- (links) und Siedetemperaturen (rechts) der Nichtmetall-Wasserstoff-Verbindungen.

Gemeinsam ist all diesen Molekülen, dass sie über ein oder mehrere Wasserstoffatome verfügen und dass das Atom, an das der Wasserstoff gebunden ist, mindestens ein freies Elektronepaar aufweist. Die Elektronegativität von Sauerstoff, Stickstoff oder Fluor ist außerdem besonders hoch. Liegen die zuvor genannten Bedingungen gleichzeitig vor, dann können sich **Wasserstoffbrückenbindungen** ausbilden.

> **Wasserstoffbrückenbindungen** kommen zustande, wenn stark elektropositiv polarisierte Wasserstoffatome und die freien Elektronenpaare des stark negativ polarisierten Atoms eines Nachbarmoleküls eine starke Anziehung aufeinander ausüben.

Für die Verbindungen HF und H_2O etwa formuliert man dies wie folgt:

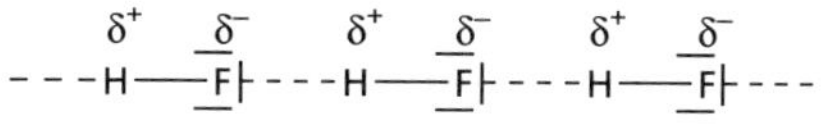

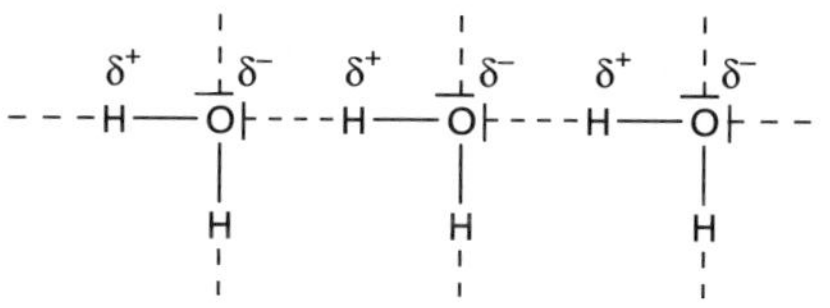

Die starke positive Polarisierung des Wasserstoffatoms wird durch einen sehr **elektronegativen** Bindungspartner wie ein Fluor- oder Sauerstoffatom verursacht, zudem besitzt es eine kleine Oberfläche und einen nur schwach abgeschirmten Kern.

Eine Wasserstoffbrückenbindung ist um so stabiler, **je elektronegativer und kleiner** der elektronegative Bindungspartner des Wasserstoffatoms ist.

Die Anziehungskraft ist dabei aber um ein Vielfaches geringer als bei Elektronenpaarbindungen. So beträgt die Bindungsenergie der stärksten Wasserstoffbrücke bei HF mit $50\,kJ \cdot mol^{-1}$ etwa ein Neuntel der kovalenten Bindungsenergie im Wasserstoffmolekül von $436\,kJ \cdot mol^{-1}$. Stabile Wasserstoffbrücken werden meist unter Beteiligung von Fluor, Sauerstoff und Stickstoff ausgebildet, schwächere Wasserstoffbrücken bilden die Wasserstoff-Verbindungen von Chlor, Schwefel und Phosphor.
Wasserstoffbrückenbindungen sind für die im Vergleich zu flüssigem Wasser geringere Dichte von Eis bei 0 °C von Bedeutung, aber auch für die Festigkeit von **Fasern** wie Nylon und Cellulose sowie für die Funktionsfähigkeit von **Proteinen** und den Aufbau der **DNA**, dem Träger der Erbinformation.

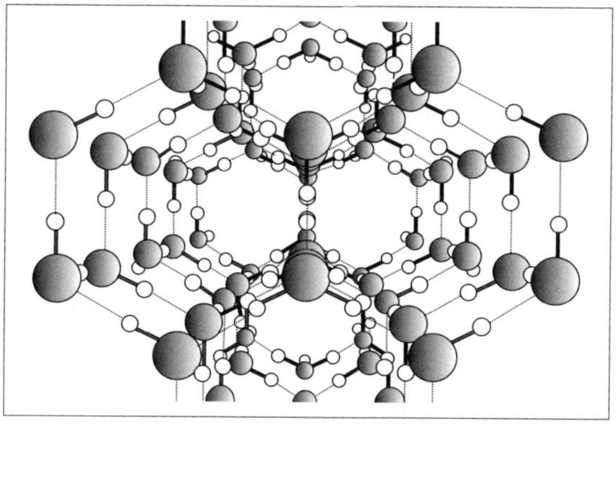

Abb. 47: Das Molekülgitter von Eis. Durch die charakteristische Anordnung der Wassermoleküle entstehen Hohlräume, woraus die im Vergleich zu flüssigem Wasser geringere Dichte resultiert.

Van-der-Waals-Kräfte

Auch unpolare Moleküle sind nicht frei von Anziehungskräften. Durch Verlagerungen von Elektronen in einem Molekül entstehen kurzzeitig Dipole. Diese wirken anziehend oder abstoßend auf die Elektronen eines benachbarten Moleküls, sodass dort ebenfalls ein Dipol induziert wird. Diese Wechselwirkung kann sich über weitere Moleküle fortsetzen. Man spricht von **induzierten Dipolen**. Die dabei entstehenden Anziehungskräfte nennt man **van-der-Waals-Kräfte**[10]. Sie nehmen mit der Anzahl der Elektronen eines Moleküls und seiner Oberfläche zu. Bei großen Molekülen können sie dazu führen, dass diese nicht gegeneinander verschiebbar sind. Elementares Iod etwa ist bei Raumtemperatur ein Feststoff.

Van-der-Waals-Kräfte liegen in ihrem Energiegehalt weit unter dem von Dipol-Dipol-Wechselwirkungen, was sich z. B. daran erkennen lässt, dass Fluor (F_2) mit −188 °C eine deutlich niedrigere Siedetemperatur aufweist als Fluorwasserstoff (HF) mit +19,5 °C. Die van-der-Waals-Kräfte werden zu den schwachen intramolekularen Wechselwirkungen gezählt.

3.7 Quantenmechanische Betrachtungen zum Molekülbau

Zunächst muss noch einmal die Frage aufgegriffen werden, warum sich überhaupt chemische Bindungen bilden (siehe S. 42 ff.). Dazu betrachte man den NaCl-Kristall: Sind die Ionen Na^+ und Cl^- sehr weit von einander entfernt, so ist die Wechselwirkung zwischen beiden sehr gering. Die **potenzielle Energie** des Systems setzt sich additiv aus den Einzelenergien der beiden Ionen zusammen. Nähern sich beide Ionen aneinander an, so steigt die elektrostatische Anziehungskraft, bis die **Bindungslänge** r_{gl} erreicht ist: Na^+- und Cl^--Ionen lagern sich zusammen, Bindungsenergie wird frei, eine Ionenbindung ist entstanden.

„Presst" man die Ionen noch näher zusammen, so wirken zunehmend abstoßende Kräfte zwischen den Protonen der Na^+- und jenen der Cl^--Ionen sowie den Elektronenhüllen, die potenzielle Energie steigt an. In der folgenden Abbildung sind diese energetischen Verhältnisse dargestellt:

10 Johannes Diderik VAN DER WAALS (1837–1923), niederländischer Physiker

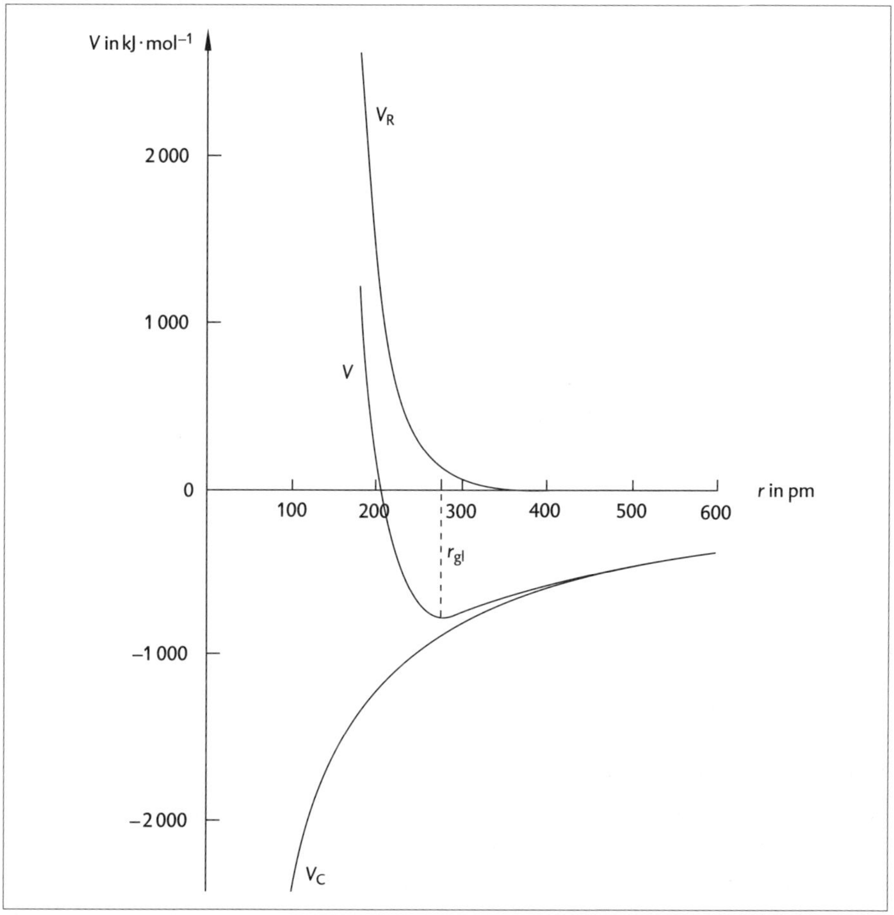

Abb. 48: Energiediagramm für verschiedene Abstände der Atomkerne zweier sich einander nähernder Ionen (V_R: Abstoßung der Protonen und der Elektronenhüllen, V_C: Anziehung von Kation und Anion, V: Potenzielle Energie, r_{gl}: Gleichgewichtsabstand = Summe aus V_C und V_R = Bindungslänge).

Bei der Bildung des **Wasserstoffmoleküls** sind die Verhältnisse etwas anders, da es nicht zu einem Energiegewinn durch Coulomb'sche Anziehung kommt. Trotzdem beobachtet man auch hier einen Energiegewinn, der durch die Wechselwirkung der Elektronenhüllen zustande kommt: Aus zwei Atomorbitalen bildet sich ein gemeinsames Molekülorbital (siehe S. 60), eine energetisch ebenfalls begünstigte Möglichkeit der Annäherung zweier Atome, die zur Bildung einer **Atombindung** führt. Der Gleichgewichtsabstand liegt für das H_2-Molekül bei etwa 74 pm und ist damit erheblich geringer als der Abstand der Atomkerne im NaCl-Kristall (276 pm).

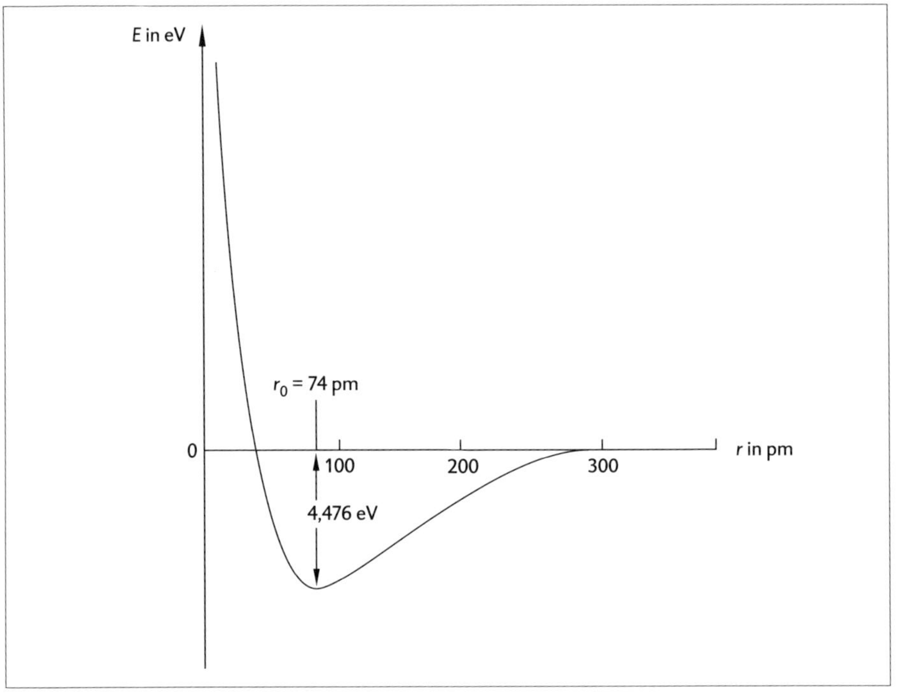

Abb. 49: Energiediagramm für das H_2-Molekül.

Bildung von Molekülorbitalen

Die Bildung eines Molekülorbitals (MO) aus zwei Atomorbitalen (AO; siehe S. 22 ff.) lässt sich mathematisch auf verschiedene Arten beschreiben, mit der **Molekülorbital(MO)-** oder der **Valenzbindungs(VB)-Theorie**. Beide unterscheiden sich durch die Konstruktion der Gesamtwellenfunktion der Elektronen, die sich im Falle des Wasserstoffatoms aus den Wellenfunktionen der beiden Einzelelektronen zusammensetzt.

Nach der **VB-Methode** betrachtet man das Wasserstoffmolekül mit den Atomen 1 und 2 und den Elektronen a und b. Daraus ergibt sich für die Gesamtwellenfunktion

$$\Psi_{VB} = \Psi_a(1) \cdot \Psi_b(2) + \Psi_a(2) \cdot \Psi_b(1)$$

da die Elektronen unterscheidbar sind.

Der Ansatz für die **MO-Theorie** hingegen lautet:

$$\Psi_{MO} = [\Psi_a(1) + \Psi_b(1)] \cdot [\Psi_a(2) + \Psi_b(2)]$$

Im Folgenden werden die Ergebnisse der MO-Methode dargestellt, die sich in der modernen Chemie durchgesetzt hat.

Bindende und antibindende Molekülorbitale

Wie bereits beschrieben, können Orbitale als **Wellenfunktionen** betrachtet werden (siehe S. 20). Bei der Überlagerung von zwei Wellenfunktionen ψ_A und ψ_B muss als Lösung die **Aufenthaltswahrscheinlichkeit** $\Psi^2 = (\psi_A + \psi_B)^2$ gesucht werden. Diese quadratische Gleichung hat die zwei Lösungen, $\psi_A + \psi_B$ und $\psi_A - \psi_B$.

Aufgrund der zwei Lösungen der quadratischen Gleichung entstehen bei der Überlagerung von zwei Atomorbitalen auch zwei Molekülorbitale, ein **bindendes** („Grundzustand") und ein **antibindendes** Molekülorbital („angeregter Zustand").

Es entstehen also immer genau so viele Molekülorbitale, wie Atomorbitale an der Bildung beteiligt waren:

- Das bindende Molekülorbital, das durch Addition der Atomorbitale entsteht, weist eine höhere Elektronendichte zwischen den Atomkernen auf.
- Das antibindende, das durch Subtraktion entsteht, weist zwischen den Atomkernen eine **Knotenfläche** auf, d. h. eine Fläche, in der die Aufenthaltswahrscheinlichkeit für Elektronen gleich Null ist.
- Aufgrund des **Pauli-Prinzips** (siehe S. 27) muss das Energieniveau der beiden Molekülorbitale unterschiedlich sein.

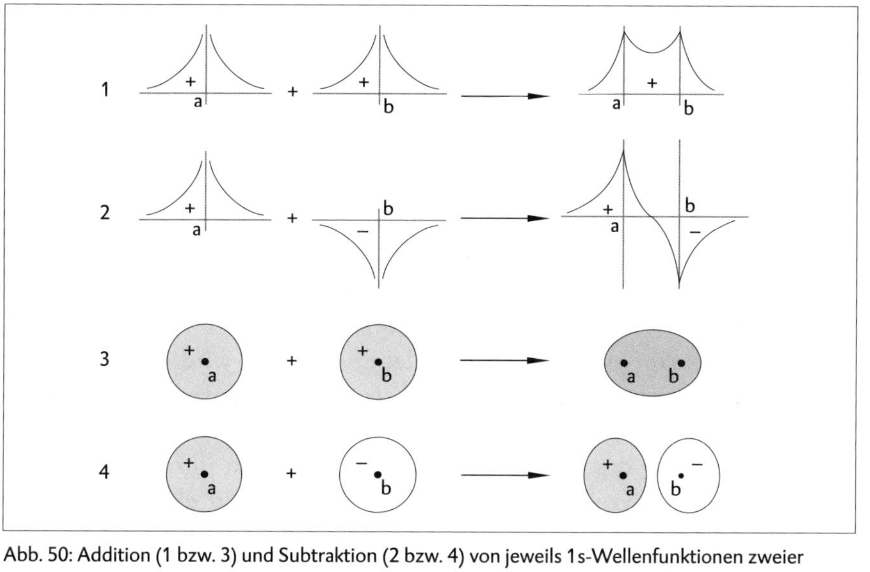

Abb. 50: Addition (1 bzw. 3) und Subtraktion (2 bzw. 4) von jeweils 1s-Wellenfunktionen zweier Atome a und b liefert ein bindendes MO (1 bzw. 3) und ein antibindendes MO (2 bzw. 4).

Damit Atomorbitale miteinander in Wechselwirkung treten können, müssen sie vergleichbare Energieniveaus aufweisen und bezüglich der Kern-Kern-Achse von gleicher Symmetrie sein. Ein s-Orbital kann daher zwar Molekülorbitale mit dem p_z-Orbital ausbilden, da beide **rotationssymmetrisch** zur Kern-Kern-Achse sind, nicht aber mit dem p_y-Orbital, das senkrecht zu dieser Achse steht.

Molekülobitale, die zur Kern-Kern-Achse rotationssymmetrisch sind, nennt man σ-Orbitale, die Bindungen entsprechend **σ-Bindungen**. Molekülobitale, die nicht rotationssymmetrisch zu dieser Achse sind, nennt man π-Orbitale, entsprechende Bindungen nennt man **π-Bindungen**.

Im Fluormolekül werden aus den je fünf Atomorbitalen der zwei Fluoratome insgesamt 10 Molekülorbitale gebildet, fünf bindende und fünf antibindende. Die 18 Elektronen werden dann nach dem Pauli-Prinzip verteilt, sodass fünf doppelt besetzte bindende und vier doppelt besetzte antibindende Orbitale resultieren.

Indem man die Differenz aus der Elektronenzahl der bindenden und jener der antibindenden Orbitale ermittelt und diese durch zwei dividiert, erhält man die **Bindungsordnung** des Moleküls. Für das Fluor-Molekül ergibt sich demnach eine Bindungsordnung von 1:

$$\frac{(10-8)}{2}=1$$

Die **Bindungsordnung** gibt an, ob es sich um eine Einfach-, Doppel- oder Dreifachbindung handelt.

Bildung zweiatomiger Moleküle

Die Anwendung der MO-Theorie soll im Folgenden anhand der Bildung eines Wasserstoff- und eines Heliummoleküls erläutert werden:

- Jedes Wasserstoffatom besitzt ein Elektron. Dieses wird durch einen Pfeil dargestellt, wobei durch die Richtung des Pfeils der **Spin** (Eigendrehimpuls, siehe S. 27) mit „up" oder „down" angegeben wird.

  Bei der Bildung des Wasserstoffmoleküls entstehen durch Addition bzw. Subtraktion zweier Atomorbitale ein **bindendes und ein antibindendes** Molekülorbital (σ und σ*, siehe Abb. 50 und 51). Bei der Besetzung mit Elektronen wird immer das bindende Molekülorbital des Wasserstoffmoleküls zuerst besetzt, da es eine geringere Energie aufweist.

Dadurch bleibt das antibindende MO unbesetzt. Der Energiegehalt des Wasserstoffmoleküls ist damit geringer als der der einzelnen Wasserstoffatome. Die Bindungsordnung ist 1 (siehe S. 62).

- Das **Heliumatom** besitzt zwei Elektronen, sodass bei der Bildung eines Heliummoleküls das bindenden und das antibindende MO besetzt werden. Dieser Zustand ist energiereich und daher energetisch ungünstig, ein He_2-Molekül existiert unter normalen Bedingungen nicht. Die Bindungsordnung ist Null.

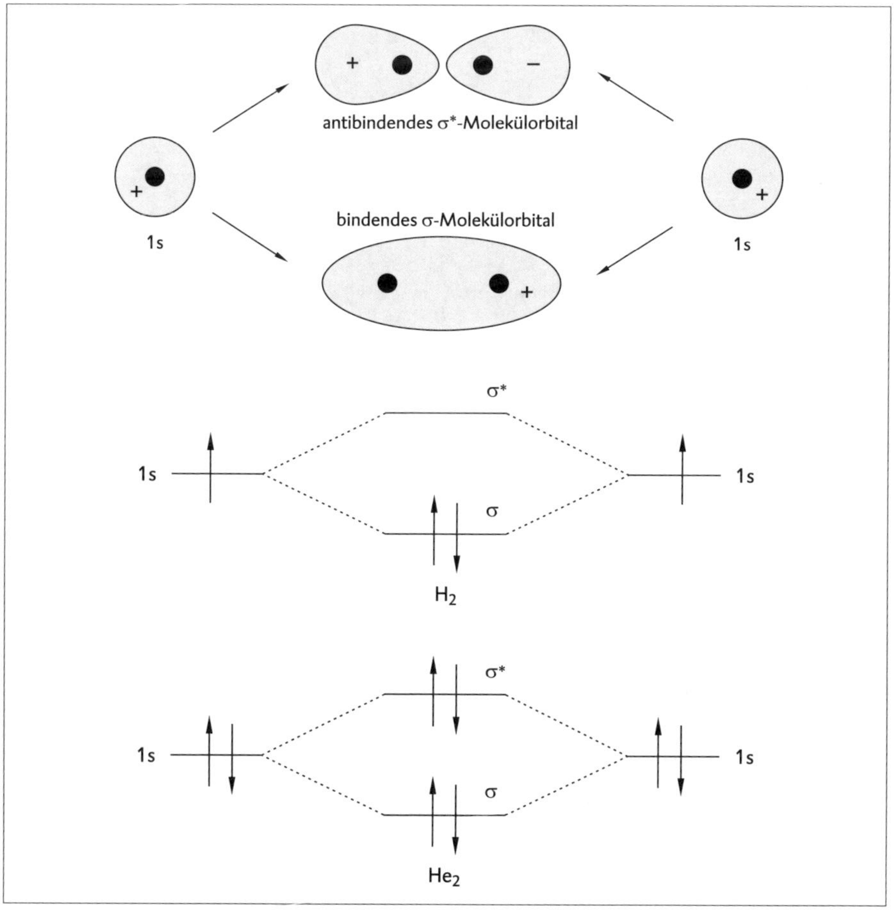

Abb. 51: Molekülorbitale der zweiatomigen Moleküle H_2 und He_2.

Gleiches gilt für das stabile Li_2 (Bindungsordnung = 1) und das instabile Be_2-Molekül (Bindungsordnung = 0):

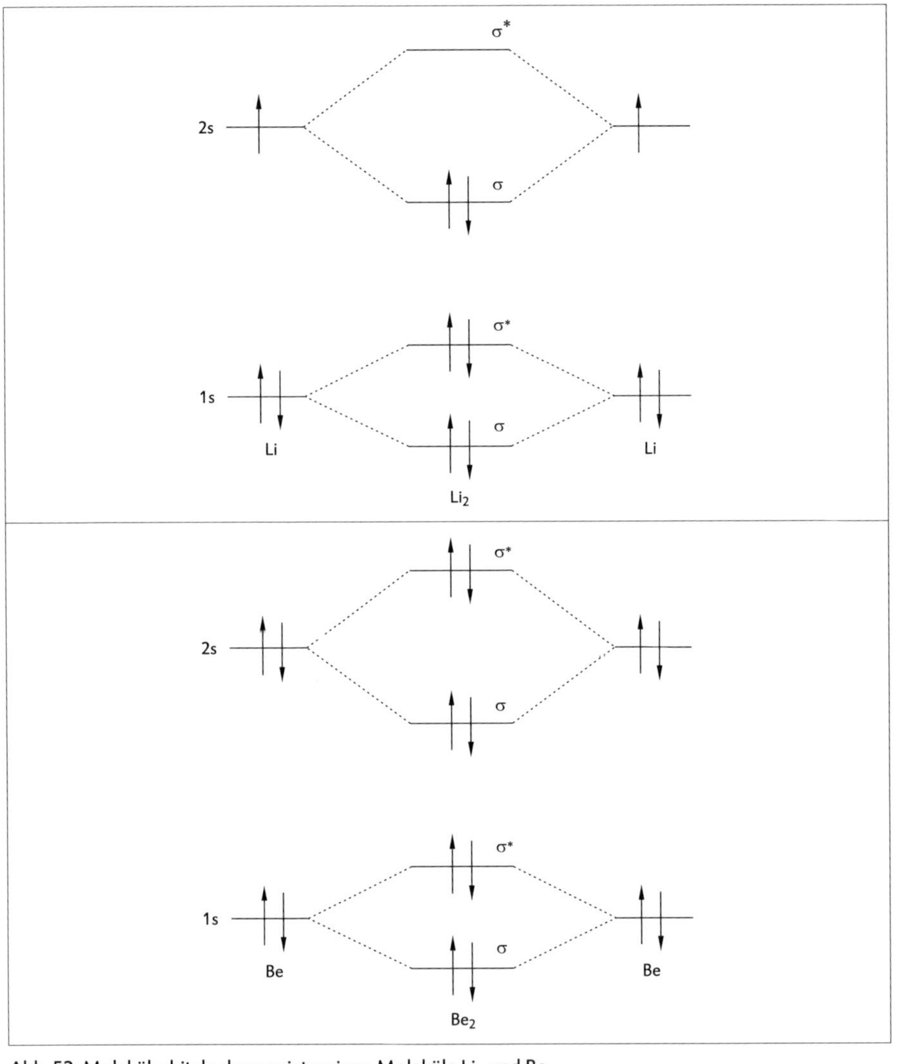

Abb. 52: Molekülorbitale der zweiatomigen Moleküle Li_2 und Be_2.

Bei der Bildung der Molekülorbitale gelten folgende Gesetzmäßigkeiten:

- Zwei s-Atomorbitale kann man nur zu σ-Molekülorbitalen kombinieren.
- Zwei p-Atomorbitale können sowohl zu σ- als auch zu π-Molekülorbitalen kombiniert werden. Dies hängt von der relativen räumlichen Anordnung der Orbitale zueinander ab (siehe Abb. 25).

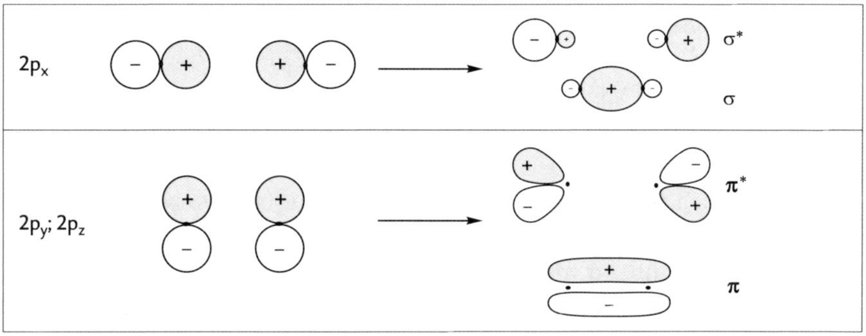

Abb. 53: Die Bildung von σ- und π-Orbitalen aus zwei 2p-Orbitalen.

In Folgenden wird ein Energieschema eines zweiatomigen Moleküls betrachtet, in dem auch die drei 2p-Orbitale zu Molekülorbitalen kombiniert sind. Beim **Sauerstoffmolekül** z. B. zeigt sich, dass eine Kombination der jeweils drei 2p-Orbitale zu folgender Anordnung der MOs führt:

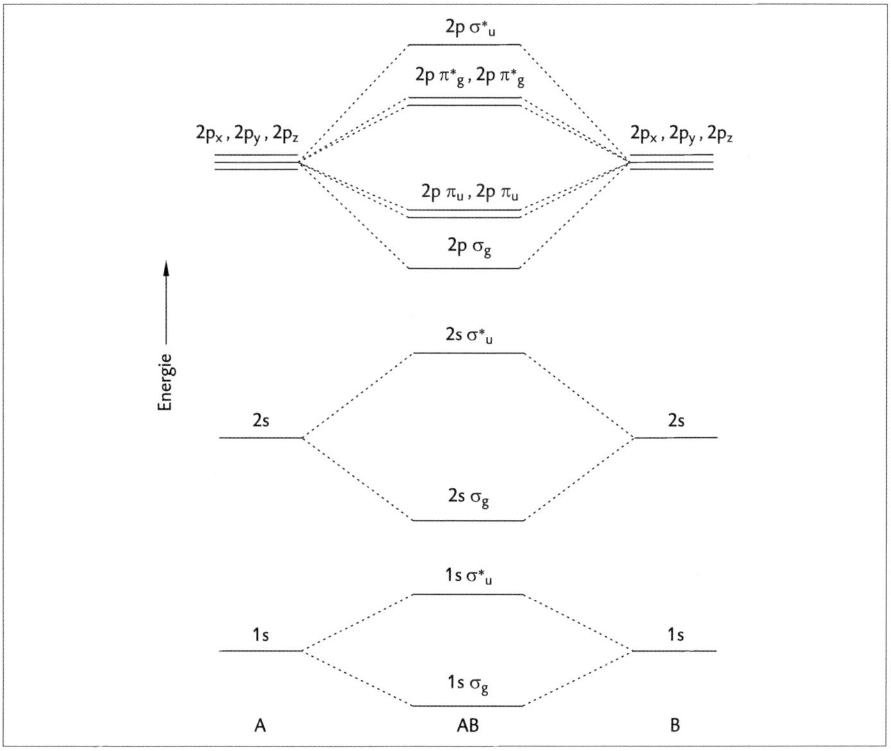

Abb. 54: Energiediagramm eines zweiatomigen Moleküls AB, z. B. Sauerstoff („g" und „u": „gerade" und „ungerade" bezüglich der Inversion am Mittelpunkt zwischen den Kernen, siehe z. B. MOs in Abb. 53).

Die energetische Reihenfolge der MOs im **Sauerstoffmolekül** lautet also $1s\sigma_g < 1s\sigma^*_u < 2s\sigma_g < 2s\sigma^*_u <$ **$2p\sigma_g < 2p\pi_u$** $< 2p\pi^*_g < 2p\sigma^*_u$.
Die Reihenfolge der MOs im **Stickstoffmolekül** ist dagegen anders. Sie lautet $1s\sigma_g < 1s\sigma^*_u < 2s\sigma_g < 2s\sigma^*_u <$ **$2p\pi_u < 2p\sigma_g$** $< 2p\pi^*_g < 2p\sigma^*_u$.

Konstruiert man mithilfe der Lewis-Formeln die Moleküle N_2 und O_2, so erscheinen alle Elektronen gepaart. Dies trifft für das Stickstoffmolekül auch in der Realität zu. Anhand magnetischer Messungen lässt sich aber nachweisen, dass das O_2-Molekül im Gegensatz dazu ein **Diradikal** ist, das zwei ungepaarte Elektronen besitzt. Dieses Phänomen lässt sich mithilfe der in vorangegangenen Abbildung 54 gezeigten Abfolge der MOs verstehen: Füllt man die Molekülorbitale der energetischen Reihenfolge entsprechend von unten nach oben mit den 12 Valenzelektronen des Sauerstoffmoleküls auf, so besetzt schließlich je ein Elektron eines der beiden antibindenden $2p\pi^*_g$-Orbitale, alle tiefer liegenden Niveaus sind gefüllt. Beim N_2-Molekül besetzen die letzten beiden Elektronen das $2p\sigma_g$-Orbital.
Diese Beobachtung kommt in der ersten **Hund'schen Regel** zum Ausdruck:

- Elektronen verteilen sich auf entartete Orbitale derart, dass eine maximale Anzahl ungepaarter Elektronen vorliegt, dass also der Gesamtspin $S = \Sigma_{s_i}$ (s_i = Einzelspins) maximal ist. Häufig verwendet man statt des Gesamtspins S die Multiplizität $M = 2S + 1$. Bei zwei Elektronen mit parallelem Spin ist $S = 1$ und es ergibt sich die Mulitiplizität $M = 3$, der so genannte **Triplett-Zustand**. Für $S = 0$ ist $M = 1$ (**Singulett-Zustand**).

Ein Triplett-Zustand ist energetisch günstiger als ein entsprechender Singulett-Zustand.

- Bei Zuständen mit gleicher Multiplizität ist derjenige Zustand mit dem größten Gesamtbahndrehimpuls energetisch günstig. Der **Gesamtbahndrehimpuls** L setzt sich – genau wie der Gesamtspin – aus den Bahndrehimpulsen ℓ (siehe S. 22) der einzelnen Elektronen zusammen:
  s-Elektron + s-Elektron $\Rightarrow L = 0$ (= Σ-Zustand)
  s-Elektron + p-Elektron $\Rightarrow L = 1$ (= Π-Zustand)
  p-Elektron + p-Elektron $\Rightarrow L = 2$ (= Δ-Zustand)

Die Multiplizität wird oben links vom Gesamtbahndrehimpuls vermerkt. Für die energetische Abfolge von Molekülorbitalen gilt:

$^3\Sigma < {}^1\Sigma$ und $^1\Delta < {}^1\Pi < {}^1\Sigma$

Betrachtet man den vorherigen Ausführungen entsprechend die mit insgesamt zwei Elektronen besetzten $2p\pi^*_g$-Orbitale des Sauerstoffmoleküls, so ergibt sich folgendes Bild:

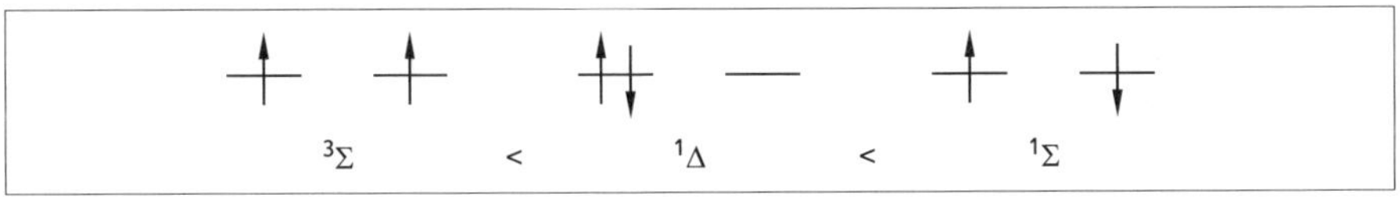

Abb. 55: Energetische Abfolge verschiedener Besetzungen der $2p\pi^*_g$-Orbitale im Sauerstoffmolekül.

Der $^3\Sigma$-Zustand wird als **Grundzustand** bezeichnet, die beiden Singulett-Zustände sind $^1\Delta$ und $^1\Sigma$ sind der **1.** bzw. **2. angeregte Zustand**. Zwischen den Zuständen werden Absorptions- und Emissionsübergänge beobachtet. Experimentell lassen sie sich anhand ihres **magnetischen** Verhaltens unterscheiden:

- Da der Grundzustand durch die Ausrichtung der beiden Spins (Gesamtspin $S = 1$) ein permanentes magnetisches Spinmoment besitzt, bewirkt dieses, dass sich der Sauerstoff in einem inhomogenen Magnetfeld zur Stelle höherer magnetischer Feldstärke bewegt. Man sagt, der Grundzustand zeigt **paramagnetisches** Verhalten. Dieses lässt sich mit einer magnetischen Waage messen.
- 1. und 2. angeregter Zustand sind jeweils dadurch gekennzeichnet, dass das Gesamtspinmoment gleich Null ist. Sauerstoffmoleküle in diesem Zustand sind **diamagnetisch**: In einem inhomogenen Magnetfeld bewegt sich der angeregte Sauerstoff zu den Stellen geringerer magnetischer Feldstärke.

Singulett- und Triplett-Zustände spielen auch bei vielatomigen Molekülen eine Rolle. Dort sind Übergänge zwischen verschiedenen Singulett- bzw. Triplett-Zuständen, aber auch von einem Singulett- zum Triplett-Zustand und umgekehrt möglich.

Hybridisierung

Kohlenstoff weist die Elektronenkonfiguration $1s^2\,2s^2\,2p^2$ auf. Dabei sind nach der Hund'schen Regel zwei p-Orbitale je einfach besetzt (siehe Abb. 56 a). Theoretisch müsste Kohlenstoff also zweibindig sein, da jedes einzelne Elektron eine Elektronenpaarbindung eingehen könnte. Die dann erreichte Elektronenverteilung von $2s^2\,2p^4$ würde jedoch nicht der Edelgaskonfiguration entsprechen und wäre energetisch ungünstig. Die Erfahrung zeigt, dass Kohlenstoff meistens vierbindig auftritt, z. B. im Methan CH_4 und dass diese Verbindungen sehr stabil sind, was auf das Vorliegen einer Edelgaskonfiguration hinweist. Man erklärt dieses Phänomen folgendermaßen: Im vierbindigen Kohlenstoffatom liegen auf der äußeren Schale keine s- und p-Orbitale mehr vor, sondern „Mischungen" aus beiden, so genannte **Hybridorbitale** (griech. *hybrida* = „Mischling"). Der Begriff wurde von PAULING[11] eingeführt:

Unter **Hybridisierung** versteht man die mathematische Kombination verschiedener, energetisch ähnlicher Atomorbitale, wie etwa die der 2s- und 2p-Orbitale.

Da kovalente Bindungen durch die Wechselwirkung der äußeren Elektronen zustande kommen, müssen auch nur diese betrachtet werden. Im Falle des Kohlenstoffatoms mit der Elektronenkonfiguration $1s^2$ $2s^2$ $2p^2$ können die zwei p-Elektronen auf zwei der drei p_x-, p_y- und p_z-Orbitale verteilt werden. Die energetische Aufspaltung zwischen dem 2s- und dem 2p-Orbital ist nicht sehr groß, sodass es im Kohlenstoffatom einen leicht erzeugbaren angeregten Zustand gibt, bei dem ein 2s-Elektron in den 2p-Zustand wechselt:

- Zunächst wird durch Energiezufuhr ein Elektron aus dem s-Orbital in ein leeres p-Orbital angehoben. Dieser Vorgang wird **Promovierung** genannt (siehe Abb. 56 b).
- In einem zweiten Schritt werden die drei p-Orbitale und das s-Orbital kombiniert, sodass vier gleichförmige $2sp^3$-Orbitale mit gleichem Energiegehalt resultieren, wobei der Gesamtenergiegehalt der Orbitale gleich bleibt, sodass der Energiegehalt der vier Hybridorbitale zwischen dem der s- und p-Orbitale liegen muss. Dieser Vorgang wird als Hybridisierung bezeichnet, die resultierenden Orbitale werden **sp^3-Hybridorbitale** genannt, da ein s- und drei p-Orbitale an der Entstehung beteiligt sind (siehe Abb. 56 c).

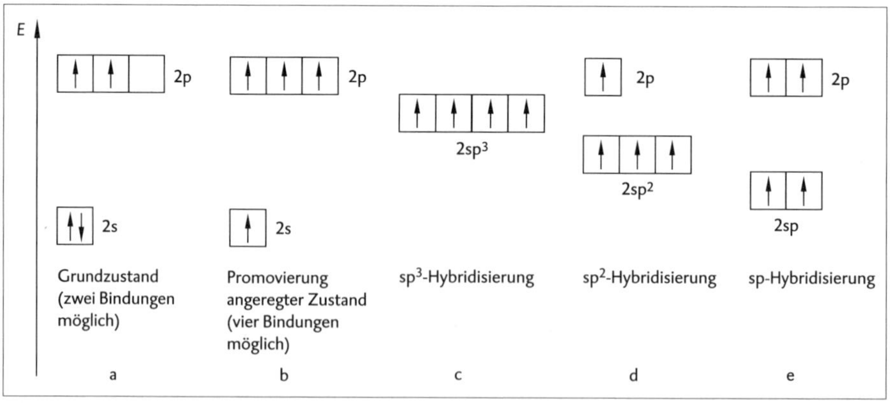

Abb. 56: Grundzustand, Promovierung und unterschiedliche Hybridisierungen ($2sp^3$, $2sp^2$ und $2sp$).

11 Linus PAULING, amerikanischer Chemiker; Nobelpreis für Chemie 1954, Friedensnobelpreis 1963

Die resultierende „Hantelform“ der Hybridorbitale erklärt sich aus der Form der an der Entstehung beteiligten s- und p-Orbitale:

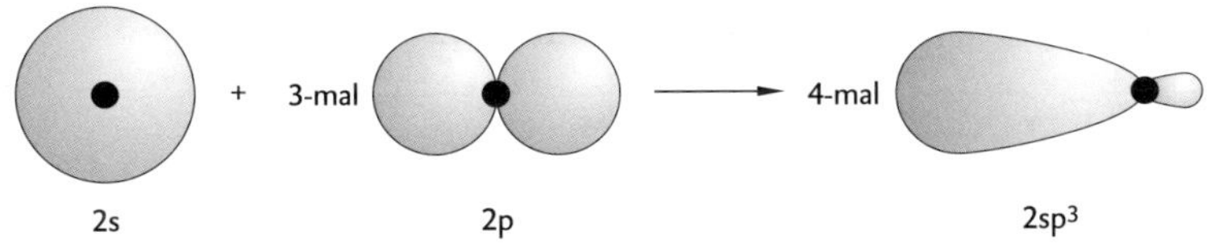

Abb. 57: Entstehung von vier Hybridorbitalen aus einem s- und drei p-Atomorbitalen.

Die vier gleichförmigen Orbitale können vier gleichwertige Bindungen eingehen, woraus die Edelgaskonfiguration resultiert. Dass sich die bindenden und die freien Elektronenpaare eines Atoms häufig **tetraedrisch** im Raum anordnen (siehe S. 51 f.) zeigt, dass sich bei vielen Molekülen ähnliche Hybridorbitalen bilden. So besitzt z. B. das Ammoniak-Molekül (NH_3) den einem Tetraederwinkel ähnlichen Bindungswinkel von 107 °. Dies lässt sich dann erklären, wenn man auch beim Stickstoffatom eine Hybridisierung annimmt. Würden im NH_3-Molekül ein kugelförmiges s-Orbital und drei hantelförmige p-Orbitale vorliegen, müsste man einen Bindungswinkel von 90 ° messen.

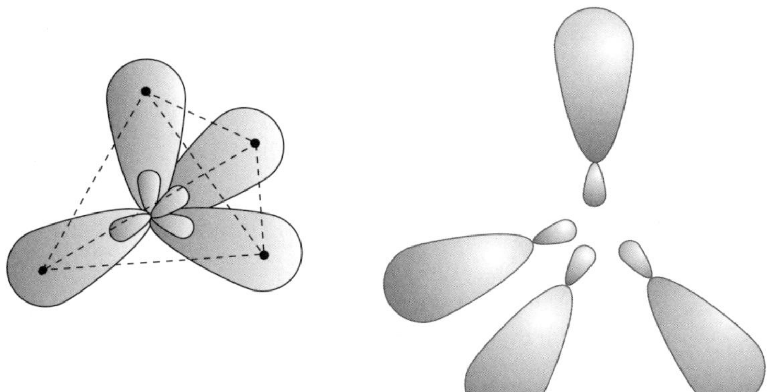

Abb. 58: sp^3-Hybridisierung: Räumliche Anordnung (links) und Gestalt (rechts).

Geht Kohlenstoff eine Doppelbindung ein, so bleibt ein p-Orbital von der Bildung der Hybridorbitale ausgenommen, sodass nur zwei p-Orbitale beteiligt sind. Deshalb spricht man von **sp^2-Hybridisierung** (siehe Abb. 56 d, 59). Die Form und das Energieniveau dieser Hybridorbitale ist dem s-Orbital ähnlicher als bei der sp^3-Hybridisierung, da der prozentuale s-Orbital-Anteil größer ist.

Während die drei sp^2-Orbitale drei σ-Bindungen eingehen, z. B. zu je zwei Wasserstoff- und einem Kohlenstoffatom, kann das verbliebene p-Orbital mit einem p-Orbital eines zweiten Kohlenstoffatomes den π-Bindungsanteil der Doppelbindung ausbilden, z. B. im Ethenmolekül (C_2H_4):

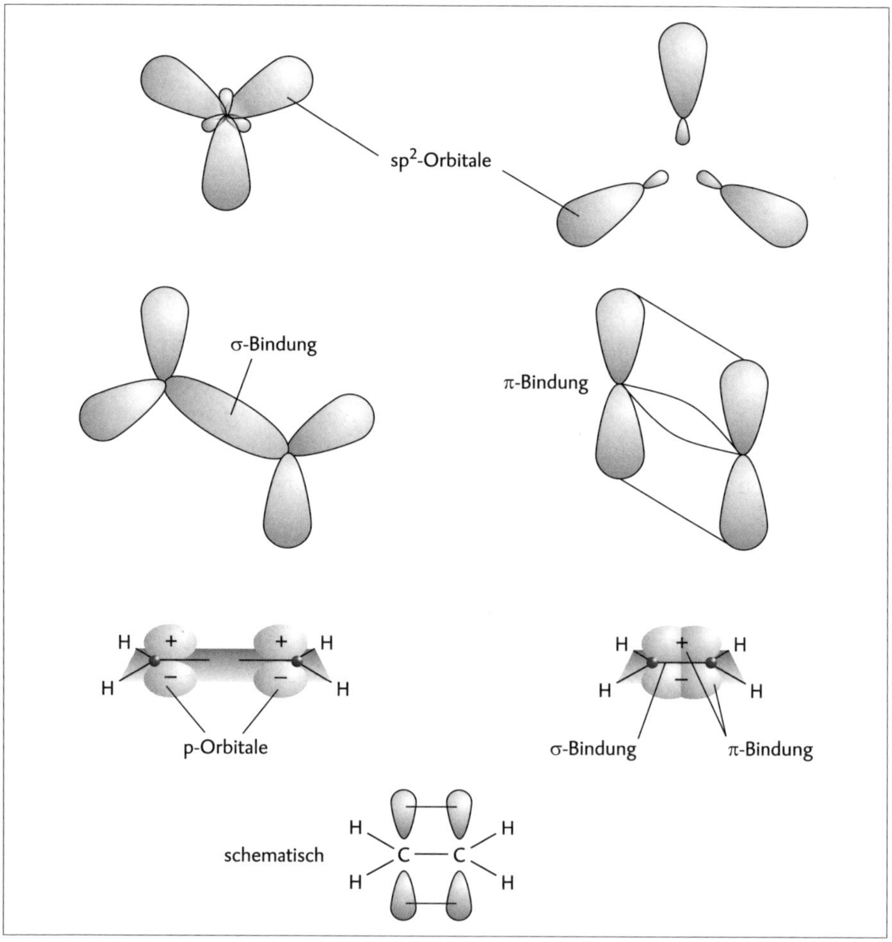

Abb. 59: sp^2-Hybridisierung an einem Kohlenstoffatom (oben) und Bildung von σ- und π-Bindungen zwischen zwei sp^2-hybridisierten Kohlenstoffatomen (Mitte und unten).

Ähnlich lässt sich die Bindung im Ethin C_2H_2 erklären: Eines der beiden **sp-Hybridorbitale** (siehe Abb. 56 e, 60) jedes Kohlenstoffatoms verbindet sich mit dem s-Orbital des Wasserstoffs. Die beiden übrigen, senkrecht zueinander stehenden p-Orbitale jedes Kohlenstoffatoms verbinden sich mit den p-Orbitalen eines zweiten Kohlenstoffatoms.

Es entstehen zwei π-Bindungen, die zusammen mit einer σ-Bindung zwischen den zwei weiteren sp-Orbitalen zur Bildung der **Dreifachbindung** führen:

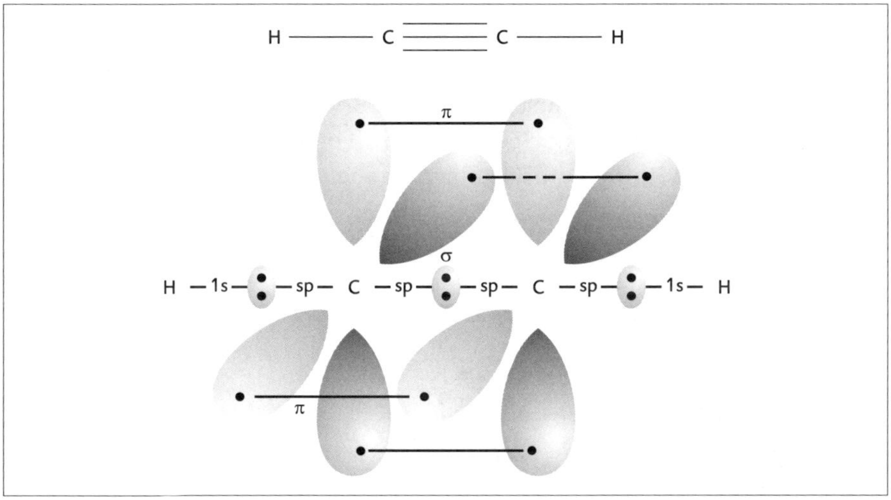

Abb. 60: sp-Hybridisierung.

Schließlich sollen noch die Bindungsverhältnisse im Benzol (C_6H_6) betrachtet werden. Aus Experimenten ist bekannt, dass Benzol ein ebenes Molekül ist. Außerdem liegt der C–C-Bindungsabstand mit 139 pm zwischen dem Abstand für eine C–C-Einfachbindung (154 pm) und dem einer C=C-Doppelbindung (134 pm). Für ein einzelnes Kohlenstoffatom ergibt sich eine trigonale Anordnung mit seinen beiden benachbarten Kohlenstoff- und Wasserstoffatomen, eine sp^2-Hybridisierung lässt sich vermuten. Die übrigen insgesamt sechs p-Elektronen sind über alle sechs Kohlenstoffzentren **delokalisiert** und bilden insgesamt drei π-Bindungen. Die Bewegung der sechs π-Elektronen lässt sich als „Ringstrom" nachweisen.

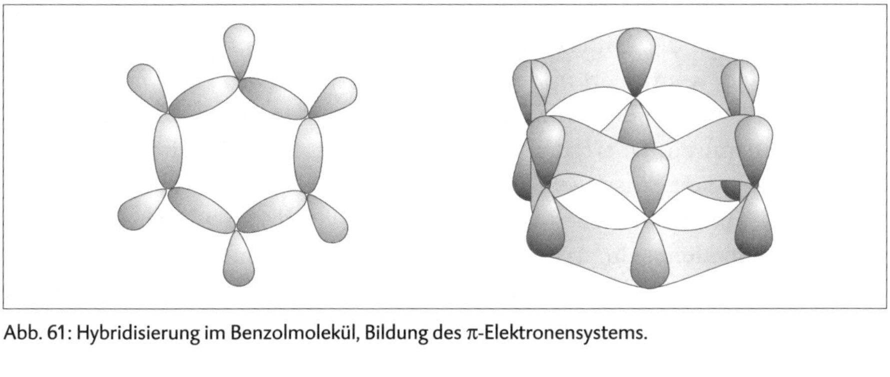

Abb. 61: Hybridisierung im Benzolmolekül, Bildung des π-Elektronensystems.

Rastertunnelmikroskopie

Anfang der 50-er Jahre des 19. Jahrhunderts soll KEKULE in einer Art Wachtraum Atome gesehen haben, die sich im Kreis drehten und Arme bekamen, die sich ineinander verschränkten und sich wieder voneinander lösten. Kékulé hatte die Struktur des Benzols entschlüsselt. Er verfügte über die Fähigkeit, Atome intuitiv zu erfassen. Erst im Jahr 1988 veröffentlichte die Zeitschrift PHYSICAL REVIEW LETTERS eine Schwarz-Weiß-Fotografie von Benzol, das auf der Oberfläche von Ruthenium adsorbiert worden war.

Abb. 62: Aufnahme eines Benzol kristalls mit dem Rastertunnelmikroskop.

Abbildung 62 erhielten Wissenschaftler mithilfe der **Rastertunnelmikroskopie**: Wird ein Leiter in die Nähe eines zweiten gebracht, wobei „Nähe" einen Abstand von weniger als einem Tausendstel eines Haardurchmessers, d. h. nur wenige Atomdurchmesser bedeutet, so kann ein Elektron das Hindernis von einem Leiter zum anderen überwinden, es kann die Lücke „durchtunneln". Der Nobelpreisträger BINNIG äußerte später die Vermutung, dass dieser Tunneleffekt für die Untersuchung von Oberflächenstrukturen verwendet werden könne, wenn man in der Lage ist, Elektronen aus einer negativ geladenen Metallspitze in die Nähe der zu untersuchenden Oberfläche zu bringen. Fährt man dann die Oberfläche mit der Metallspitze ab, so wird der Tunnelstrom immer dann ansteigen, wenn die Oberfläche eine Erhebung besitzt, wenn etwa ein Atom oder Molekül auf der Oberfläche adsorbiert ist. Die Nadel muss so klein sein, dass sie eine atomare Auflösung der Oberfläche zulässt. Soll zudem die Oberflächenstruktur genau ermittelt werden, so muss die Nadel in atomaren Dimensionen bewegt werden.

Technisch werden diese Probleme gelöst, indem man eine spitze Wolframnadel auf drei Stellelemente aus Quarz „steckt". Quarz hat die Eigenschaft, seine Länge beim Anlegen einer elektrischen Spannung etwas zu ändern („**Piezo-Effekt**"). Durch Regulierung der Spannung kann die Nadel in alle drei Raumrichtungen dirigiert werden. Bringt man die Nadel in die Nähe der Oberfläche, so muss diese nur noch zweidimensional abgerastert werden.

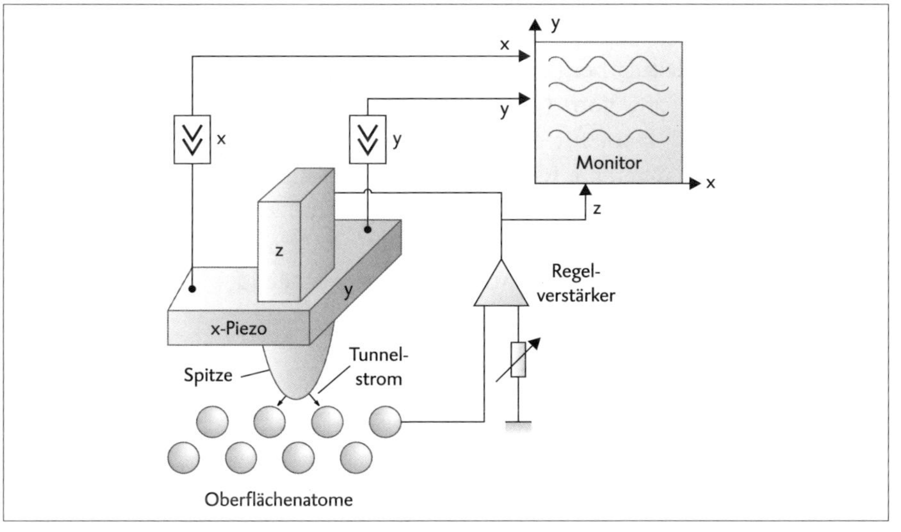

Abb. 63: Prinzip der Rastertunnelmikroskopie.

Heute ist man sogar in der Lage, mithilfe der Wolframspitze adsorbierte Atome oder Moleküle zu verschieben, um auf diese Weise Oberflächen zu verändern, wie die folgenden Abbildungen zeigen. Links wurden Xenon-Atome mithilfe der Wolframspitze auf einer Nickeloberfläche verschoben, rechts CO-Moleküle auf einer Kupferoberfläche:

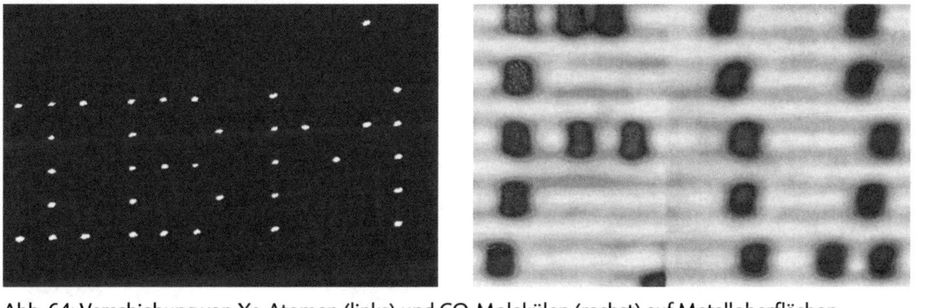

Abb. 64: Verschiebung von Xe-Atomen (links) und CO-Molekülen (rechst) auf Metalloberflächen.

Fluoreszenz, Phosphoreszenz und Jablonski-Diagramm

Moleküle besitzen im Vergleich zu Atomen eine Vielzahl diskreter Energieniveaus. Wie die Atome können Sie Elektronenübergänge vollführen, zudem rotieren und schwingen. Auch die beiden letzten Bewegungsformen sind **gequantelt**, allerdings liegen die Energieniveaus der Rotation viel dichter beisammen als die Schwingungsniveaus. Diese wiederum liegen dichter beieinander als die elektronischen Energieniveaus. Zu jedem Elektronenzustand eines Moleküls gehört also eine Vielzahl von Rotations- und Schwingungsniveaus.

Absorbiert ein Molekül Energie in Form von sichtbarem oder UV-Licht, so vollzieht es den Übergang vom Grundzustand S_0 in einen angeregten Zustand, etwa S_1 ($\nu > 0$). „S" steht für den Singulett-Zustand (siehe S. 66), einen Zustand, in dem das angeregte Elektron antiparallel zum Elektron im Grundzustand ausgerichtet ist. Das **„Jablonski-Diagramm"** zeigt die elektronischen Niveaus sowie die entsprechenden Schwingungsniveaus. Die Rotationsniveaus wurden aus Gründen der Übersichtlichkeit weggelassen:

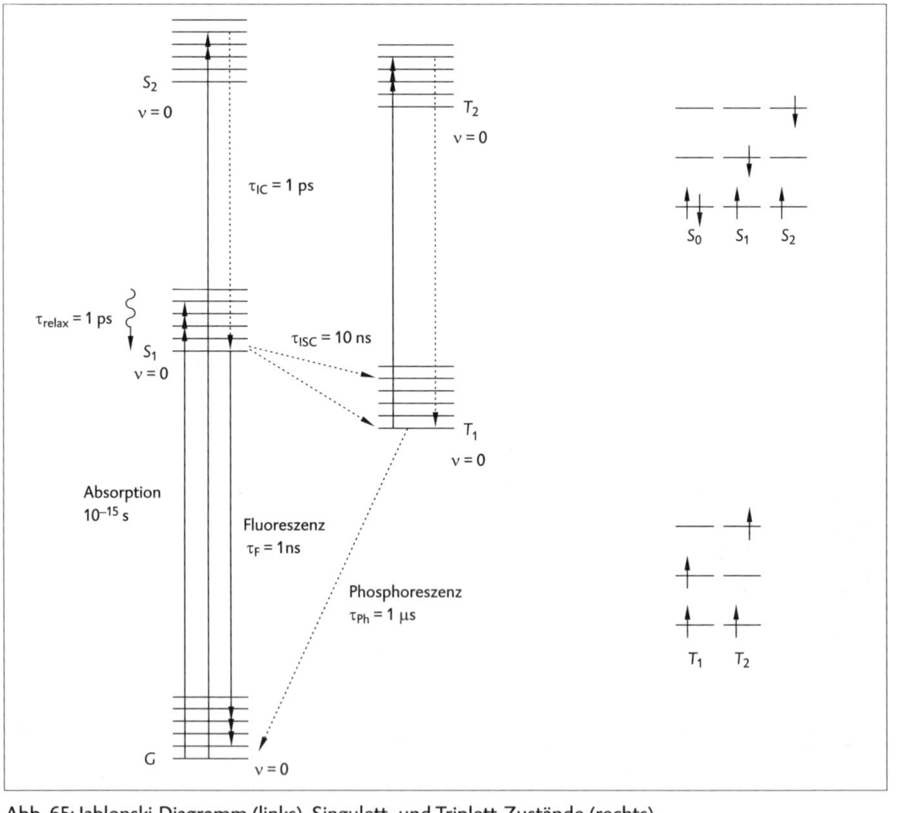

Abb. 65: Jablonski-Diagramm (links), Singulett- und Triplett-Zustände (rechts).

Da der Übergang durch die Absorption sehr schnell erfolgt (10^{-15} s) und demgegenüber die Schwingung recht langsam (10^{-12} s) ist, bleibt die Konfiguration[12] des Moleküls während der Absorption der UV-Strahlung unverändert (Born-Oppenheimer-Näherung). Danach kann das Molekül entweder schwingungsrelaxieren, also in den Schwingungsgrundzustand S_1 ($\nu = 0$) zurückkehren, einen strahlungslosen Übergang von S_2 nach S_1 durchlaufen („internal conversion"), oder aber strahlungslos in den Triplett-Zustand übergehen und dann nach T_1 ($\nu = 0$) schwingungsrelaxieren. Dieser Übergang ist dadurch gekennzeichnet, dass das angeregte Elektron parallel zum Elektron im Grundzustand ist.

Singulett-Triplett- und Triplett-Singulett-Übergänge, so genannte „Intersystem-crossing-Übergänge" sind „verboten", was bedeutet, dass ein Molekül Zeit benötigt, um diese Übergänge durchführen zu können. Während die Schwingungsrelaxation im Bereich von Piko- und Femtosekunden, also zwischen 10^{-12} und 10^{-15} s liegt, können die Singulett-Triplett-Übergänge bis zu einer Sekunde dauern. Befindet sich das Molekül im Zustand T_1 ($\nu = 0$), so kann es unter Abgabe von Strahlung in den Singulett-Grundzustand G wechseln (siehe Abb. 65). Diesen Übergang nennt man **Phosphoreszenz**. Befindet sich das Molekül im Zustand S_1, so geht es ebenfalls unter Abgabe von Strahlung in den Singulett-Grundzustand über. Diesen Vorgang nennt man **Fluoreszenz**.

Fluoreszenz und Phosphoreszenz werden zusammenfassend **Lumineszenz** genannt. Sie sind häufig mit der Beobachtung von sichtbarer Strahlung verbunden.

Emittiert eine Substanz Licht, nachdem sie durch eine chemische Reaktion in einen angeregten Zustand gebracht wurde, so nennt man diese Erscheinung **Chemolumineszenz**. In der Natur ist diese Chemolumineszenz z. B. bei bestimmten Fischen oder bei Glühwürmchen anzutreffen.

12 Die Konfiguration beschreibt die räumliche Anordnung der Atome oder Atomgruppen eines Moleküls.

4 Aufbau kristalliner und nichtkristalliner Festkörperstrukturen

Festkörper können entweder kristallin d. h. geordnet vorliegen oder sie bilden einen Zustand, der ungeordnet und daher eher mit einer „erstarrten Flüssigkeit“ zu vergleichen ist, wie etwa bei **Glas**. Die beiden genannten Zustände unterscheiden sich vor allem dadurch, dass bei den geordneten Festkörpern, den Kristallen, sowohl eine **Nah-** als auch eine **Fernordnung** auftritt, während bei Glas eine Fernordnung fehlt.

4.1 Darstellung von Kristallstrukturen

Kristalle wie z. B. Kochsalz-, Eis- oder Zuckerkristalle und auch Diamant zeichnen sich durch eine ähnliche äußere Erscheinung aus: Sie sind regelmäßig gebaute **geometrische Körper**, die glänzende, glatte Oberflächen aufweisen. Für diese Gemeinsamkeiten muss ein ähnlicher Aufbau verantwortlich sein, der sich dadurch auszeichnet, dass die einzelnen Bausteine regelmäßig angeordnet sind. Folge dieser regelmäßigen Anordnung ist die so genannte **Anisotropie**, d. h. die Richtungsabhängigkeit einiger physikalischer Eigenschaften der Kristalle wie die Härte, Lichtbrechung sowie die Wärme- und elektrische Leitfähigkeit usw.
Jeder der Stoffe weist eine typische Kristallform auf, die durch die Winkel und das Verhältnis der Kantenlängen zueinander charakterisiert werden kann. Die immer gleichen Winkel einer Kristallsorte wurde bereits im Jahr 1669 von Nicolaus STENO als „Gesetz der Winkelkonstanz“ formuliert.

Einfach-primitive Zellen

Regelmäßige Anordnungen von Bausteinen lassen sich auf verschiedene Weise beschreiben. Bei der **einfach-primitiven** Darstellungsweise beschreibt man die Raumstruktur, die acht beliebig ausgewählte, benachbarte Bausteine zueinander einnehmen so, dass drei Paare paralleler Flächen in diesem Ausschnitt aus der Kristallstruktur enthalten sind. Für die Charakterisierung einer solchen **Elementarzelle** werden die Winkel α, β und γ sowie die Kantenlängen a, b und c benötigt. Hiermit sind sieben verschiedene Anordnungen denkbar:

Bezeichnung	Kantenlängen	Winkel	Beispiel
kubisch	$a = b = c$	$\alpha = \beta = \gamma = 90°$	Steinsalz
tetragonal	$a = b \neq c$	$\alpha = \beta = \gamma = 90°$	Weißes Zinn
hexagonal	$a \neq b \neq c$	$\alpha = \beta = 90°,\ \gamma = 120°$	Beryll
rhomboedrisch	$a = b = c$	$\alpha = \beta = \gamma \neq 90°$	Calcit
orthorhombisch	$a \neq b \neq c$	$\alpha = \beta = \gamma = 90°$	α-Schwefel
monoklin	$a \neq b \neq c$	$\alpha = \gamma = 90°,\ \beta \neq 90°$	Kaliumchlorat
triklin	$a \neq b \neq c$	$\alpha \neq \beta \neq \gamma \neq 90°$	Kaliumdichromat

Tab. 7: Die sieben Typen von Elementarzellen.

Die geometrische Beschreibung einer solchen Elementarzelle legt zugleich die **Form** des gesamten Kristalls fest, der durch Parallelverschiebung einer einzelnen Elementarzelle in alle drei Raumrichtungen konstruiert werden kann:

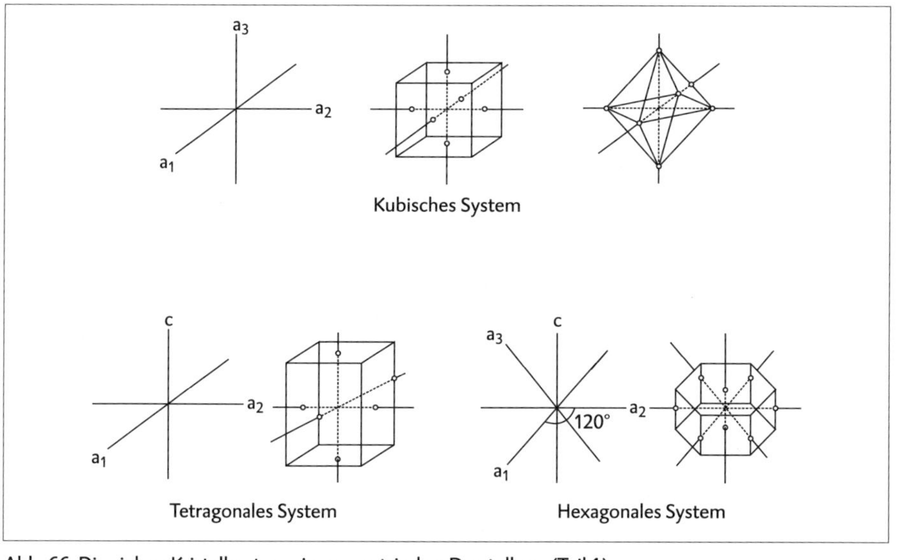

Abb. 66: Die sieben Kristallsysteme in geometrischer Darstellung (Teil 1).

Die einfach-primitive Darstellungsweise ist damit geeignet, sowohl die innere Anordnung der Einzelbausteine als auch das äußere Erscheinungsbild eines Kristalls zu beschreiben. Es ist jedoch nicht dazu geeignet, physikalische Eigenschaften von Kristallen vorherzusagen oder zu erklären.

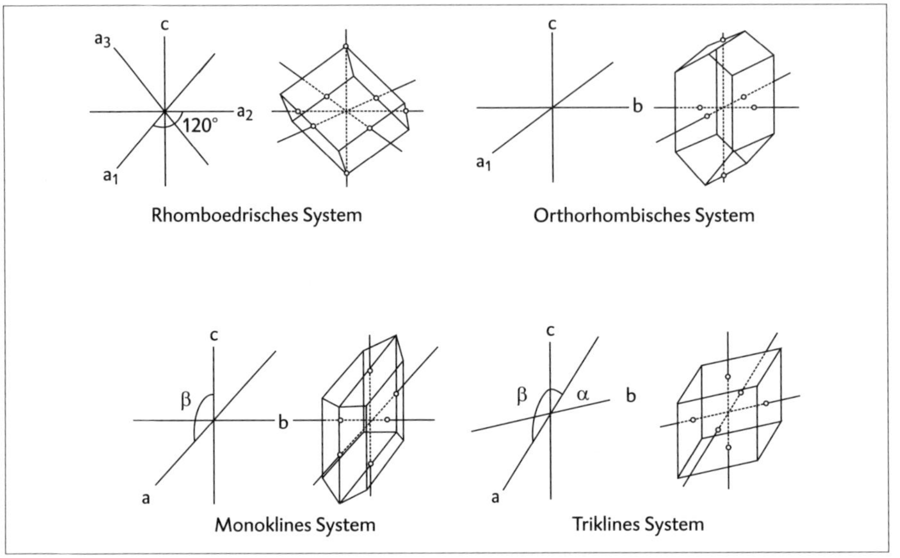

Abb. 67: Die sieben Kristallsysteme in geometrischer Darstellung (Teil 2).

Kubisch-flächenzentrierte Darstellung

Um physikalische Eigenschaften von Kristallen vorhersagen zu können, wählt man in der Regel Elementarzellen, die mehr als acht Bausteine umfassen. Abbildung 68 zeigt zwei mögliche Darstellungsformen für einen Kupfer-Kristall. Zum einen die einfach-primitive Darstellung, nach der der Kristall einen rhomboedrischen Aufbau aufweist, zum anderen eine Elementarzelle, die 12 Bausteine enthält und einen kubisch-flächenzentrierten Aufbau widerspiegelt. Beide Abbildungen geben die Anordnung der Bausteine exakt wieder, sie unterscheiden sich nur in der gewählten Darstellungsform:

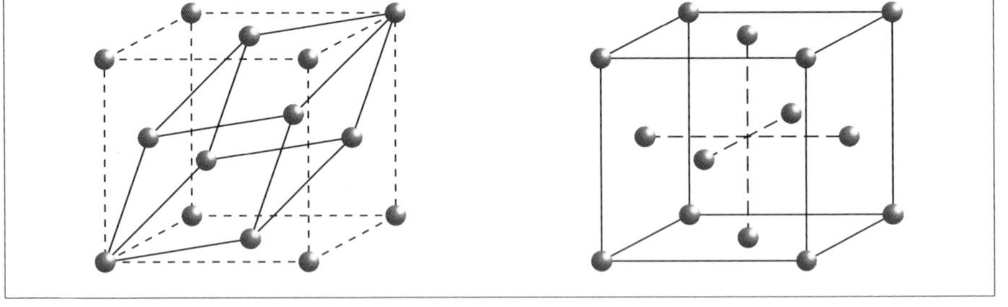

Abb. 68: Zwei verschiedene Elementarzellen eines Cu-Kristalls: rhomboedrisch einfach-primitiv (links), kubisch-flächenzentriert (rechts).

Die Darstellungen in Form komplizierterer Elementarzellen werden **Bravais-Gitter** genannt. Da auch diejenigen Anordnungen noch hinzukommen, bei denen ein Baustein im Zentrum der Elementarzelle angeordnet ist, gibt es hier nicht nur 7, sondern 14 verschiedene Anordnungsmöglichkeiten (siehe Abb. 69). Da sich die Bravais-Gitter auch hinsichtlich ihrer Symmetrien unterscheiden können, gibt es insgesamt 32 unterschiedliche Kristallstrukturen.

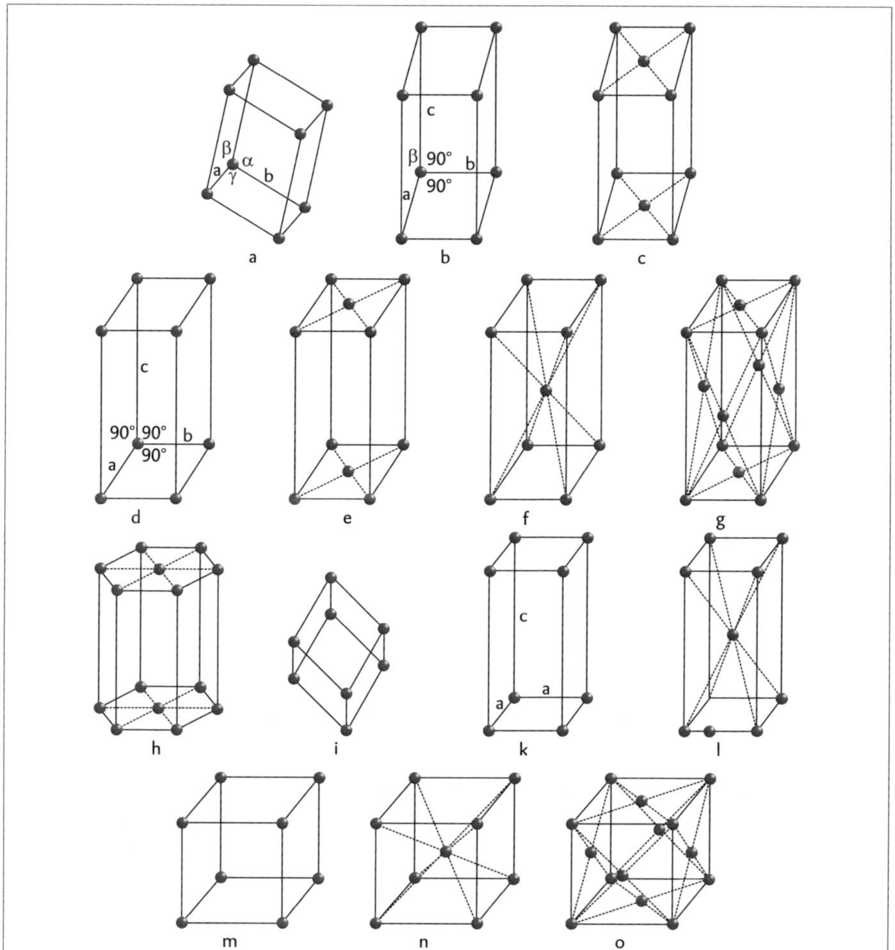

Abb. 69: Die 14 Bravais-Gitter. a: triklines Gitter, b: einfaches monoklines Gitter, c: flächenzentriertes monoklines Gitter, d: einfach rhombisches Gitter, e: basis-flächenzentriertes rhombisches Gitter, f: innenzentriertes rhombisches Gitter, g: allseitig-flächenzentriertes rhombisches Gitter, h: hexagonales Gitter, i: rhomboedrisches Gitter, k: einfaches tetragonales Gitter, l: innenzentriertes tetragonales Gitter, m: einfaches kubisches Gitter, n: innenzentriertes kubisches Gitter, o: flächenzentriertes kubisches Gitter.

Bei vielen Stoffen wie den Metallen und vielen Molekül- und Ionenverbindungen sind die Atome im festen Zustand so angeordnet, dass eine möglichst dichte Packung entsteht. Diese lässt sich auf zwei Arten verwirklichen, durch

- die **kubisch-dichteste** Kugelpackung oder
- die **hexagonal-dichteste** Kugelpackung.

Die kubisch-dichteste Kugelpackung

Bei der kubisch-dichtesten Kugelpackung liegt eine kubisch-flächenzentrierte Anordnung übereinander liegender Schichten vor, die kann die Buchstabenfolge ABCABCABC ... wiedergegeben werden kann.

Die hexagonal-dichteste Kugelpackung

Bei der hexagonal-dichtesten Packung liegt die Schichtfolge ABABAB ... vor. Dadurch entsteht ein hexagonales Prisma, das man in der Kristallographie als „Hexagyre" bezeichnet.

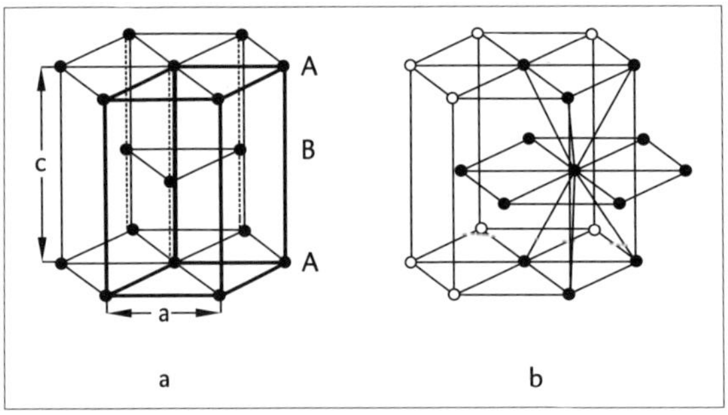

Abb. 70: Hexagonal-dichteste Kugelpackung. a: Atomlagen. Die dick gezeichneten Kanten umschließen die Elementarzelle. $c/a = 1{,}633$.
b: Koordinationszahl. Jedes Atom hat 12 Nachbarn in gleichem Abstand.

In beiden Anordnungen ist jeder der Bausteine von 12 Nachbarn umgeben, sechs innerhalb der gleichen Schicht, je drei ober- und unterhalb der Schicht:

> Die Anzahl der Nachbarn, die einen einzelnen Baustein in einem Kristallgitter umgeben, wird als seine **Koordinationszahl** bezeichnet.

Die Koordinationszahl ist bei beiden Anordungen also 12, bei beiden Strukturen ist daher die Raumerfüllung mit 74 % gleich groß.

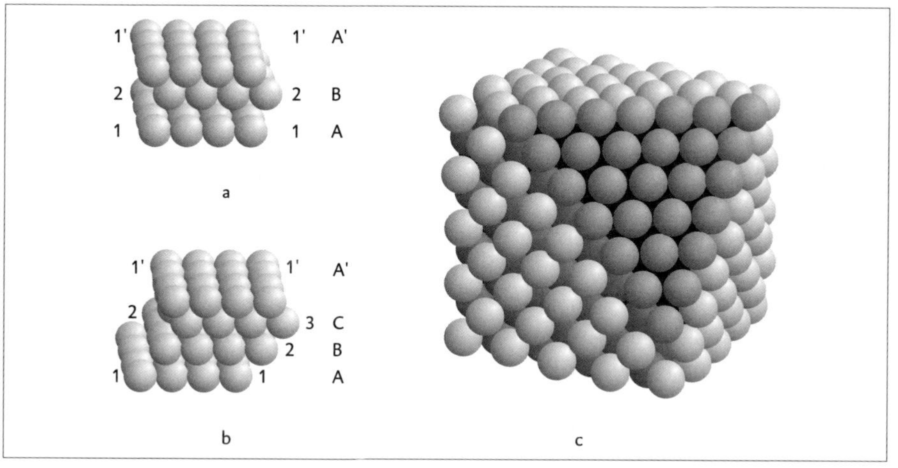

Abb. 71: Dichteste Kugelpackungen. a: hexagonal-dichteste Kugelpackung, b: kubisch-dichteste Kugelpackung, c: kubisch-dichteste Kugelpackung, so dargestellt, dass die kubische Symmetrie deutlich wird. Die dichtest besetzten Ebenen liegen senkrecht zu den Würfeldiagonalen.

Die kubisch-innenzentrierte Anordnung

Die kubisch-innenzentrierte Anordnung weist ebenfalls eine dichte Packung auf, die Raumerfüllung ist jedoch mit 68 % nicht ganz so groß wie die der beiden zuvor besprochenen Kugelpackungen. Die Koordinationszahl beträgt 8. Zusammen mit den übernächsten Nachbarn, die nur 15 % weiter entfernt sind, beträgt die Anzahl der Nachbaratome insgesamt 14:

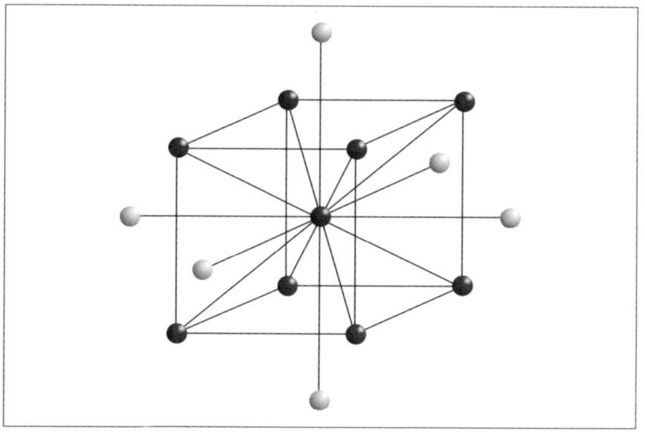

Abb. 72: Elementarzelle der kubisch-raumzentrierten Struktur. Grau gezeichnete Atome gehören zu den Nachbarzellen. Jedes Atom hat 8 nächste und 6 übernächste Nachbarn, die 15 % weiter entfernt sind.

4.2 Ionenkristalle

In Ionenkristallen liegen positiv geladene Kationen und negativ geladene Anionen nebeneinander vor. Die räumliche Struktur wird bestimmt vom

- **Atomzahlverhältnis** zwischen Anionen und Kationen,
- von der **Ionenladung** und
- vom Verhältnis der **Ionenradien** zueinander.

Diese Faktoren bestimmen die **Koordinationszahl** eines Ionenkristalls. Bei Ionenverbindungen gibt die Koordinationszahl an, wie viele entgegengesetzt geladene Ionen ein einzelnes Ion umgeben.

Ionenverbindungen mit der allgemeinen Zusammensetzung AB

Der Verbindungstyp AB kann in vier verschiedenen Kristallformen auftreten:

- In der Steinsalz- (NaCl)-,
- der Caesiumchlorid- (CsCl)-,
- der Zinkblende- oder der Wurzit-Struktur (beide ZnS).

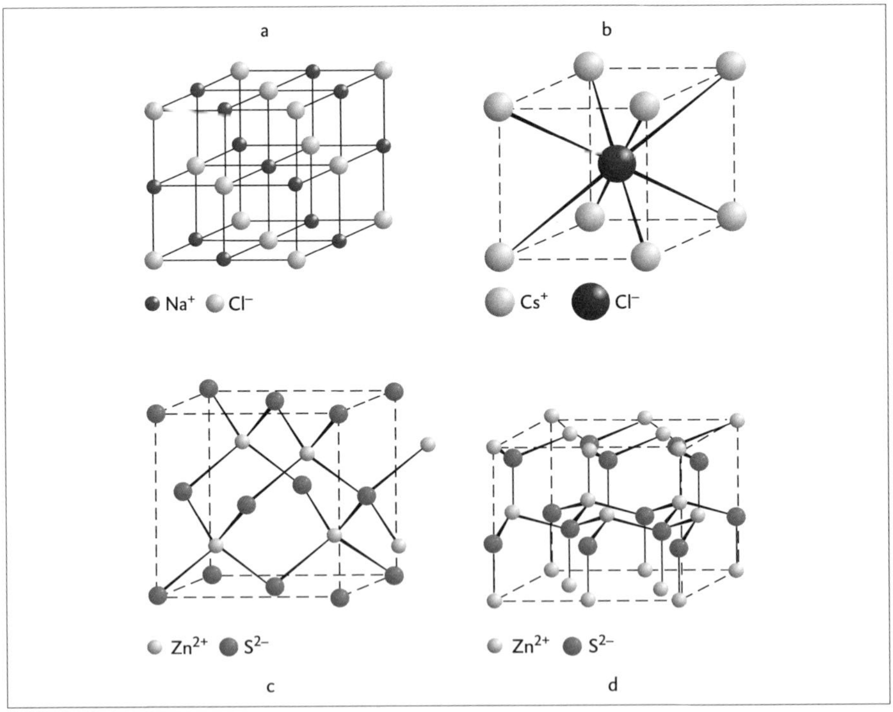

Abb. 73: Einige bei Verbindungen der Zusammensetzung AB häufige einfache Koordinationsstrukturen. a: Steinsalz-, b: Caesiumchlorid-, c: Zinkblende- und d: Wurzit-Struktur.

Beim **Steinsalz** ist die Koordinationszahl 6: Jedes Natriumion ist von 6 Chloridionen umgeben, jedes Chloridion ist von 6 Natriumionen umgeben. Bei der **Caesiumchlorid**-Struktur ist die Koordinationszahl 4, bei der **Zinkblende**-Struktur 8. Beim Zinkblende-Typ ist jedes Zinkatom tetraedrisch von vier Sulfidionen umgeben und umgekehrt. Diese Anordnung ist mit der Struktur des Diamanten identisch. Die der Zinkblende nahe verwandte **Wurzit**-Struktur weist ebenfalls eine Koordinationszahl von 4 auf, zeigt aber statt eines kubischen einen hexagonalen Aufbau. Welche dieser drei Strukturen den Ionenkristall eines Salzes aufbaut, hängt bei den Verbindungen der allgemeinen Zusammensetzung AB ausschließlich von den Radienverhältnissen ab: Aufgrund der elektrostatischen Anziehung streben entgegengesetzt geladene Ionen eine möglichst enge Packung an. Im Optimalfall berühren sich die Elektronenhüllen gerade.

Salze, bei denen das Radienverhältnis $r_{Kation} : r_{Anion}$ größer als 0,732 ist, kristallisieren in der Caesiumchlorid-Struktur. Sinkt das Radienverhältnis unter diesen Wert, so bildet sich die Steinsalz-Struktur, weil dann die Kationen in einen von sechs umgebenden Anionen gebildeten Hohlraum, in die so genannte **Oktaederlücke** passen. Wird das Ionenverhältnis kleiner als 0,414, so entsteht die Zinkblende-Struktur.

Ionenverbindungen mit der allgemeinen Zusammensetzung AB_2

Die gleichen Prinzipien gelten für Salze mit der Verhältnisformel AB_2, hier entstehen die **Fluorit**-Struktur (Koordinationszahlen 8 und 4), die **Rutil**-Struktur (6 und 3) sowie die trigonal-rhomboedrischen Strukturen des SiO_2 (Cristobalit-Struktur; 4 und 2):

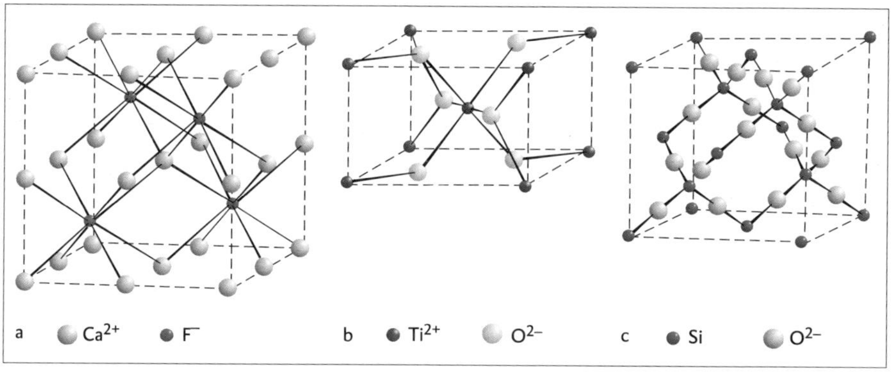

Abb. 74: Einfache Koordinationsstrukturen von Verbindungen der Zusammensetzung AB_2.
a: Fluorit- (CaF_2), b: Rutil- (TiO_2) und c: Cristobalit-Struktur (SiO_2).

Die folgende Tabelle fasst diese Gesetzmäßigkeiten zusammen:

	AB-Verbindungen		AB_2-Verbindungen	
Radienverhältnis	**Koordinationszahl**	**Struktur**	**Koordinationszahl**	**Struktur**
> 0,732	8 : 8	CsCl	8 : 4	Fluorit (CaF_2)
0,732 – 0,414	6 : 6	NaCl	6 : 3	Rutil (TiO_2)
< 0,414	4 : 4	Zinkblende	4 : 2	Cristobalit (SiO_2)

Tab. 8: Zusammenhang zwischen Radienverhältnis und Kristallstruktur.

Gitterenergie eines Ionenkristalls

Die bei der Ausbildung eines Ionengitters frei werdende Gitterenergie F ist aufgrund der elektrostatischen Anziehung gemäß dem Coulomb-Gesetz abhängig von der Größe und dem Abstand r der beteiligten Ladungen Q:

$$F = \frac{Q_1 \cdot Q_2}{r^2}$$

Innerhalb der ersten Hauptgruppe nehmen die Radien der **Alkalimetallionen** von oben nach unten zu (siehe S. 37). Die Schmelztemperaturen der Alkalihalogenide nehmen dementsprechend in der gleichen Richtung ab, da die Energie, die zur Aufspaltung des Gitters notwendig ist, geringer wird. Wie in der folgenden Tabelle deutlich wird, liegen die Schmelztemperaturen der **Erdalkalisalze** höher als die der Alkalisalze, da diese Ionen eine höhere Ladung tragen. Auch die Härte Ihrer Kristalle ist aus demselben Grund größer.

LiF	**870**							MgO	**2800**
NaF	**992**	NaCl	**801**	NaBr	**747**	NaI	**660**	CaO	**2570**
KF	**857**	KCl	**770**	KBr	**734**	KI	**681**	SrO	**2430**
RbF	**775**					RbI	**647**	BaO	**1920**
CsF	**683**								

Tab. 9: Schmelztemperaturen wichtiger Ionenverbindungen in °C.

Beim Lösen eines Salzes, z. B. in Wasser, muss die Gitterenergie aufgewandt werden, während die **Hydratationsenergie** durch die Bildung der Hydrathüllen um die Ionen freigesetzt wird.

Ein Salz ist dann wasserlöslich, wenn die Hydratationsenergie größer ist als die Gitterenergie. Die Differenz wird als Wärme freigesetzt.

Ist die Gitterenergie deutlich größer als die durch Bildung der Hydrathüllen frei werdende Energie, so löst sich ein Salz bei Raumtemperatur nur schlecht oder gar nicht. Bei einigen Salzen, wie z. B. KCl, beobachtet man beim Lösen eine Abkühlung. Dies ist darauf zurückzuführen, dass die Gitterenergie etwas größer ist als die Hydratationsenergie. Der fehlende Energiebetrag wird der Umgebung in Form von Wärme entzogen. Die treibende Kraft für diesen auf den ersten Blick paradoxen Vorgang ist die durch Auflösung des Kristalls und Bildung der Ionenlösung zunehmende „Unordnung“ (**Entropie**) im System.

4.3 Atomkristalle

Ein Atomkristall besteht aus Atomen, die durch Elektronenpaarbindungen miteinander verbunden sind. Beispiele hierfür sind **Diamant** und **Graphit**, die beide aus demselben Element, dem Kohlenstoff, bestehen. Trotzdem unterscheiden sie sich in ihren physikalischen Eigenschaften aber auch in der Häufigkeit ihres Vorkommens und damit im Preis. Die Tabelle stellt die Eigenschaften von Graphit und Diamant gegenüber:

Graphit	Diamant
schwarz, glänzend, undurchsichtig	farblos, durchsichtig, stark lichtbrechend
sehr weich	härtestes Mineral (Mohs-Härte 10)[13]
gute elektrische Leitfähigkeit	keine elektrische Leitfähigkeit
gute Spaltbarkeit	schlecht spaltbar
Dichte: 2,3 $g \cdot cm^{-3}$	Dichte: 3,5 $g \cdot cm^{-3}$
Preis: 1 kg kostet etwa 20 €	Preis: 5 000 bis 5 000 000 € pro kg, je nach Qualität

Tab. 10: Vergleich einiger physikalischer Eigenschaften von Graphit und Diamant.

Diamant wandelt sich bei hohen Temperaturen (> 1 500 °C) in Graphit um. Graphit lässt sich mithilfe von Katalysatoren bei Drucken über 20 000 bar und Temperaturen über 2 400 °C in so genannte „Industriediamanten“ umwandeln. Da beide Stoffe aus demselben Element bestehen, muss die Ursache für die Unterschiede in einer unterschiedlichen Anordnung der Atome im Festkörper zu finden sein.

Verschiedene Erscheinungsformen eines Elements bezeichnet man als **Modifikationen**. Die Modifikationen eines Stoffes unterscheiden sich in ihren physikalischen, nicht aber in ihren chemischen Eigenschaften.

13 Friedrich MOHS (1773–1839) führte 1812 eine Skala zur Kategorisierung der Härte von Mineralien ein.

Graphit

Graphit ist aus Schichten aufgebaut. Dabei ist ist jedes Kohlenstoffatom innerhalb einer Schicht mit drei weiteren Kohlenstoffatomen verbunden, es ist also sp^2-hybridisiert (siehe S. 69 f.), wodurch sich der Bindungswinkel von 120° erklären lässt und **regelmäßige Sechsecke** entstehen. Das verbleibende mit einem Elektron besetzte p-Orbital steht senkrecht zur Ebene der σ-Bindungen. Da der Abstand zur nächsten Schicht jedoch relativ groß ist, kann es nicht mit den Elektronen dieser Schicht wechselwirken. Eine Dopppelbindung kann jedoch mit jedem der drei benachbarten Kohlenstoffatome in der gleichen Schicht ausgebildet werden. Da alle drei Partner gleichwertig sind, ist diese Bindung sehr stark delokalisiert. Dies ähnelt den Verhältnissen in einem Metallgitter (siehe S. 89), im Gegensatz zu diesem ist die Verlagerung der Elektronen jedoch nicht dreidimensional, sondern nur zweidimensional möglich, innerhalb einer Schicht also. Dies erklärt die **elektrische Leitfähigkeit**, den **metallischen Glanz** und die **hohe Lichtabsorption** von Graphit. Aufgrund der Zweidimensionalität ist die Leitfähigkeit entlang der Schichten jedoch fast doppelt so hoch wie senkrecht dazu. Da zwischen den Schichten keine Atombindungen, sondern lediglich realtiv schwache van-der-Waals-Kräfte (siehe S. 58) ausgebildet sind, weist Graphit eine geringe Härte auf. Die Schichten lassen sich sehr leicht gegeneinander verschieben.

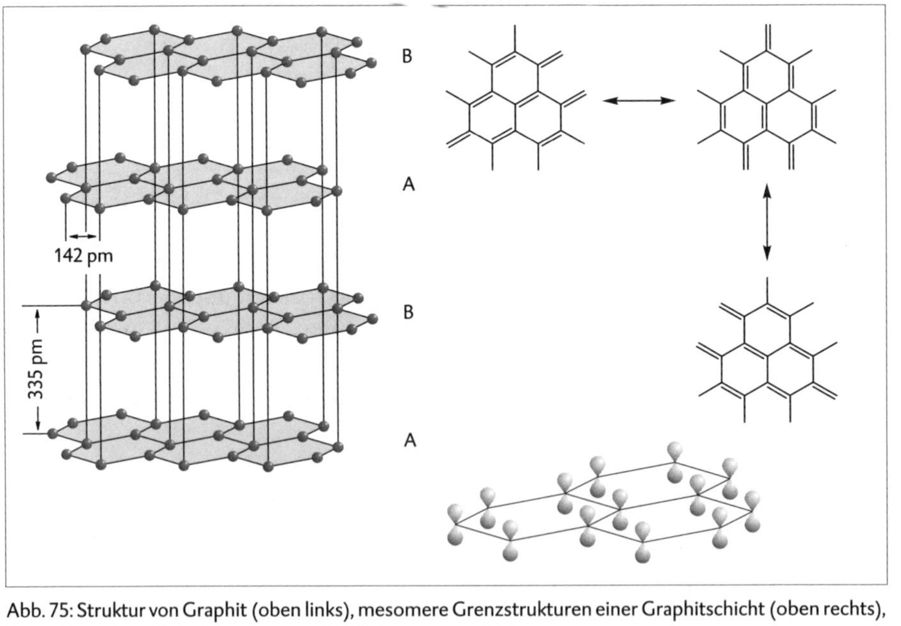

Abb. 75: Struktur von Graphit (oben links), mesomere Grenzstrukturen einer Graphitschicht (oben rechts), Darstellung der Delokalisierung der p-Orbitale (unten rechts).

Diamant

Im Diamantgitter ist jedes Kohlenstoffatom tetraedrisch von vier weiteren Kohlenstoffatomen umgeben, die einzelnen Atome sind sp^3-hybridisiert. Durch diese Anordnung ist jedes Atom fest auf seinem Platz im Atomgitter „verankert", eine Verschiebung ist nicht möglich. Zur Spaltung des Kristalls müssen Atombindungen getrennt werden, woraus sich die große Härte von Diamant erklärt. Da keine Delokalisation von Elektronen möglich ist, weist Diamant weder elektrische Leitfähigkeit noch metallischen Glanz auf, die Absorption von Licht ist auf einen schmalen Bereich beschränkt.

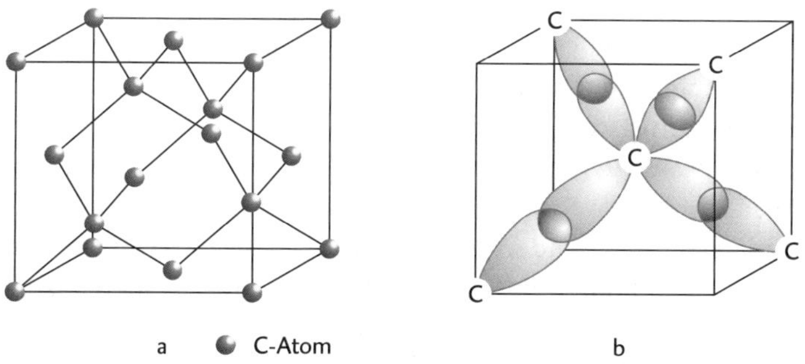

Abb. 76: Diamantgitter. a: Jedes C-Atom ist tetraedisch von vier weiteren C-Atomen umgeben. b: Jedes C-Atom ist durch vier σ-Bindungen an Nachbaratome gebunden (Überlappung von sp^3-Orbitalen).

Fullerene

Erst 1985 wurde eine weitere Modifikation des Kohlenstoffs, das **Buckminster-Fulleren** C_{60} entdeckt. Dieses besteht aus regelmäßig angeordneten Fünf- und Sechsecken, die eine fußballähnliche Hohlkugel bilden. Es entsteht z. B. bei der Verdampfung von Graphit im Laserstrahl.

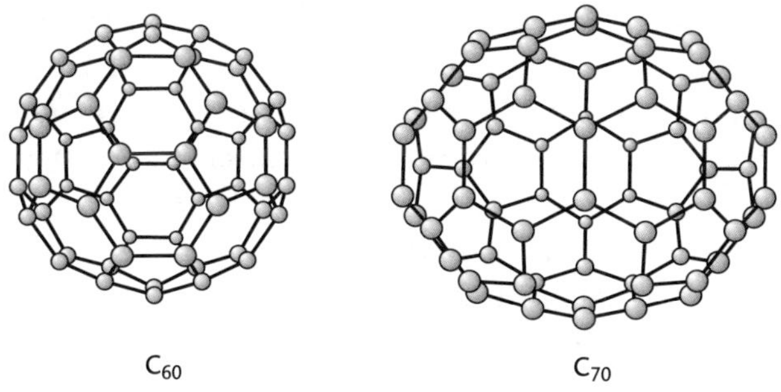

Abb. 77: Fullerene mit 60 und 70 C-Atomen.

Einzelne Moleküle oder Atomkristall?

Da die Elemente **Silicium** und **Kohlenstoff** beide in der vierten Hauptgruppe stehen, sollte man vermuten, dass ihre Verbindungen mit Sauerstoff ähnliche Eigenschaften aufweisen. Tatsächlich sind jedoch die beiden Verbindungen Kohlenstoffdioxid und Siliciumdioxid sehr unterschiedliche Verbindungen:

- Kohlenstoffdioxid ist bei Raumtemperatur gasförmig, als **Trockeneis**[14] ist es sehr weich.
- Siliciumdioxid („Quarz") ist bei Raumtemperatur fest, sehr hart (Mohs-Härte 7) und hat eine Schmelztemperatur von ca. 1 700 °C.

Der Grund für diese großen Unterschiede liegt darin, dass Silicium, anders als Kohlenstoff, aufgrund seines großen Atomradius nur selten Doppelbindungen ausbildet. Bevorzugt gehen Siliciumatome deshalb vier Elektronenpaarbindungen mit vier Sauerstoffatomen ein. Sauerstoff geht dann mit einem weiteren Siliciumatom eine zweite Bindung ein. Der so entstehende Atomkristall ist aus tetraedrisch angeordneten Sauerstoffatomen aufgebaut, in deren Mitte die Siliciumatome platziert sind. Anders als beim Kohlenstoffdioxid, in dem das Kohlenstoffatom je eine Doppelbindung zu zwei Sauerstoffatomen ausbildet, gibt die Formel „SiO_2" also nur die stöchiometrische Zusammensetzung des Quarzkristalls an. Die Härte und die hohe Schmelztemperatur sind also auch in diesem Fall dadurch begründet, dass Elektronenpaarbindungen gespalten werden müssen.

4.4 Molekülkristalle

Anders als bei Atomkristallen, in denen durch Elektronenpaarbindungen fest miteinander verknüpft Gitterbausteine vorliegen, sind die Bausteine bei Molekülkristallen einzelne, nicht chemisch miteinander verknüpfte Moleküle. Die Atome, die am Aufbau der Moleküle beteiligt sind, weisen bereits Edelgaskonfiguration auf, sie können also keine weiteren Elektronenpaarbindungen eingehen. Die Kräfte, die die Moleküle auf ihren Gitterplätzen halten, sind daher nur relativ schwache zwischenmolekulare Wechselwirkungen wie **van-der-Waals-Kräfte**, z. B. beim Iod-Kristall oder Trockeneis, bzw. **Wasserstoffbrückenbindungen** wie im Eiskristall (siehe Abb. 47). Gemeinsam ist den Molekülkristallen, dass sie niedrige Schmelztemperaturen haben, nicht elektrisch leitend sind und meist eine geringe Härte aufweisen.

14 Trockeneis ist bei Atmosphärendruck festes CO_2, das z. B. in der präparativen Chemie als Kühlmittel eingesetzt wird. Bei einem Druck von 1 000 hPa hat es eine Temperatur von –78,5 °C.

4.5 Die metallische Bindung

75 % aller Elemente gehören zu den **Metallen** (siehe S. 35). Diese weisen eine Reihe gemeinsamer Eigenschaften auf:

- Einen typischen, metallischen Glanz im festen und flüssigen Zustand,
- hohe elektrische Leitfähigkeit, die mit steigender Temperatur abnimmt,
- gute Wärmeleitfähigkeit sowie
- plastische Verformbarkeit (Duktilität) und
- Schmelztemperaturen, die meist zwischen denen von Nichtmetallen und denen von Salzen liegen.

Aus diesen Eigenschaften lässt sich viel über den inneren Aufbau der Metalle ableiten: Der **metallische Glanz** lässt sich damit erklären, dass die Metallatome in einem regelmäßigen Gitter angeordet sind (siehe S. 76 ff.) und durch sichtbares Licht anregbare Elektronen besitzen. Die leichte **Verformbarkeit** zeigt jedoch, dass die Atome, anders als in einem Ionenkristall nicht völlig starr an ihre Plätze „gebunden" sind, da sie sich gegeneinander verschieben lassen. Die Bindungskräfte zwischen den Atomen müssen außerdem geringer sein als in Ionenkristallen, da ihre **Schmelztemperatur** niedriger ist als die der meisten Salze. Andererseits müssen die Bindungen stärker sein als van-der-Waals-Kräfte, da die **Siedetemperatur** der meisten Metalle höher liegt als die von Molekülkristallen.
Die Kräfte zwischen den Atomen sind um so größer, je mehr Außenelektronen zu Verfügung gestellt werden. Deshalb steigen bei gleichem Gittertyp (siehe S. 91) Schmelztemperatur und Härte mit der Zahl der Außenelektronen an. Wirken auch d-Elektronen als Valenzelektronen mit, wie z. B. bei W, Mo und Cr oder den Platinmetallen, so resultieren daraus sehr hohe Schmelztemperaturen.

Modell der Metallbindung

Aus den zuvor genannten Schlussfolgerungen lässt sich folgendes Modell für den Aufbau der Metalle ableiten: Die Metallatome geben ihre Valenzelektronen ab und bilden ein Metallgitter aus positiv geladenen Atomrümpfen. Darin sind die Valenzelektronen nicht länger nur einem Atom zugeordnet, sondern zwischen den Atomrümpfen beweglich, sie bilden das „**Elektronengas**".

> Die metallische Bindung kommt durch die Anziehung zwischen den positiv geladenen **Atomrümpfen** und dem negativ geladenen **Elektronengas** zustande.

Beim Aluminium z. B. nehmen die Al^{3+}-Atomrümpfe nur 18 % des Gesamtvolumens des Metalls ein, die restlichen 82 % entfallen auf das Elektronengas:

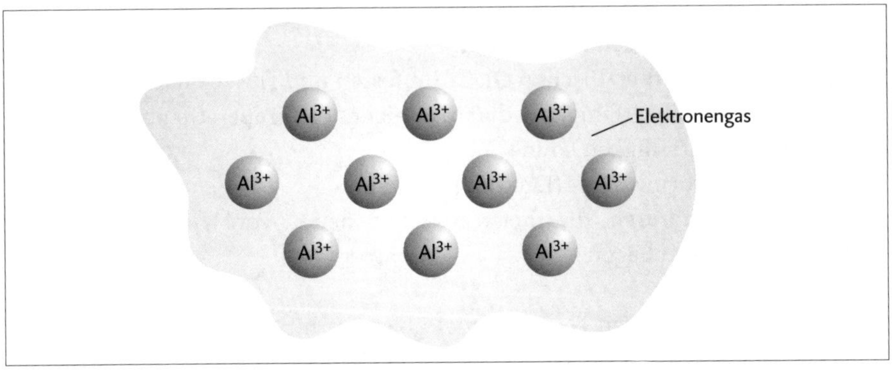

Abb. 78: Verteilung von Atomrümpfen und Elektronengas im Aluminium.

Insgesamt resultiert daraus eine **Elektronendichteverteilung**, die zwischen der einer Elektronenpaarbindung und einer Ionenbindung anzusiedeln ist:

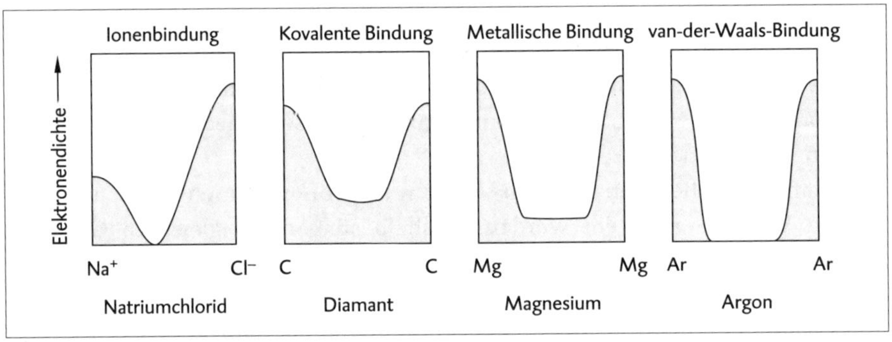

Abb. 79: Schema zur Verteilung der Elektronendichte zwischen benachbarten Gitterbausteinen in Kristallgittern bei den unterschiedlichen Bindungsarten.

Gitterstrukturen bei Metallen

Die positiv geladenen Atomrümpfe ordnen sich im Metallkristall regelmäßig an. Die Gitterstruktur wird dadurch vereinfacht, dass alle Atome die gleiche Größe aufweisen und auch keine unterschiedlichen Ladungen berücksichtigt werden müssen. Daher können sich die Atome vor allem

- **kubisch-innenzentriert** (Koordinationszahl 8),
- **kubisch-flächenzentriert** (12), oder in der
- **hexagonal-dichtesten** Packung (12) anordnen (siehe S. 80 f.).

Kubisch-innenzentriert kristallisieren die **Alkalimetalle** sowie die Metalle der 5. und 6. Nebengruppe. Die wichtigsten Gebrauchsmetalle wie γ-Fe, Al, Pb, Ni, Cu und die Edelmetalle kristallisieren kubisch flächenzentriert:

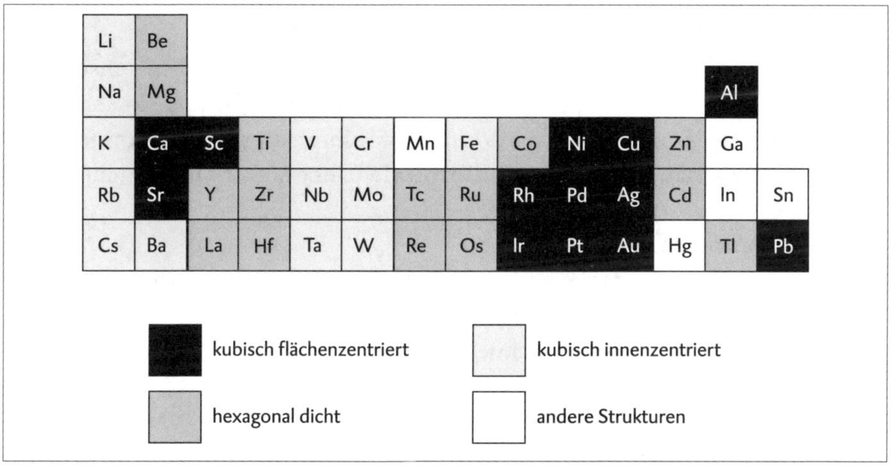

Abb. 80: Kristallstrukturen der Metalle. Eine Reihe von Metallen kommt in mehreren Strukturen vor. Bei einer für das jeweilige Metall charakteristischen Temperatur findet eine Strukturumwandlung statt.

Wirken äußere Kräfte auf diese Gitterstrukturen ein, so bleiben, anders als bei den Ionenkristallen, die Bindungen erhalten, weshalb das Metall im Gegensatz zum spröden Ionenkristall plastisch verformbar ist:

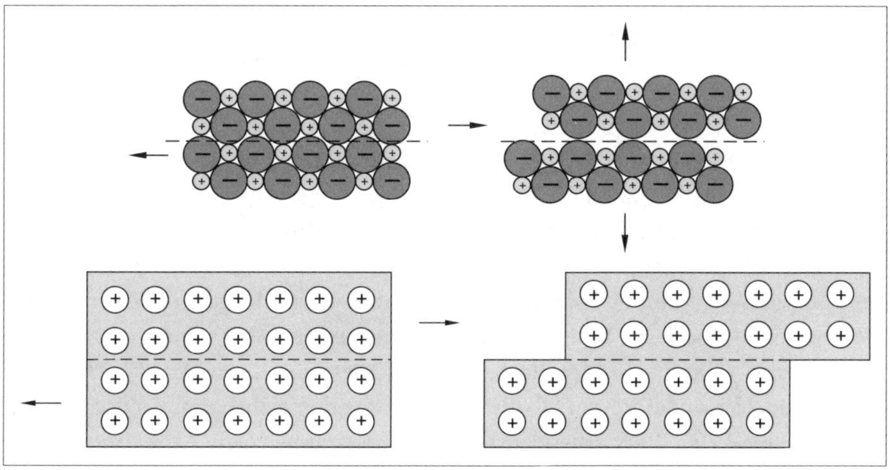

Abb. 81: Die Verschiebung der Schichten in einem Ionenkristall führt zu starken Abstoßungskräften (oben). Bei plastischer Verformung von Metallen führt die Verschiebung der Gitterebenen nicht zu Abstoßungskräften (unten).

Die gute **Leitfähigkeit** der Metalle für **elektrischen Strom** und für **Wärme** resultiert aus der hohen Beweglichkeit des Elektronengases. Da die Atomrümpfe auf ihren Gitterplätzen mit steigender Temperatur aber immer stärker schwingen, behindern sie zunehmend die Beweglichkeit der Elektronen, weshalb die elektrische Leitfähigkeit sinkt.
Das vorgestellte Modell der Metallbindung ist gut geeignet, viele Eigenschaften der Metalle zu erklären. Es gibt jedoch keine Auskünfte darüber, weshalb sich ein Elektronengas und positive Atomrümpfe überhaupt bilden können. Zur Erklärung muss man wieder **Molekülorbitale** (siehe S. 60 f.) heranziehen.

Das Energiebänder-Modell

Wie bereits bei den Atomgittern besprochen (siehe S. 76 ff.), so kann man auch zwischen den Metallatomen Bindungen vermuten, man kann einen Metallkristall also als ein „Riesenmolekül" auffassen. Nach der Atomorbitaltheorie (siehe S. 62 ff.) bilden sich bei der Bindung von zwei Atomen zwei Molekülorbitale (MO), bei drei Atomen drei Molekülorbitale usw.:

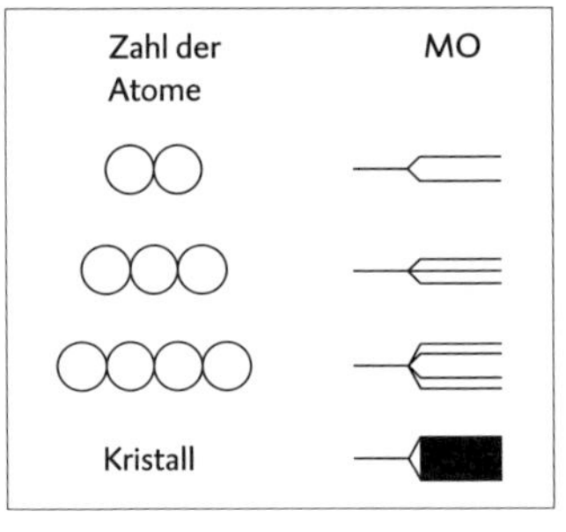

Abb. 82: Anzahl der MOs bei der Bildung eines Metallkristalls.

Da ein 1 g schweres Lithiumstück aus etwa 10^{23} Atomen besteht, bilden sich auch 10^{23} MOs. Da sich alle diese MOs in ihrem Energieniveau geringfügig unterscheiden müssen (siehe S. 61), entsteht ein **quasikontinuierliches Energieband**. Da ein Lithiumatom über ein Außenelektron verfügt, jedes MO jedoch mit zwei Elektronen besetzt werden kann, bleibt die Hälfte aller MOs leer. Beim Anlegen einer Spannung reicht daher eine sehr geringe Energie, um Elektronen von einem besetzten in ein unbesetztes MO „anzuheben". Der **metallische Glanz** der Metalle beruht auf dieser leichten Anregbarkeit der Elektronen, die in diesem Fall durch Quanten des sichtbaren Lichts erfolgt. Beim Rückfall der Elektronen wird Licht abgestrahlt. Nach Anregung stehen den Elektronen auf den unbesetzten Energieniveaus viele leere MOs zur Verfügung, sodass sie sich im Metallgitter frei bewegen können. Darauf beruht u. a. die gute **Wärmeleitfähigkeit** von Metallen.

Im Unterschied dazu ist bei einem **Isolator** wie Schwefel das Valenzband voll mit Elektronen besetzt, sodass keine freien MOs zur Bewegung zur Verfügung stehen. Solche Stoffe leiten den elektrischen Strom nicht. Nach diesen Überlegungen dürften aber auch die Erdalkalimetalle den elektrischen Strom nicht leiten, da ihre äußere s-Schale voll besetzt ist. Die leitenden Eigenschaften kommen bei diesen Metallen dadurch zustande, dass das darüber liegende, unbesetzte Band mit dem darunter liegenden Valenzband überlappt, sodass sich die Elektronen in diesem Leitungsband bewegen können (siehe Abb. 83).
Bei elektrischen **Halbleitern** kommt es nicht zur Überlappung von Valenz- und Leitungsband. Bei niedrigen Temperaturen leiten sie den elektrischen Strom nicht. Mit zunehmender Temperatur werden jedoch einzelne Elektronen auf das nächstgelegene Band „angehoben", sodass Leitfähigkeit entsteht. Die **Leitfähigkeit von Halbleitern** lässt sich durch den Einbau von Fremdatomen verbessern, die entweder über Elektronenlücken oder über zusätzliche Elektronen verfügen (siehe Abb. 85).
Der Zusammenhang zwischen der energetischen Lage der Molekülorbitale und der elektrischen Leitfähigkeit eines Stoffes lässt sich zusammenfassend für folgende drei Fälle formulieren:

1. Bei elektrischen Leitern wie den Metallen überlappt das **Valenzband** mit dem nächst höheren Band:

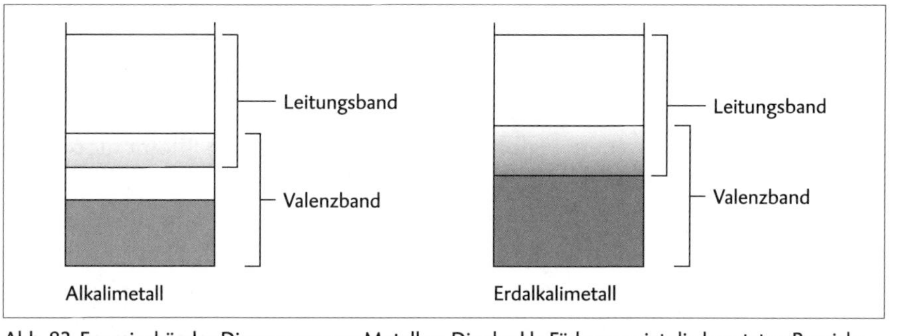

Abb. 83: Energieabänder-Diagramme von Metallen. Die dunkle Färbung zeigt die besetzten Bereiche der Bänder, die Überlappungen sind durch den Verlauf der Grautöne angedeutet.

2. Bei Isolatoren ist das voll besetzte Valenzband vom leeren Leitungsband durch eine breite **„verbotene Zone"** getrennt. Elektronen können nicht aus dem Valenzband in das Leitungsband gelangen.
3. Bei Eigenhalbleitern ist die verbotene Zone schmal. Durch z. B. thermische Anregung gelangen Elektronen aus dem Valenzband in das Leitungsband. Im Valenzband bleiben Elektronenlücken, so genannte „Defektelektronen" zurück. In beiden Bändern ist damit elektrische Leitung möglich.

Die folgende Abbildung stellt die beschriebenen Verhältnisse für Isolatoren und Eigenhalbleiter anhand der Energiebänder-Diagramme und im Vergleich zu den Metallen dar:

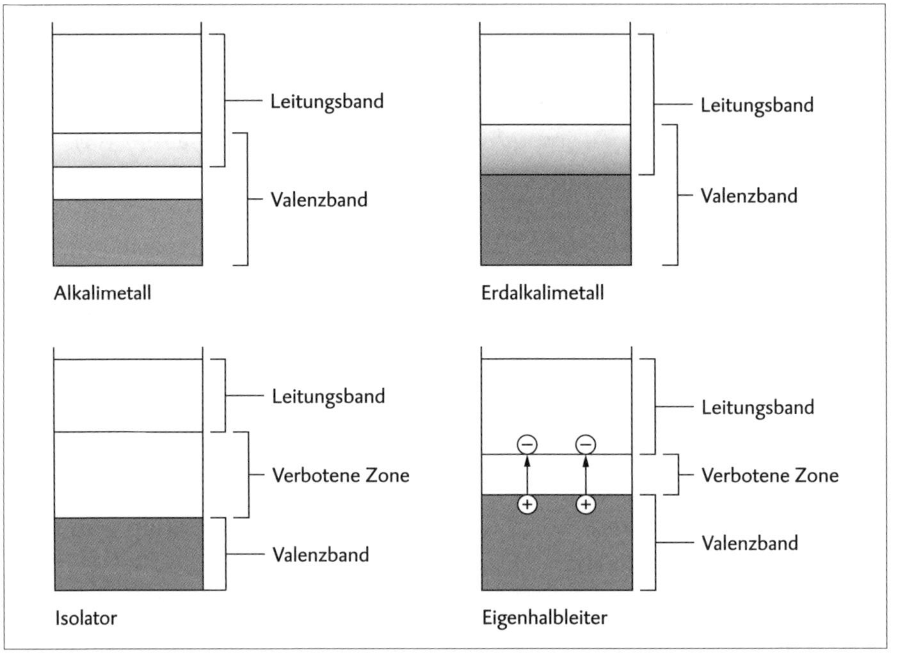

Abb. 84: Energiebänder-Diagramme von Metallen, Isolatoren und Eigenhalbleitern im Vergleich.

„Verunreinigt" man einen Halbleiter, etwa Silicium, mit Elementen aus der 5. Hauptgruppe (P oder As), so wird er **n-leitend**: Die Überschusselektronen der „Verunreinigungsatome" besetzen das Donatorenniveau (siehe Abb. 85), aus dem sie bereits durch geringe thermische Energie in das Leitungsband angehoben werden können. Genau umgekehrt fehlt bei Verunreinigungselementen aus der 3. Hauptgruppe, etwa bei Bor, ein Elektron, es entsteht ein so genanntes „Loch", das formal als positiv geladenes Teilchen angesehen werden kann. Dieses besetzt das Akzeptorenniveau, in das nun Elektronen aus dem Valenzband angehoben werden können, der Halbleiter wird **p-leitend**. Durch eine solche **Dotierung** mit Fremdatomen lässt sich die elektrische Leitfähigkeit eines Halbleiters also gezielt erhöhen.
Fügt man p- und n-leitende Schichten zusammen, so „rekombinieren" Löcher und n-Elektronen teilweise, es entsteht eine Sperrschicht (**Diode**). Bei Kombinationen aus drei Schichten (n-p-n oder p-n-p) erhält man einen **Transistor**.

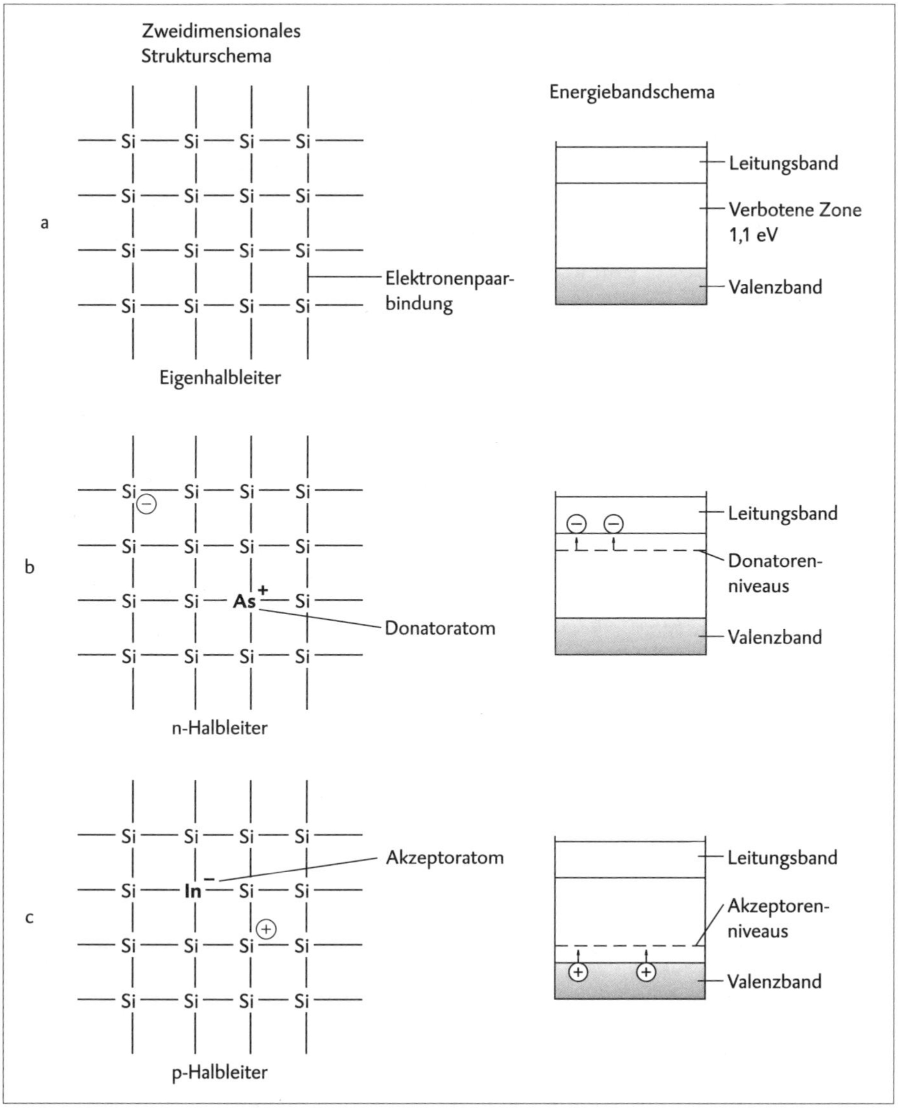

Abb. 85: a: Struktur- und Energiebandschema eines Halbleiters (Silicium), b: mit Donator- (n-Halbleiter) und c: Akzeptoratom (p-Halbleiter).

Regelmäßige und statistische Mischungen von Metallen

Kühlt man eine Schmelze aus verschiedenen Metallen ab, so können Atome des einen Metalls Atome des anderen Metalls ersetzen. Dies kann entweder regelmäßig oder statistisch geschehen, relative Ähnlichkeit der Atomradien ist dazu jedoch erforderlich.

Alternativ können die kleineren Atome in die Lücken des Gitters der größeren Atome eingelagert werden. Dabei können bei der Mischung derselben Metalle je nach Mischungsverhältnis einmal regelmäßige, das andere Mal statistische Anordnungen der Atome resultieren. So entstehen aus Mischungen von 50 % Gold und 50 % Kupfer abwechselnde Schichten aus Gold und Kupfer, bei einem Mischungsverhältnis von 75 % Kupfer und 25 % Gold bilden sich Strukturen, bei denen jedes Gold-Atom von 12 Kupfer-Atomen und jedes Kupfer-Atom von vier Gold- und acht Kupfer-Atomen umgeben ist. Alle Mischungsverhältnisse dazwischen geben statistische Verteilungen der beiden Elemente, diese ungeordneten Mischkristalle entsprechen daher festen Lösungen. Da hier also im eigentlichen Sinne weder von „Mischung" noch von „Verbindung" gesprochen werden kann, verwendet man besser den Begriff „intermetallische Phase" oder **Legierung**.

Die Härte von Legierungen ist meist höher als die der reinen Elemente, da die Einlagerung der Fremdatome das Gleiten der Schichten erschwert. Die elektrische Leitfähigkeit ist bei geordneten Mischkristallen meist unverändert, die statistische Verteilung der Fremdatome setzt die Leitfähigkeit jedoch oft herab:

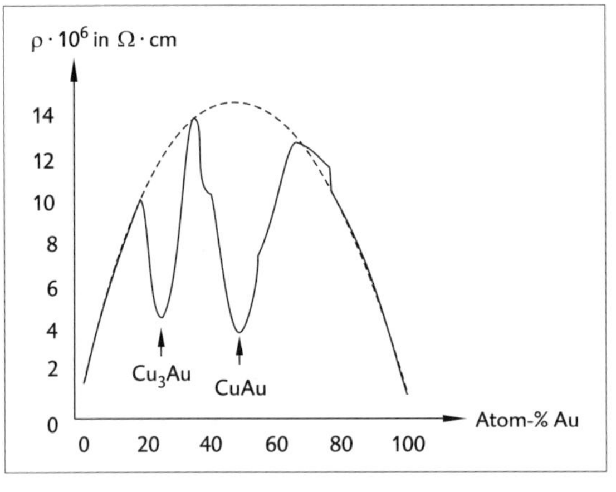

Abb. 86: Spezifischer Widerstand von Kupfer-Gold-Legierungen in Abhängigkeit vom Atomzahlenverhältnis.

Das Wissen um die wertvollen Eigenschaften von Legierungen ist sehr alt, so wurde etwa die namengebende Legierung der **Bronzezeit**[15] aus Kupfer und Zinn hergestellt.

15 Bronzezeit: Kulturperiode zwischen dem Ende des 3. und dem Anfang des 1. Jt. v. Chr., in der Bronze der wichtigste Werkstoff zur Schmuck- und Waffenherstellung war.

4.6 Amorphe Festkörper

Neben kristallinen gibt es außerdem eine Reihe amorpher Festkörper. Sie verfügen zwar über eine Nahordnung, jedoch nicht über eine Fernordnung. Die meisten amorphen Feststoffe sind so genannte „**Gläser**".

Silikate

Silikate sind die Salze der – hypothetisch existierenden – **Kieselsäure** H_4SiO_4. Diese äußerst schwache Säure ist als freie Säure nicht bekannt, sie zerfällt sofort in Siliciumdioxid und Wasser. Die natürlichen Silikate bauen praktisch die gesamte Erdrinde auf. Als technisches Silikat hat z. B. das so genannte „Wasserglas" (ein Alkalisilikat) Bedeutung. Es entsteht bei der Reaktion von Quarz mit Natronlauge:

$$SiO_2 + 2\,NaOH \longrightarrow Na_2SiO_3 + H_2O$$

Nur die Alkalisilikate sind wasserlöslich. Sie reagieren stark alkalisch.

Glas

Das eigentliche „Glas" entsteht, wenn Metalloxide wie Na_2O, K_2O, CaO oder PbO mit Siliciumdioxid gemischt und geschmolzen werden. Die sehr zähen Schmelzen verhindern die Bildung von Gitterstrukturen, beim Abkühlen entstehen daher amorph erstarrte Schmelzen. Eine Nahordnung ist vorhanden, jedes Siliciumatom ist tetraedrisch von vier Sauerstoffatomen umgeben. Eine Fernordnung wie in einem Kristall fehlt jedoch. Der Zustand entspricht der auch im flüssigen Zustand vorhandenen „Unordnung", nur kleine Bereiche sind kristallin geordnet. Dies kommt dadurch zustande, dass die SiO_4-Gruppen beim Schmelzen in kleinere Bruchstücke zerlegt werden und die dabei entstehenden Ladungen durch die Metall-Kationen kompensiert werden (siehe Abb. 87). Werden Gläser erhitzt, so erweichen sie nur allmählich, worin sich ihre besonders gute Verformbarkeit begründet. Grund hierfür ist wieder die fehlende Fernordnung.
Die gegenüber Hitze und Säuren sehr widerstandsfähigen **Jenaer- und Pyrexgläser** entstehen durch Beimengung von Al_2O_3 oder B_2O_3 (Borosilikatgläser), wobei Aluminium oder Bor einige der Gitterplätze des Siliciums einnehmen.

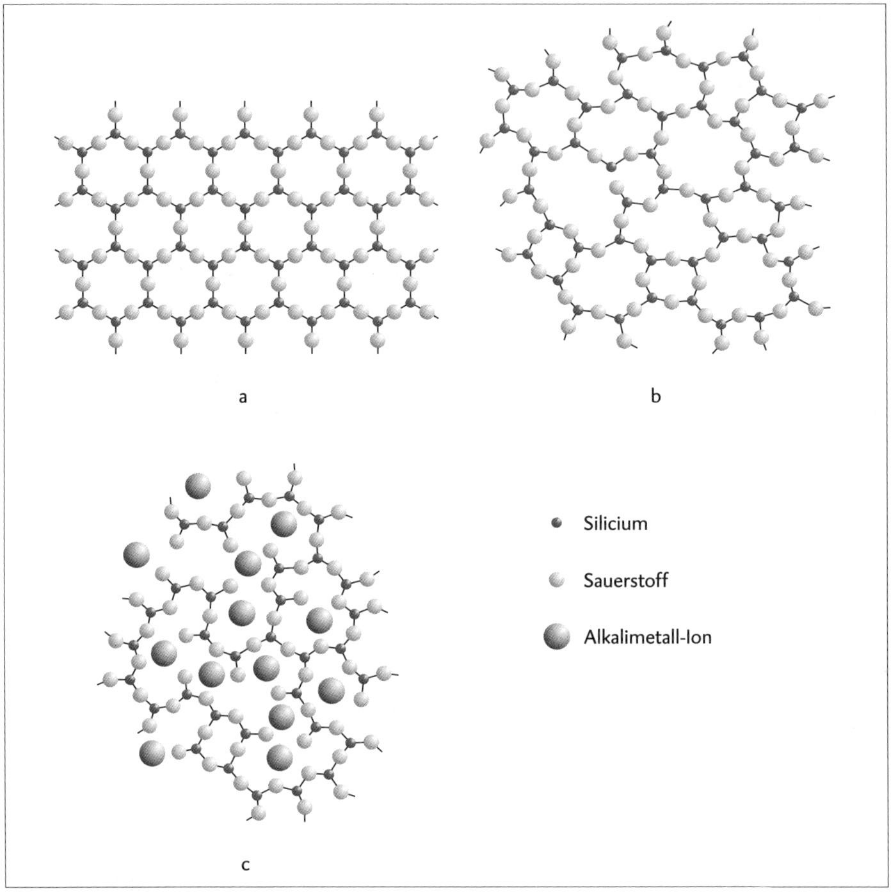

Abb. 87: Struktur von a: Quarz, b: Quarzglas und c: Alkalisilikatglas.

Technisch gewinnt man die Metalloxide aus ihren Carbonaten, die beim Erhitzen in die Oxide und Kohlenstoffdioxid zerfallen. **Feldspat** liefert das Al_2O_3, während Siliciumdioxid aus dem Quarzsand stammt.

Farbige Gläser erhält man durch Beimengung verschiedener Metalloxide wie Eisen-, Kobalt- oder Chromoxid.

5 Komplexchemie

5.1 Historische Aspekte

Abb. 88: Alfred WERNER (1866–1919).

In einer Winternacht des Jahres 1892 soll der junge Schweizer Chemie-Hochschullehrer WERNER seine wesentlichen Ideen der klassischen **Komplexchemie** niedergeschrieben haben.
Seit dem 18. Jahrhundert war die Zahl der herstellbaren „Verbindungen höherer Ordnung" derart angewachsen, dass es notwendig wurde, genauere Vorstellungen über die Natur der chemischen Bindungen dieser Stoffe im Vergleich zu „Stoffen erster Ordnung" wie NH_3, AgCl, HCl usw. zu entwickeln. Berliner Blau beispielsweise, eine komplizierte Verbindung aus Eisen(II)-, Eisen(III)- und Cyanidionen, war in der zweiten Hälfte des 18. Jahrhunderts zu einer vielfach verwendeten Chemikalie geworden. Im Zuge der Verbesserung der analytischen Untersuchungsmethoden wurde ermittelt, dass die Verbindungen $CoCl_3 \cdot 6\,NH_3$, $CoCl_3 \cdot 5\,NH_3$ und $CoCl_3 \cdot 4\,NH_3$ bei der Fällung mit Silbernitrat ($AgNO_3$) pro Mol drei, zwei und ein Mol schwerlösliches Silberchlorid bilden, obwohl die Formelschreibweise die Bildung von je drei Mol Silberchlorid nahelegt:

$$CoCl_3 \cdot \mathbf{6}\,NH_3 + 3\,AgNO_3 \longrightarrow Co(NO_3)_3 \cdot \mathbf{6}\,NH_3 + \mathbf{3}\,AgCl$$

$$CoCl_3 \cdot \mathbf{5}\,NH_3 + 3\,AgNO_3 \longrightarrow CoCl(NO_3)_2 \cdot \mathbf{5}\,NH_3 + \mathbf{2}\,AgCl + AgNO_3$$

$$CoCl_3 \cdot \mathbf{4}\,NH_3 + 3\,AgNO_3 \longrightarrow CoCl_2(NO_3) \cdot \mathbf{4}\,NH_3 + AgCl + 2\,AgNO_3$$

Diese Beobachtungen sowie die entsprechenden elektrischen Leitfähigkeiten (siehe Abb. 89) deuten darauf hin, dass die Cl^--Ionen in unterschiedlicher chemischer Art und Weise gebunden sein müssen, sodass als Folge in den wässrigen Lösungen verschieden viele dieser Ionen vorliegen.
Komplexverbindungen sind aus unserem Alltag nicht wegzudenken. Man findet sie in Wasch- und Reinigungsmitteln sowie in Lebens- und Arzneimitteln. In der analytischen Chemie werden Komplexbildner verwendet, um Metalle zu binden. Eine der wichtigsten Flüssigkeiten, das Blut, enthält ebenfalls eine Komplexverbindung.

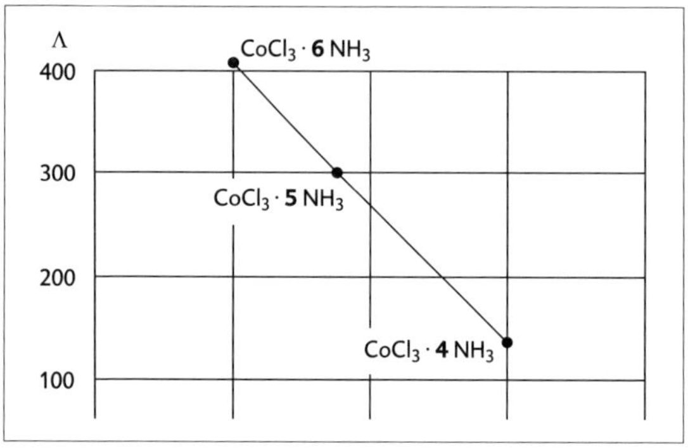

Abb. 89: Elektrische Leitfähigkeiten von $CoCl_3 \cdot 6\,NH_3$, $CoCl_3 \cdot 5\,NH_3$ und $CoCl_3 \cdot 4\,NH_3$.

5.2 Zentralatom und Ligand

Die Definition einer komplexen chemischen Verbindung ist nicht immer eindeutig, da es mittlerweile sehr viele Typen von Verbindungen gibt, die sich nur schwer mit einer einfachen Bestimmung des Begriffes „Komplex" erfassen lassen. Allgemein formuliert, lässt sich dieser Typ chemischer Verbindungen jedoch wie folgt bestimmen:

Eine **Komplexverbindung** ist eine chemische Verbindung, in der ein **Zentralteilchen** (Atom oder Ion) an eine bestimmte Anzahl von Bindungspartnern (**Liganden**) gebunden ist. Dabei weist das Zentralteilchen mehr Bindungspartner auf, als es seine Stellung im Periodensystem erwarten lässt.

Beispiel

Wird zu einer wässrigen Lösung von $AlCl_3$ tropfenweise Natronlauge gegeben, so bildet sich ein Niederschlag, der sich bei der weiteren Zugabe von Natronlauge wieder auflöst. Zunächst bildet sich kaum wasserlösliches Aluminiumhydroxid ($Al(OH)_3$):

$$Al^{3+} + 3\,OH^- \longrightarrow Al(OH)_3$$

Dieses bildet bei weiterer Zugabe an OH^--Ionen das gut wasserlösliche Komplexion $[Al(OH)_4]^-$

$$Al(OH)_3 + OH^- \longrightarrow [Al(OH)_4]^-$$

obwohl zu erwarten wäre, dass $Al(OH)_3$ aufgrund seiner abgesättigten Valenzschale nicht mehr weiter reagieren kann.

Liganden können Ionen, aber auch neutrale Teilchen sein. Neben den anorganischen spielen auch die organischen Liganden eine große Rolle:

Symbol	Name	Formel
	Halogenido	Hal^-
	Oxo	O^{2-}
	Hydroxo	OH^-
	Peroxo	O_2^{2-}
	Thio	S^{2-}
	Cyano	CN^-
	Thiocyanato	SCN^-
acac	Acetylacetonato	
cp	Cyclopentadienyl	
gly	Glycinato	
edta	Ethylediamintetraacetato	
en	Ethylendiamin	

Tab. 11: Wichtige Liganden und ihre Benennung.

5.3 Gesamtladung und Nomenklatur von Komplexen

Bestimmung der Gesamtladung

Ein Komplex besteht aus einem Zentralatom oder Zentralion und den umgebenden Liganden. Aus der Ladung von Zentralteilchen und Liganden ergibt sich die Gesamtladung des Komplexes. Als Beispiel sei wieder das $[Al(OH)_4]^-$ genannt. Hier wird das Al^{3+}-Zentralion von vier OH^--Ionen umgeben, die Gesamtladung der komplexen Verbindung errechnet sich also zu –1.

Beispiel

Die Ladung der folgenden Platinkomplexe kann leicht bestimmt werden, wenn man berücksichtigt, dass das Platin-Zentralatom vierfach positiv geladen ist (Pt^{4+}):

$[Pt(NH_3)_6]^{4+}$ $[PtCl_2(NH_3)_4]^{2+}$ $[PtCl_6]^{2-}$

Nomenklatur

Die Benennung komplexer chemischer Verbindungen erfolgt in drei Schritten:

1. Liganden werden in alphabetischer Reihenfolge aufgeführt. Jedem anorganischen Liganden wird ein „o“ angehängt, wobei das „id“ entfällt (Cl^-: chloro, OH^-: hydroxo, SO_4^{2-}: sulfato, H^-: hydrido, …). Wasser und Ammoniak erhalten als Liganden die Namen „aqua“ und „ammin“, Kohlenstoffmonooxid den Namen „carbonyl“. Die Anzahl der in einem Komplex vorkommenden gleichen Liganden wird als griechische Zahlensilbe vor den entsprechenden Liganden gesetzt: mono, di, tri, tetra, …

   Beispiele
   - $Fe(CO)_5$: Eisenpentacarbonyl
   - $[Al(OH)(H_2O)_5]^{2+}$: Pentaaquahydroxoaluminium(III)

2. Nach der Bezeichnung der Liganden folgt die des **Zentralteilchens**. Bei neutralen oder positiv geladenen Komplexteilchen bleibt der Name des Zentralteilchens unverändert, bei negativ geladenen Komplexionen erhält der Name des Zentralions die Endung „at“. Der Name des Kations wird vor die Bezeichnung des Komplexes gesetzt und mit Bindestrich abgetrennt. In Komplexverbindungen wird das Kation zuerst genannt. Häufig wird die **Oxidationsstufe** des Zentralteichens in Klammern hinzugefügt.

   Beispiele
   - $K_3[Fe(CN)_5CO]$: Kaliumcarbonylpentacyanoferrat(II)
   - $K_3[Fe(CN)_6]$: Kaliumhexacyanoferrat(III)
   - $K_4[Fe(CN)_6]$: Kaliumhexacyanoferrat(II)

3. Vor die Bezeichnung der Liganden werden auf die **räumliche Struktur** hinweisende Vorsilben, wie „cis“ und „trans“ gesetzt.

   Beispiele

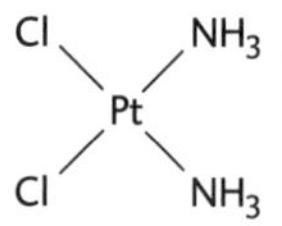

cis-Diammindichloroplatin(II)

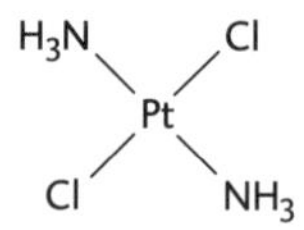

trans-Diammindichloroplatin(II)

5.4 Struktur und Koordinationszahl

Eine wesentliche Eigenschaft von Komplexen ist die Koordinationszahl, d. h. die Anzahl der Liganden, die an das Zentralteilchen gebunden sind. In engem Zusammenhang mit der Koordinationszahl steht die Struktur des Komplexes. In der nachfolgenden Tabelle sind Koordinationszahl und die entsprechenden räumlichen Strukturen zusammengestellt:

Koordinationszahl	Struktur	Anmerkungen/ Beispiele
2	linear oder gewinkelt	selten
3	Dreieck, u. U. leicht verzerrt, Trigonal-pyramidal (pseudotetraedrisch)	selten
4	tetraedrisch oder quadratisch	$[MnO_4]^-$, $[CrO_4]^{2-}$, $[Al(OH)_4]^-$
5	trigonale Bipyramide oder tetragonale Pyramide	$Fe(CO)_5$
6	Oktaeder oder tetragonale Bipyramide	$[Ti(H_2O)_6]^+$
7	pentagonale Bipyramide	$[UF_7]^{2-}$
8	Würfel oder quadratisches Antiprisma oder Dodekaeder oder hexagonale Bipyramide	

Tab. 12: Koordinationszahl und Struktur von Komplexen.

5.5 Struktur und Gillespie-Nyholm-Theorie

Das Strukturmodell von Gillespie und Nyholm, auch als Elektronenpaarabstoßungs-Modell, **VSEPR**(**V**alence **s**hell **e**lectron **p**air **r**epulsion)-Modell bekannt (siehe S. 50 ff.), kommt mit relativ einfachen Betrachtungen zu Aussagen über die Molekülgeometrie. Das Modell kann auch auf Komplexverbindungen angewendet werden. Es geht davon aus, dass sich freie und bindende Elektronenpaare aufgrund ihrer gegenseitigen elektrostatischen Abstoßung mit möglichst weitem Abstand im Molekül anordnen. Bei der Festlegung der Anordnung der Liganden werden die Elektronen als punktförmig angesehen. Sie liegen auf einer Kugelschale um den Atomkern und ordnen sich derart an, dass ihr Abstand voneinander möglichst groß ist, wie folgende Abbildung ausgewählter Beispiele zeigt:

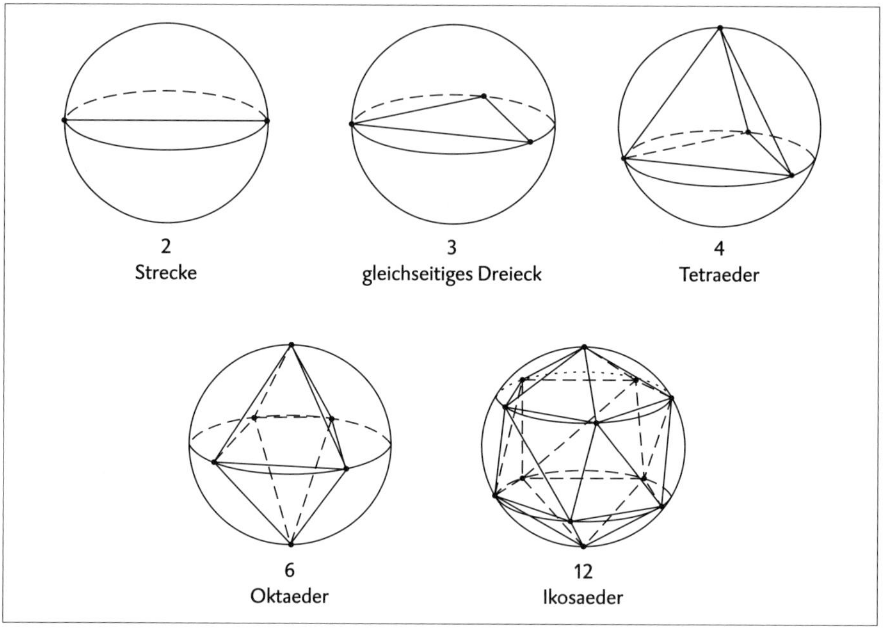

Abb. 90: Strukturmodelle nach Gillespie und Nyholm.

Die häufigsten Koordinationszahlen sind 2, 4 und 6. Die räumliche Anordnung der Liganden mit diesen Koordinationszahlen ist

- **linear** (Koordinationszahl 2),
- **tetraedrisch** oder **quadratisch-planar** (Koordinationszahl 4) und
- **oktaedrisch** (Koordinationszahl 6).

Die möglichen Koordinationszahlen eines Zentralteilchens hängen von der chemischen Natur der Liganden ab.
Neben der Variation der Anzahl der Liganden tritt bei komplexen chemischen Verbindungen ein weiteres Phänomen auf, das der unterschiedlichen räumlichen Anordungsmöglichkeit gleicher Liganden um das Zentralteilchen.

Komplexe, die dieselbe chemische Zusammensetzung und Ladung, aber unterschiedliche räumliche Anordnungen besitzen, zählt man zu den **stereoisomeren Verbindungen**.

Beispiel

Ein Beispiel hierfür sind die **cis- und trans-Isomere** des quadratisch-planaren Platinkomplexes $Pt(NH_3)_2Cl_2$:

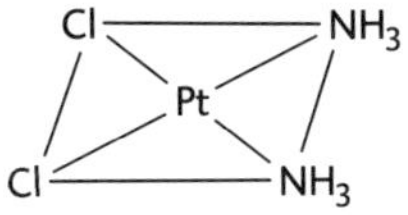

cis-Form

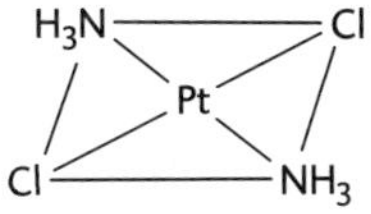

trans-Form

Auch bei oktaedrischen Komplexen kann cis-trans-Isomerie auftreten.

Beispiel

Für den oktaedrischen Komplex $[Cr(NH_3)_4Cl_2]^+$ lassen sich zwei Stereoisomere formulieren:

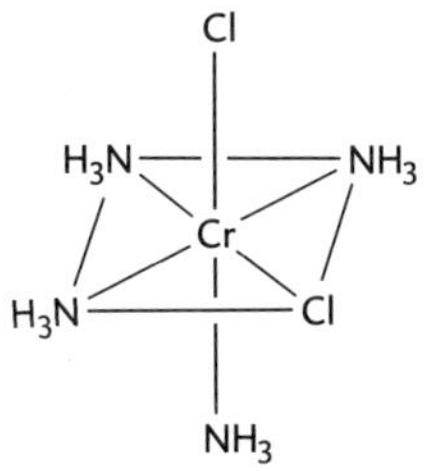

cis-Form

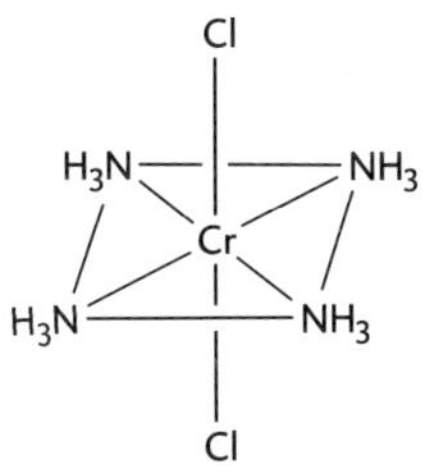

trans-Form

5.6 Die Theorie von Alfred Werner und die 18-Elektronen-Regel

Um sich den chemischen Bindungsverhältnissen zwischen Liganden und Zentralteilchen in Komplexen anzunähern, kann man zunächst annehmen, dass die an der Bindung beteiligten Atome danach streben, die Elektronenkonfiguration eines Edelgases zu erreichen. Während bei den chemischen Bindungen in nicht komplexen Verbindungen die s- und die p-Elektronen von zentraler Bedeutung sind (siehe S. 42), werden in der chemischen Bindung der Komplexe auch **d-Elektronen** einbezogen.
Bei der Reaktion eines Alkalimetalls mit einem Halogen entstehen immer einfach positiv und einfach negativ geladene Ionen (siehe S. 43). Das Natriumatom gibt sein einziges Valenzelektron an das Chloratom ab. Danach weisen das Natrium- und das Chloridion Edelgaskonfiguration auf: Na^+ diejenige von Neon ($1s^2$, $2s^2$, $2p^6$), Cl^- die von Argon ($1s^2$, $2s^2$, $2p^6$, $3s^2$, $3p^6$). Diese „Edelgasregel" (siehe S. 42) wird bei der Anwendung speziell auf Komplexe auch als die „**18-Elektronen-Regel**" bezeichnet:

In Komplexen weisen Nebengruppenelemente bzw. die Ionen dieser Elemente oft die Elektronenverteilung **[Edelgas] (n–1) d^{10} ns^2 np^6** auf, sodass die Valenzschale mit insgesamt **18 Elektronen** besetzt ist und die Elektronenkonfiguration des nächsten Edelgases erreicht wird.

Diese erste Theorie der chemischen Bindung in Komplexen stammt von Alfred Werner. Er versuchte, ein Ordnungsprinzip in die ihm zur Verfügung stehenden experimentellen Daten zu bringen. Zu diesem Zweck führte er die so genannten „**Nebenvalenzen**" ein. Danach besitzt beispielsweise das Co^{3+}-Ion entsprechend seiner Ionenladung drei Hauptvalenzen, aber auch sechs Nebenvalenzen. Dies wird in der nachfolgenden Abbildung verdeutlicht:

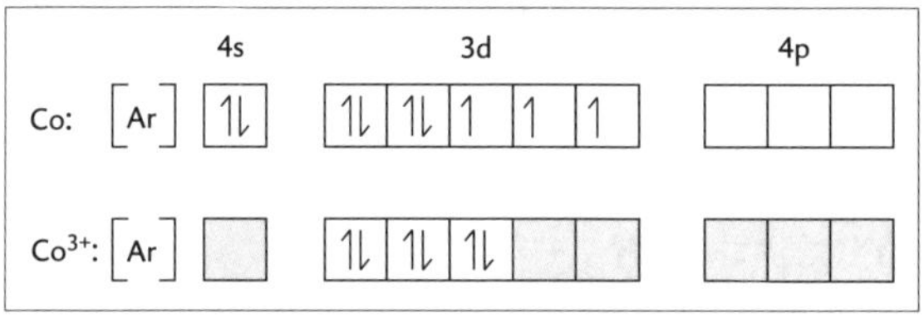

Abb. 91: Elektronenkonfiguration von Co und Co^{3+}.
Nebenvalenzen grau unterlegt.

Damit lässt sich die Bildung der Komplexverbindung $[Co(NH_3)_6]Cl_3$ leicht verstehen: Die sechs (neutralen) Ammoniakmoleküle liefern als Liganden jeweils ihre beiden nicht-bindenden Elektronen, die die leeren Orbitale der Co^{3+}-Ionen auffüllen, die Gegenionen sind die Chloridionen. In wässriger Lösung läuft folgende Dissoziation ab:

$$[Co(NH_3)_6]Cl_3 \longrightarrow [Co(NH_3)_6]^{3+} + 3\,Cl^-$$

Wie müsste man demnach die zuvor besprochene Verbindung $CoCl_3 \cdot 5\,NH_3$ (siehe S. 99) richtig formulieren? Da Co^{3+} sechs freie Orbitale, der Komplex aber nur fünf NH_3-Moleküle besitzt, fungiert eines der Cl^--Ionen ebenfalls als Ligand, die korrekte Formulierung muss also lauten:

$$[CoCl(NH_3)_5]Cl_2$$

Aus diesem Komplex werden also im Falle einer Dissoziation nur zwei Cl^--Ionen freigesetzt, die Leitfähigkeit entspricht etwa der von $CuCl_2$.
Anhand weiterer Komplexe soll verdeutlicht werden, wie die Auffüllung der Nebenvalenzen stattfinden kann und wie sich dies auf die Stabilität komplexer chemischer Verbindungen auswirkt.

Beispiele

- Im roten ($K_3[Fe(CN)_6]$) bzw. im gelben Blutlaugensalz ($K_4[Fe(CN)_6]$) liegt Eisen in der Oxidationsstufe +III bzw. +II vor:

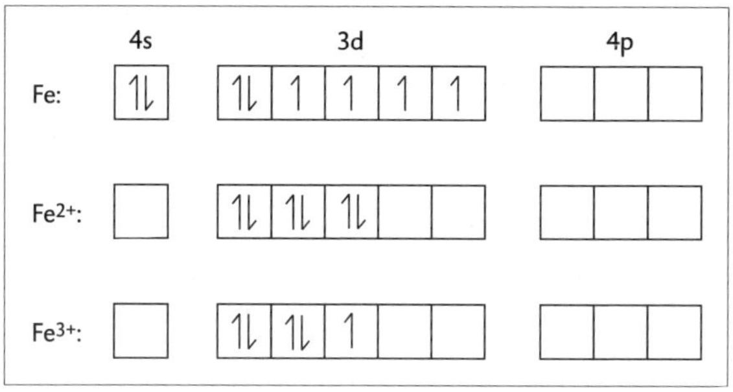

Abb. 92: Elektronenkonfigurationen von Fe, Fe^{2+} und Fe^{3+}.

Im Falle der Fe^{2+}-Ionen können sechs Cyanid-Liganden mit jeweils zwei Elektronen die freien Orbitale vollständig besetzen. Dies geschieht auch im Falle der Fe^{3+}-Ionen, ein Orbital aber bleibt hier nur einfach besetzt. $K_4[Fe^{II}(CN)_6]$ ist daher stabiler als K_3 $[Fe^{III}(CN)_6]$, da es nur abgeschlossene Unterschalen besitzt (siehe S. 106).

- Mangan bildet mit Kohlenstoffmonoxid (CO) den stabilen, neutralen Komplex $Mn_2(CO)_{10}$. Je fünf Elektronenpaare der CO-Liganden besetzen die leeren Orbitale. Zusätzlich binden sich auch noch die beiden Mn-Atome über ihre nur mit einem Elektron besetzten Orbitale, sodass der Komplex folgendermaßen geschrieben werden kann:

$(CO)_5Mn{-}Mn(CO)_5$

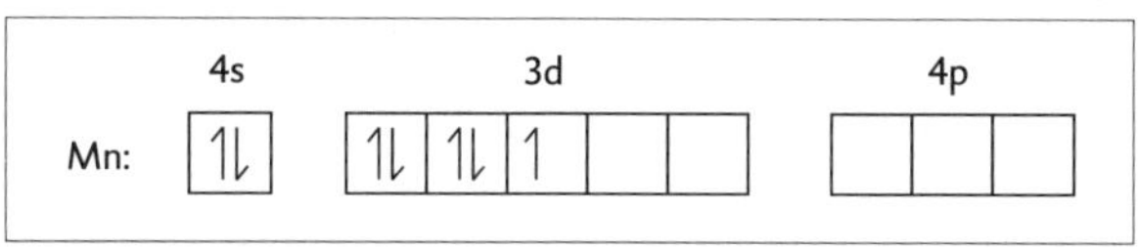

Abb. 93: Elektronenkonfiguration von Mangan.

Einer der großen „Nachteile" der Theorie von Alfred Werner ist das Fehlen von Vorhersagen zu magnetischen Effekten. Hier hilft das **Pauling-Modell** weiter.

5.7 Das Pauling-Modell

Das Pauling-Modell zu den Bindungsverhältnissen in kompexen chemischen Verbindungen lässt sich am bereits besprochenen Beispiel des komplexen $[Fe(CN)_6]^{3-}$-Ions erläutern. Zunächst bildet man aus den Atomen des Eisens in Gedanken Fe^{3+}-Ionen. Entsprechend der Hund'schen Regel ist die Spinmultiplizität maximal (siehe S. 66). Danach erfolgt eine „Mischung" der Orbitale (**Hybridisierung**, siehe S. 67 ff.) und Spinpaarung. Dieser Typ der Hybridisierung wird d^2sp^3-Hybridisierung genannt, weil an ihr zwei d-, ein s- und drei p-Orbitale beteiligt sind. Damit können die insgesamt sechs Elektronen des CN^--Ions die an der Hybridisierung beteiligten Orbitale auffüllen:

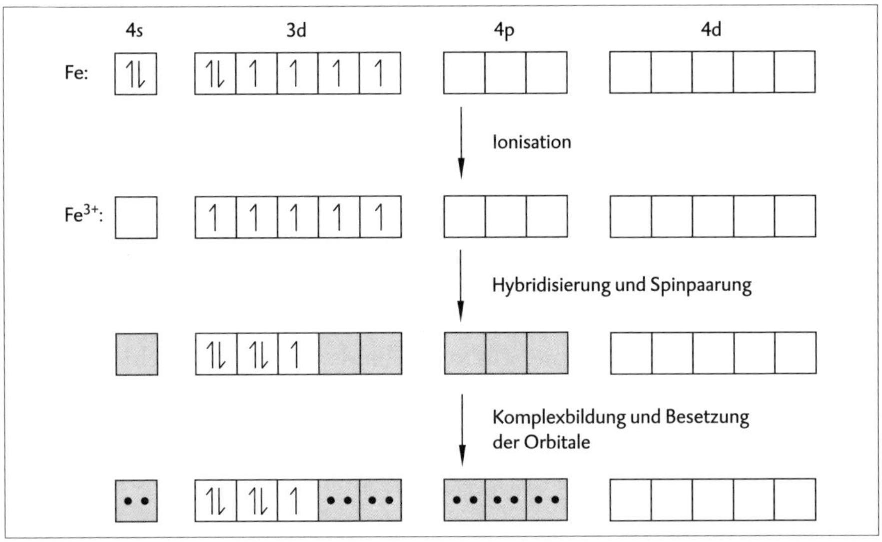

Abb. 94: d^2sp^3-Hybridisierung. Die an der Hybridisierung beteiligten Orbitale sind dunkel unterlegt.

Die verschiedenen denkbaren Hybridisierungen der Zenralteilchen bewirken die unterschiedlichen Geometrien von Komplexen: Ein d^2sp^3-Komplex ist oktaedisch, ein sp^3-Komplex ist tetraedisch und ein dsp^2-Komplex ist quadratisch-planar gebaut.
Vergleicht man die Elektronenkonfiguration des $[Fe(CN)_6]^{3-}$-Komplexes mit der von $[Fe(H_2O)_6]^{3+}$ (siehe Abb. 95), so stellt man fest, dass die Hybridisierungen in beiden Fällen d^2sp^3 ist. Im Falle der Cyanidverbindung sind die 3 d-, im Falle des Aquakomplexes aber die 4d-Orbitale beteiligt. $[Fe(CN)_6]^{3-}$ bezeichnet man daher als „**inner-orbital**-Komplex", $[Fe(H_2O)_6]^{3+}$ als „**outer-orbital**-Komplex".

Die Begriffe **inner**- und **outer-orbital-Komplex** beziehen sich auf die Beteiligung des entsprechenden d-Orbitals, einmal des inneren 3d-, das andere Mal des äußeren 4d-Orbitals.

Der outer-orbital-Komplex besitzt eine größere Spinmultiplizität (siehe S. 66) und damit auch ein größeres magnetisches Moment[16] als der inner-orbital-Komplex und wird daher auch „**high-spin**-" im Gegensatz zum „**low-spin**-Komplex" bezeichnet (siehe S. 113). Deutlich wird dies auch beim Vergleich der Anzahl der **ungepaarten Elektronen**:

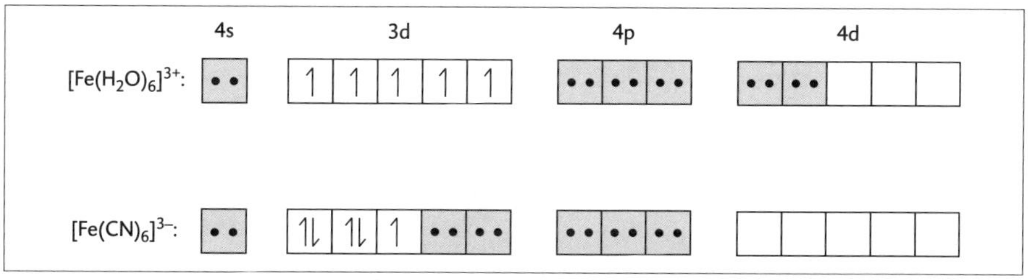

Abb. 95: Vergleich zwischen der Elektronenkonfiguration eines outer- (high-spin; oben) und eines inner-orbital-Komplexes (low-spin; unten). Man vergleiche die Anzahl ungepaarter Elektronen.

5.8 Die Ligandenfeldtheorie

Die **Ligandenfeldtheorie** wurde etwa in der Mitte des 20. Jahrhunderts entwickelt und zählt heute zu den wichtigsten Theorien der chemischen Bindung in Komplexen. Eine der grundlegenden Ideen dieser Theorie ist die Annahme der Bildung eines elektromagnetischen Feldes durch die Liganden (Ionen oder Dipolmoleküle) und ein daraus resultierender Einfluss auf die Elektronenkonfiguration im Zentralteilchen. Dabei ist die Wechselwirkung zwischen Zentralteilchen und Ligand ausschließlich elektrischer Natur – in Form von Coulomb'schen Wechselwirkungen – und in Ihrer Größe abhängig von der **Symmetrie** der Anordnung der Liganden.

Oktaedrisches Ligandenfeld

Nähert man sechs oktaedrisch angeordnete Liganden in einem gedanklichen Experiment an ein Zentralteilchen im Raum an, so zeigt sich, dass die zunächst energetisch entarteten, d. h. gleichwertigen fünf d-Orbitale unterschiedlich beeinflusst werden: Die beiden Orbitale $d_{x^2-y^2}$ und d_{z^2} (x, y, z = karthesische

16 Das magnetische Moment oder magnetische Dipolmoment kennzeichnet die Größe eines magnetischen Dipols, der in einem äußeren Magnetfeld ausgerichtet wird, ähnlich wie eine Kompassnadel.

Koordinaten), die in den Koordinatenachsen liegen, weisen direkt auf die sich entlang dieser Achsen nähernden Liganden, die Beeinflussung ist hier groß, während die Orbitale d_{xy}, d_{xz} und d_{yz}, die zwischen den Achsen liegen, weniger Wechselwirkung mit den Liganden eingehen:

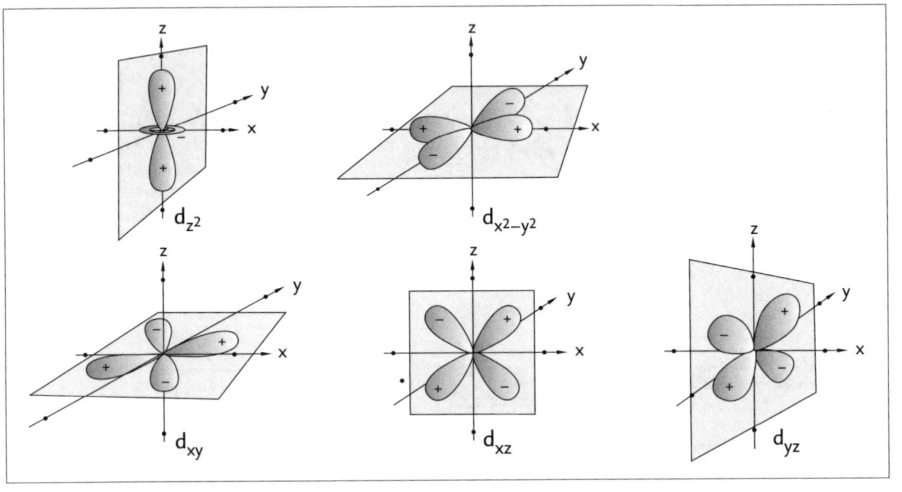

Abb. 96: Die fünf 3d-Orbitale im oktaedrischen Ligandenfeld.

Die folgende Abbildung zeigt die Aufspaltung der fünf 3d-Orbitale im oktaedrischen Ligandenfeld:

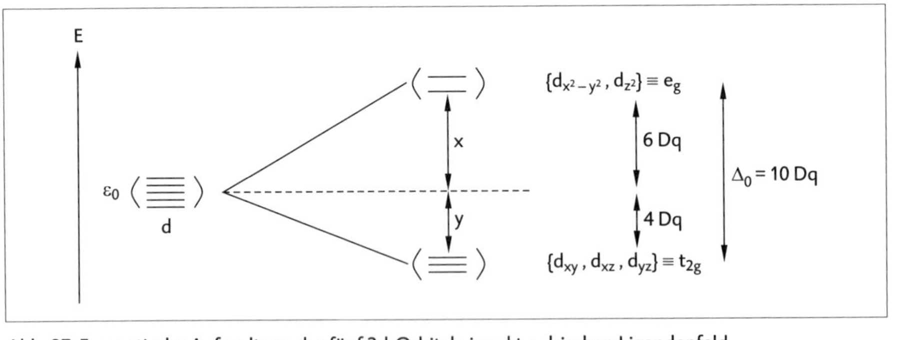

Abb. 97: Energetische Aufspaltung der fünf 3d-Orbitale im oktaedrischen Ligandenfeld.

Den energetischen Abstand zwischen den d_{xy}, d_{xz} und d_{yz}-Orbitalen („**t_{2g}-Orbitale**") und den $d_{x^2-y^2}$- und d_{z^2}-Orbitalen („**e_g-Orbitale**") bezeichnet man mit $\Delta_0 = 10$ Dq. In der folgenden Abbildung ist das Absorptionsspektrum des Komplexions $[Ti(H_2O)_6]^{3+}$ dargestellt. Das Spektrum zeigt eine Bande bei etwa $20\,000\ cm^{-1} = 240\ kJ \cdot mol^{-1}$, was dem Wert von Δ_0 entspricht:

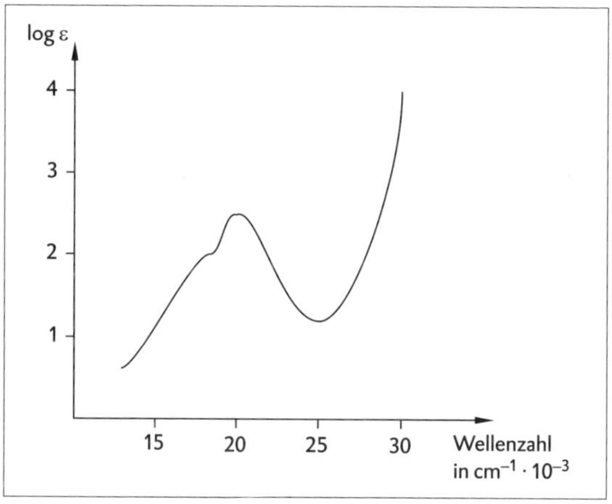

Abb. 98: Elektronenspektrum von $[Ti(H_2O)_6]^{3+}$. Aufgetragen ist die Absorption gegen die „Wellenzahl“ (= Wellenlänge^{-1})

Die Absorption in diesem Bereich des Spektrums verursacht die violette Farbe des Titan-Komplexes (Wellenlänge > 500 nm), in dem sechs Wassermoleküle ein oktaedrisches Ligandenfeld um das Ti^{3+}-Ion bilden. Das Ti^{3+}-Ion besitzt die Elektronenkonfiguration [Ar] $3\,d^1$. Das einzelne Elektron besetzt im Grundzustand eines der drei energetisch niedrigsten t_{2g}-Orbitale. Durch Einstrahlung von Licht geeigneter Wellenlänge verlässt das Elektron das t_{2g}-Orbital und wird auf das Niveau des e_g-Orbitals „angehoben“. Aus dem Spektrum des eingestahlten Lichts wird also genau diejenige Wellenlänge absorbiert, die der Energie des beschriebenen Übergangs entspricht:

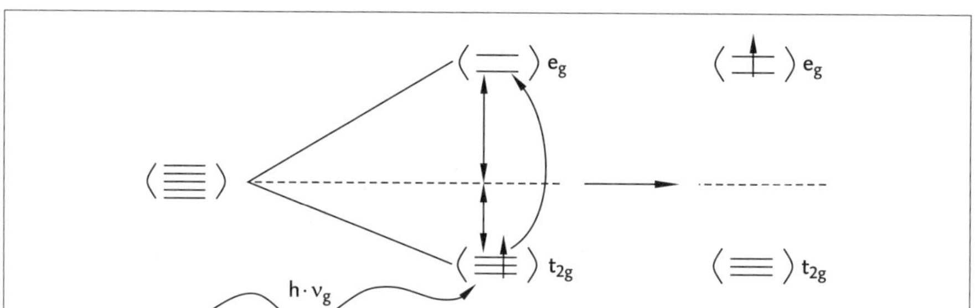

Abb. 99: Elektronenübergang im $[Ti(H_2O)_6]^{3+}$ bei Absorption von Licht geeigneter Wellenlänge.

Nach diesen Überlegungen sollte der Übergang sehr „scharf“ sein, d. h. das Absorptionsspektrum sollte nur eine deutlich abgegrenzte Linie aufweisen. Stattdessen erkennt man in Abbildung 98 aber eine relativ breite und unsymmetrische Bande. Dieses Phänomen wird als **Jahn-Teller-Effekt** bezeichnet.

Der Jahn-Teller-Effekt

Zum Verständis dieses Effektes betrachtet man noch einmal die e_g-Orbitale:

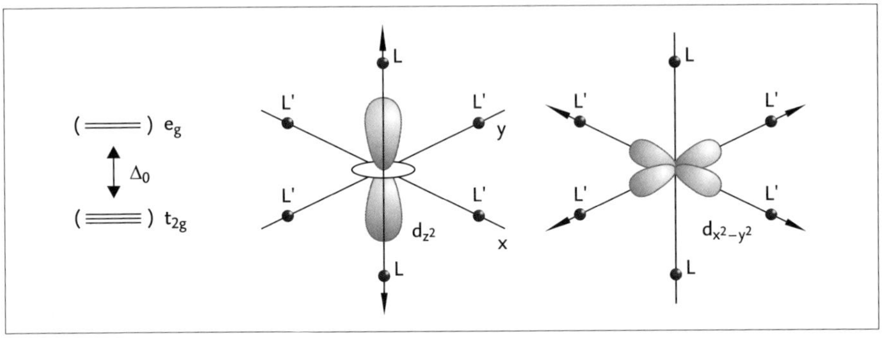

Abb. 100: Die beiden e_g-Orbitale d_{z^2} und $d_{x^2-y^2}$ im oktaedrischen Ligandenfeld. Links Streckung, rechts Stauchung der oktaedrischen Anordung der Liganden, jeweils durch Pfeile gekennzeichnet.

Wird das t_{2g}-Elektron energetisch angeregt, so besetzt es eines der beiden freien e_g-Orbitale. Besetzt es das d_{z^2}-Orbital, so wird es mit den beiden Liganden auf der z-Achse besonders stark wechselwirken; aufgrund der gegenseitigen Abstoßung kommt zu einer **Streckung** der oktaedrischen Anordnung. Besetzt das Elektron nach erfolgter Anregung hingegen das $d_{x^2-y^2}$-Orbital, so ist die Abstoßung gegenüber den vier Liganden entlang der x- und y-Achse besonders groß, der Oktaeder wird **gestaucht**. In beiden Fällen kommt es also zu einer Verzerrung des Oktaeders.
Fällt das Elektron wieder in ein t_{2g}-Orbital zurück, so werden Streckung und Stauchung rückgängig gemacht. Bei der Absorption von Licht kann sich somit kein reguläres Oktaeder ausbilden. Somit muss das Aufspaltungsschema (siehe Abb. 99) modifiziert werden: Alle Orbitale, die eine Komponente in z-Richtung haben, werden bei der Stauchung energiereicher, alle anderen energieärmer. Bei der Streckung ist es umgekehrt. Somit wird die energetische Entartung der Übergänge zwischen den t_{2g}- und den e_g-Orbitalen aufgehoben, es kann eine Vielzahl von Übergängen stattfinden.

Ligandenfelder von Komplexen anderer Geometrien

In Komplexen mit nichtoktaedrischen Geometrien findet die energetische Aufspaltung der fünf d-Orbitale ebenfalls entsprechend der räumlichen Anordnung der Liganden statt. Das folgende Schema skizziert diese Aufspaltung in Abhängigkeit von verschiedenen Geometrien:

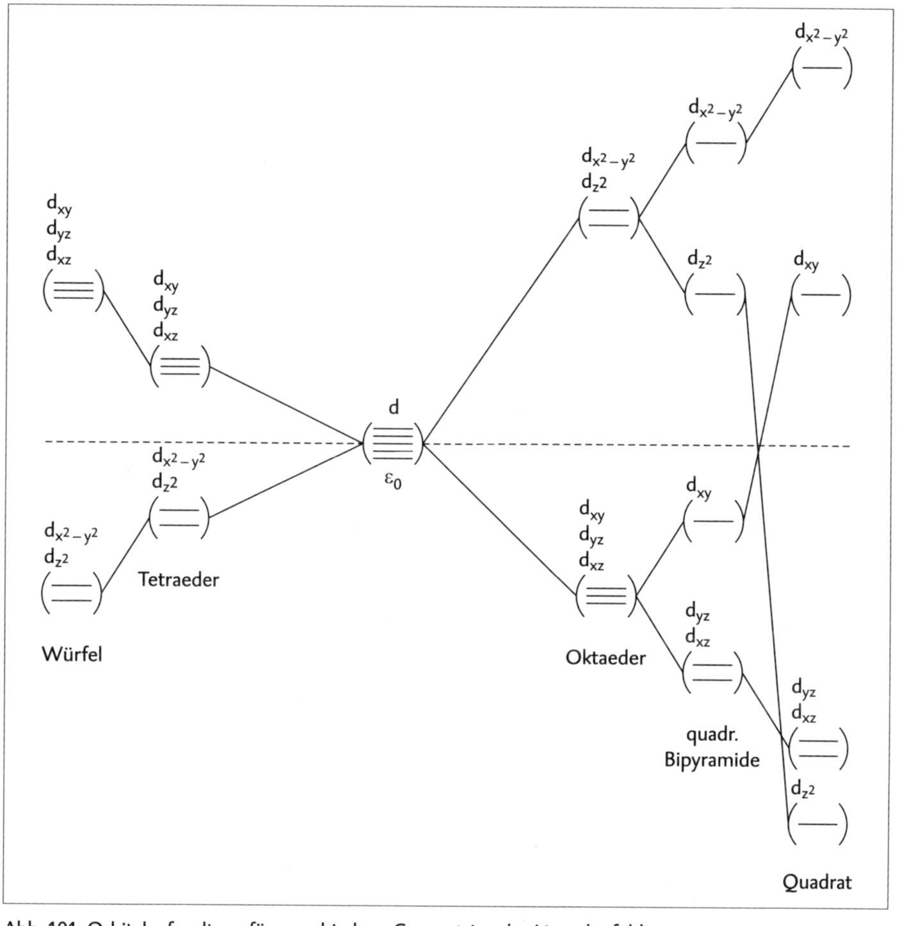

Abb. 101: Orbitalaufspaltung für verschiedene Geometrien des Ligandenfeldes.

5.9 High-spin- und low-spin-Systeme

Wie zuvor beschrieben, besetzt ein einzelnes d-Elektron im oktaedrischen $[Ti(H_2O)_6]^{3+}$-Komplex das t_{2g}-Orbital. Betrachtet man nun aber ein System mit vier d-Elektronen, so können in Gegenwart eines oktaedrischen Ligandenfeldes zwei verschiedene Elektronenkonfigurationen realisiert werden.
Im oberen Teil a der folgenden Abbildung besetzt ein Elektron ein energetisch höher liegendes e_g-Orbital, die energetisch günstigeren t_{2g}-Orbitale sind jeweils einfach besetzt:

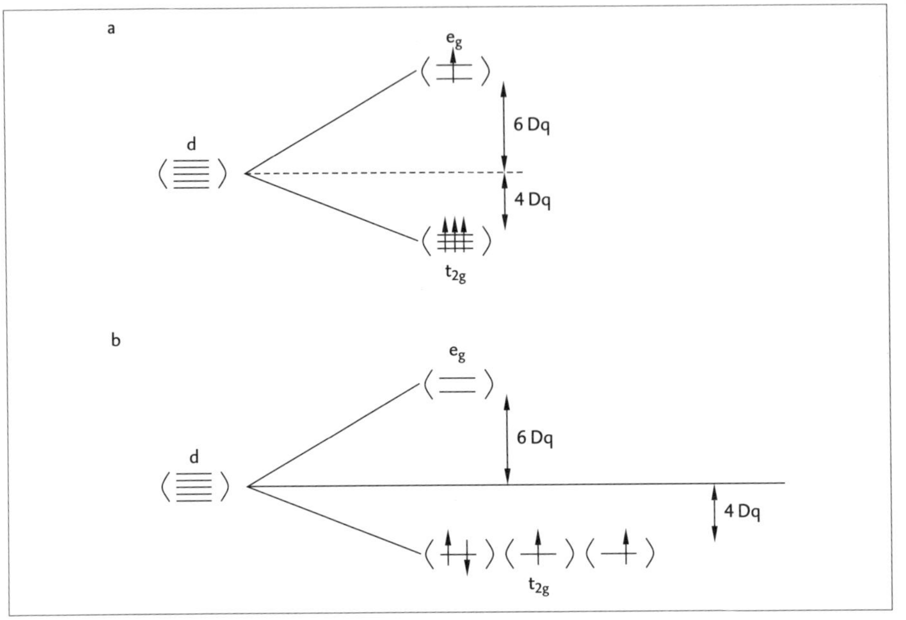

Abb. 102: High-spin- (oben) und low-spin-System (unten).

In der unteren Darstellung b besetzten zwar alle Elektronen die energetisch günstigeren t_{2g}-Orbitale, energetisch ungünstig hingegen wirkt sich die doppelte Besetzung eines der t_{2g}-Orbitale aus, da hier Abstoßungskräfte zwischen den Elektronen zum Tragen kommen. Anders ausgedrückt heißt das: **Spinpaarungsenergie** muss aufgewendet werden, um das vierte Elektron in ein bereits einfach besetztes Orbital zu „pressen", andererseits wird mehr **Ligandenfeld-Stabilisierungsenergie** frei gesetzt, als bei einfacher Besetzung der beteiligten Oribitale. Das in Abbildung 102 oben gezeigte System nennt man „high-spin"-, das untere „low-spin-System" (siehe S. 109).

Ob ein high-spin- oder ein low-spin-System energetisch günstiger ist, hängt ab vom Verhältnis zwischen **Spinpaarungsenergie** und **Ligandenfeld-Stabilisierungsenergie** ab.

Die Größe der Ligandenfeldaufspaltung bestimmt also, ob der high-spin- oder der low-spin-Komplex energetisch günstiger ist. Die Energie von 10 Dq ist abhängig von der Ladung und Ordnungszahl des Zentralions und von der Natur der Liganden. Ordnet man die Liganden nach ihrer Fähigkeit, die d-Orbitale aufzuspalten, so erhält man die so genannte **spektrochemische Reihe**:

$CO \sim CN^- > en > NH_3 > H_2O > OH^- > F^- > Cl^- > I^-$

CN^--Ionen etwa erzeugen ein starkes Ligandenfeld mit einer entsprechend starken Aufspaltung der d-Niveaus, sie bilden daher v. a. low-spin-Komplexe. Vergleicht man die beiden Komplexe $[Co(NH_3)_6]^{2+}$ und $[Co(NH_3)_6]^{3+}$, also den Co^{2+}- mit dem Co^{3+}-Komplex, so stellt man fest, dass ersterer ein high-spin-, letzterer ein low-spin-Komplex ist, obwohl in beiden das Ammoniak-Molekül als Ligand auftritt. Die Ligandenfeldaufspaltung Δ ist abhängig von der Ladung des Zentralions. Je größer diese ist, umso größer ist auch Δ:

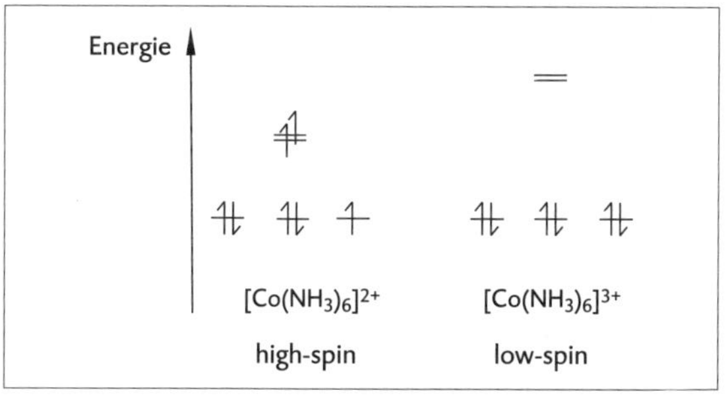

Abb. 103: Ligandenfeldaufspaltung für verschiedene Ladungen des Zentralions.

High-spin- und low-spin-Komplexe lassen sich experimentell aufgrund ihres verschiedenen magnetischen Moments unterscheiden, das auf der unterschiedlichen Multiplizität beruht. Durch den Spin der Elektronen entstehen elektrische Kreisströme, die – ebenso wie Spulen – ein Magnetfeld erzeugen. Die magnetischen Feldlinien können ein von außen angelegtes Magnetfeld verstärken (**Paramagnetismus**) oder abschwächen (**Diamagnetismus**).

Je größer die Zahl der ungepaarten Elektronen ist, desto ausgeprägter ist der Paramagnetismus. Dieser ist bei high-spin-Komplexen größer als bei low-spin-Komplexen.

5.10 Spiegelbildisomerie in Komplexen

Als **Spielgelbildisomerie** bezeichnet man das Phänomen, das auftritt, wenn sich zwei Verbindungen wie Bild und Spiegelbild zueinander verhalten. Ein geläufiges Beispiel zur Veranschaulichung der Spiegelbildisomerie ist der Vergleich unserer rechten und linken Hand: Aufgrund ihrer „spielgelbildlichen Gleichheit“ lassen sich beide Hände nicht zur Deckung bringen. Tritt dies bei Molekülen auf, so bezeichnet man diese als enantiomer, die Isomere selbst, die sich wie Bild und Spiegelbild verhalten, als **Enantiomere**.

In der folgenden Abbildung sind die Spiegelbildisomere des Komplexes $[CoCl_2(en)_2]^+$ dargestellt, das „Viertelkreis-Segment“ symbolisiert je einen Ethylendiamin-Liganden (kurz: „en“):

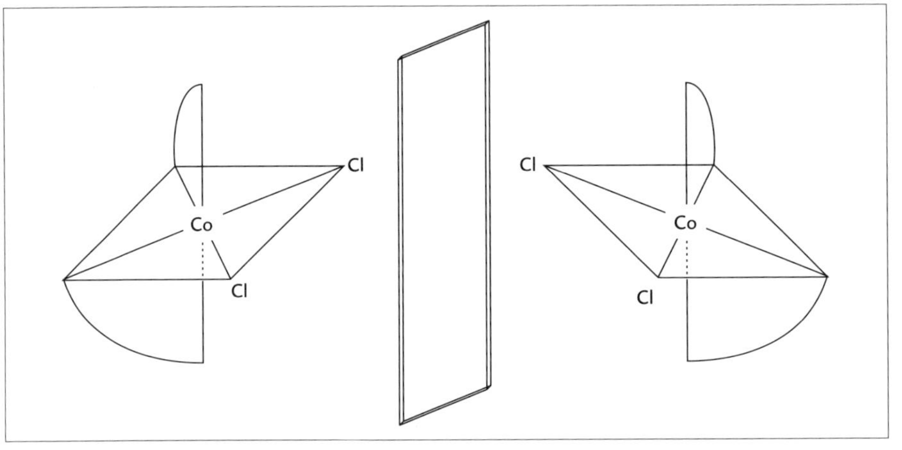

Abb. 104: Zwei Spiegelbildisomere (Enantiomere). In der Mitte liegt die Spiegelebene.

Man hat festgestellt, dass die enantiomeren Formen die Ebene von linear polarisiertem Licht beeinflussen. Um dies zu verstehen, muss man sich zunächst über einige Eigenschaften des Lichts klar werden: Licht lässt sich als elektromagnetische Welle beschreiben, die sich mit Lichtgeschwindigkeit im Raum ausbreitet. Die elektromagnetische Welle kann als ein elektromagnetisches Feld aufgefasst werden, das durch zwei Feldvektoren beschrieben werden kann, einen elektrischen und einen senkrecht dazu stehenden, magnetischen Feldvektor. Bei nicht-polarisiertem Licht, z. B. dem Licht der Sonne oder dem einer normalen Glühlampe, schwingt der elektrische Feldvektor in allen Ebenen des Raumes senkrecht zur Ausbreitungsrichtung. Bei linear polarisiertem Licht schwingt der elektrische Feldvektor nur in einer Ebene senkrecht zur Ausbreitungsrichtung.
Lässt man linear polarisiertes Licht einen Polfilter passieren, so transmittiert das Filter das Licht je nach Drehwinkel unterschiedlich stark, lässt also unterschiedlich viel Licht hindurch. Wie die folgende Abbildung zeigt, wird bei paralleler Stellung des Polfilters, symbolisiert durch zwei Gitterstäbe, das gesamte Licht durch das Filter gelangen, steht der Polfilter hingegen senkrecht zum elektrischen Feldvektor des Lichts, so absorbiert der Polfilter das gesamte Licht. Im Falle von zirkular polarisiertem Licht wird nur der lineare Anteil hindurchgelassen, man kann also mithilfe eines Polfilters aus zirkular polarisiertem Licht linear polarisiertes Licht erzeugen:

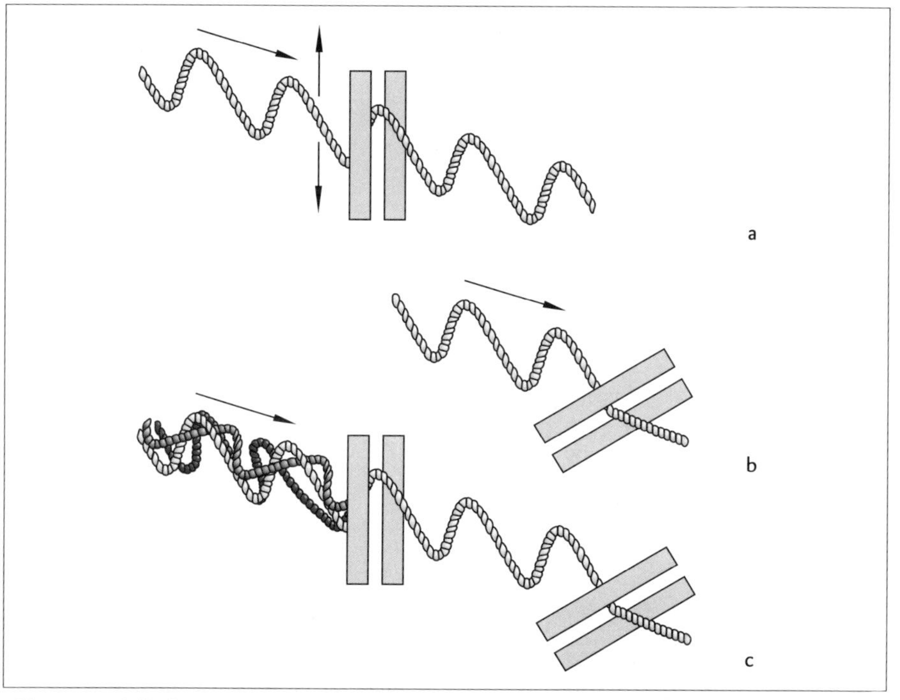

Abb. 105: Modellhafte Darstellung zur Polarisation des Lichts. a: linear polarisiertes Licht bei senkrechter Stellung des Polfilters; b: linear polarisiertes Licht bei waagrechter Stellung des Polfilters: vollständige Absorption; c: zirkular polarisiertes Licht wird zunächst linear-polarisiert, anschließend vollständig absorbiert.

Linkszirkular polarisiertes Licht besitzt beim Durchgang durch ein optisch aktives Medium einen anderen Brechungsindex als rechtszirkular polarisiertes Licht, d. h. beide Komponenten laufen unterschiedlich schnell durch das Medium. Damit ist auch das Maß ihrer Absorption unterschiedlich.

Untersucht man zwei verschiedene, enantiomere Moleküle, so stellt man fest, dass sich diese gegenüber z. B. rechtszirkular polarisiertem Licht unterschiedlich verhalten. Die molare Extinktion der Moleküle, d. h. ihr Absorptionsverhalten, ist verschieden. Dies nennt man den **Cotton-Effekt**.

Die Differenz zwischen der molaren Extinktion ε_r für rechtszirkular polarisiertes Licht und ε_l für linkszirkular polarisiertes Licht wird „**Zirkulardichroismus**" (CD) genannt. Diese Größe wird zur Bestimmung der Konformation optisch aktiver Moleküle verwendet.

COTTON zeigte, dass der Wert des Zirkulardichroismus von der Wellenlänge des verwendeten Lichts abhängig ist. Die Differenz $\varepsilon_r - \varepsilon_l$ für ein Paar enantiomerer Moleküle A und B ist außerdem gleich groß, der Wert unterscheidet sich nur im Vorzeichen:

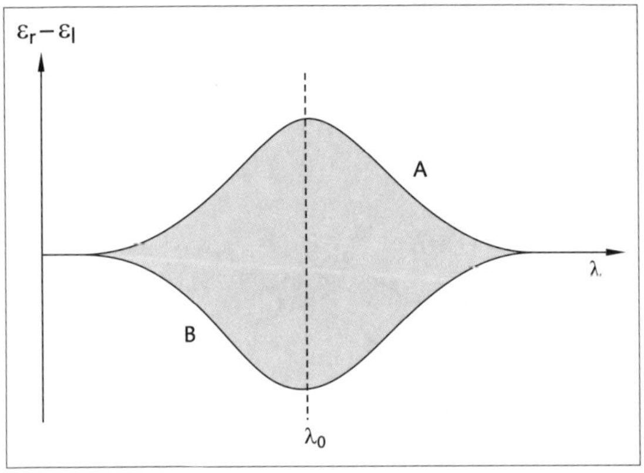

Abb. 106: Schematische Darstellung des Zirkulardichroismus (CD). λ_0 ist die Stelle maximaler Absorption von A und B.

Anstelle der Differenz der Extinktionen wird manchmal auch die Änderung des Drehwinkels gegen die Wellenlänge des Lichtes verwendet. Dies wird als „**optische Rotationsdispersion**" (ORD) bezeichnet. Die folgende Abbildung zeigt das ORD- und das CD-Spektrum zweier enantiomerer Mangankomplexe. Man erkennt, dass die Summe der Extinktionsdifferenzen für alle Wellenlängen gerade Null ergibt:

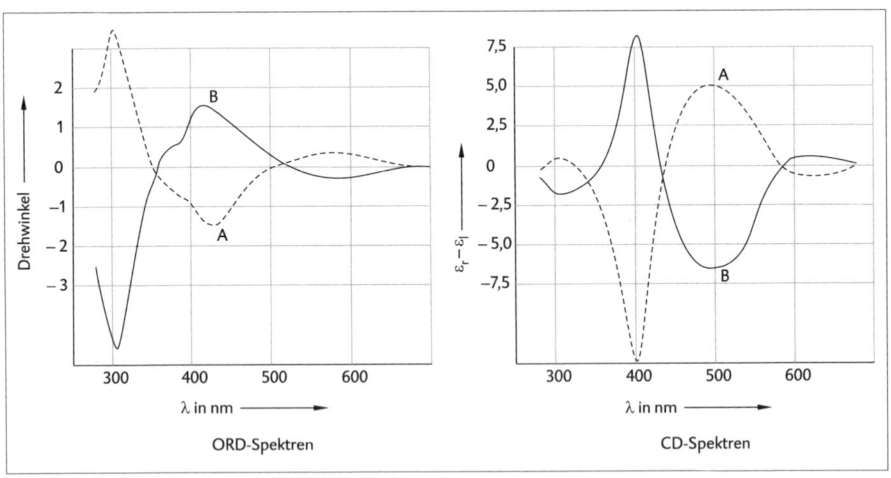

Abb. 107: Optische Rotationsdispersion (ORD; links) und Zirkulardichroismus (CD; rechts) von zwei enantiomeren Manganverbindungen.

5.11 Stabilität und Reaktivität von Komplexen

Die Bildung und der Zerfall von Komplexverbindungen sind Gleichgewichtsreaktionen, auf die sich das Massenwirkungsgesetz anwenden lässt. Dies kann am Beispiel der Bildung des Silberdiammin-Komplexes dargestellt werden.

Beispiel

$$Ag^{+} + 2\,NH_3 \rightleftharpoons [Ag(NH_3)_2]^{+}$$

$$K = \frac{c([Ag(NH_3)_2]^{+}}{c(Ag^{+}) \cdot c^2(NH_3)}$$

Die Konstante K, die man experimentell etwa mithilfe einer Konzentrationskette und der mathematischen Beziehung $\ln K = -z \cdot F \cdot \text{EMK}$ (z = Zahl der übertragenen Elektronen, F = Faraday-Konstante) ermitteln kann, ist ein Maß für die Stabilität des Komplexes, man nennt sie auch **Stabilitätskonstante**. Daneben findet man in der Literatur auch den Kehrwert der Konstante K, der als **Dissoziationskonstante** β bezeichnet wird.

Je größer die Konstante K ist, umso stabiler ist ein Komplex.

Kleine Werte für K dagegen kennzeichnen Komplexe, die in wässriger Lösung wenig stabil sind.
In der folgenden Tabelle sind die Stabilitätskonstanten ausgewählter Komplexe zusammengestellt:

Komplex	K	$-\lg K$
$[Ag(NH_3)_2]^{+}$	$1 \cdot 10^{-7}$	7
$[Ag(CN)_2]^{+}$	$1 \cdot 10^{-21}$	21
$[Co(NH_3)_6]^{3+}$	$1 \cdot 10^{-35}$	35
$[Cu(NH_3)_4]^{2+}$	$1 \cdot 10^{-13}$	13
$[Fe(CN)_6]^{3-}$	$1 \cdot 10^{-31}$	31
$[Fe(CN)_6]^{4-}$	$1 \cdot 10^{-24}$	24

Tab. 13: Stabilitätskonstanten.

Maskierung von Ionen

Auf den geschilderten Stabilitätsunterschieden bauen zahlreiche quantitative Untersuchungsmethoden auf. So bilden in neutraler und schwach saurer wässriger Lösung sowohl Eisen(III)- wie auch Cobalt(II)-Ionen intensiv gefärbte Thiocyanatokomplexe. Beide Reaktionen eignen sich gut als **Nachweisreaktionen**. Liegen jedoch Eisen(III)- und Cobalt(II)-Ionen nebeneinander vor, so würde die blaue Farbe des Cobaltkomplexes durch die tiefrote Farbe des Eisenkomplexes überdeckt werden. Gibt man Fluoridionen zu dem Gemisch, so bildet sich der farblose Hexafluoroeisen(III)-Komplex, weil dieser stabiler ist als der Eisenthiocyanatokomplex. Beim Cobalt ist es umgekehrt: Hier ist der Thiocyanatokomplex stabiler als der Fluorokomplex. In Gegenwart von Fluorid bleibt also der Eisen-Nachweis mit Thiocyanat aus. Man sagt, die Eisen(III)-Ionen werden durch die Fluoridionen „**maskiert**".

Ligandenaustauschreaktionen

Bei Ligandenaustauschreaktionen bildet sich immer der stabilere Komplex. Nacheinander versetzt man eine Silbernitratlösung, in der Ag^+ und NO_3^--Ionen enthalten sind, mit folgenden Lösungen:

1. Natronlauge
2. Ammoniaklösung
3. Kaliumbromid-Lösung
4. Natriumthiosulfat-Lösung
5. Natriumiodid-Lösung

Man stellt fest, dass sich zuerst das schwer lösliche Silberhydroxid bildet:

$$Ag^+ + OH^- \longrightarrow 2\,AgOH$$

Dieses löst sich bei Ammoniakzugabe wieder auf, es ensteht der stabilere Silberdiamminkomplex:

$$AgOH + 2\,NH_3 \longrightarrow [Ag(NH_3)_2]^+ + OH^-$$

Danach fällt Silberbromid aus, das durch den Silberthiosulfatokomplex wieder gelöst wird:

$$[Ag(NH_3)_2]^+ + Br^- \longrightarrow AgBr + 2\,NH_3$$

$$AgBr + 2\,S_2O_3^{2-} \longrightarrow Ag(S_2O_3)_2]^{3-} + Br^-$$

Da das Löslichkeitsprodukt von Silberiodid kleiner ist als die Komplexdissoziationskonstante des Silberthiosulfatokomplexes, fällt zuletzt Silberiodid aus:

$$[Ag(S_2O_3)_2]^{3-} + I^- \longrightarrow AgI + 2\,S_2O_3^{2-}$$

Entropische Betrachtungen

Ein Komplex ist umso stabiler, d. h. die Komplexbildungskonstante K ist umso größer, je höher der so genannte „**Entropieeffekt**" ist.

Unter dem **Entropieeffekt** versteht man das Phänomen, dass eine chemische Reaktion aus thermodynamischer Sicht günstig ist, wenn im Verlauf der Reaktion die Anzahl der Teilchen zunimmt.

Dieses soll anhand zweier Cadmiumkomplexe verdeutlicht werden: Versetzt man eine wässrige Cadmiumnitrat-Lösung im Überschuss einmal mit Methylamin (CH_3NH_2), das andere Mal mit Ethylendiamin (en), so bilden sich die in den folgenden Gleichungen dargestellten Aminkomplexe, es kommt auch hier zu einem Ligandenaustausch:

$$[Cd(H_2O)_4]^{2+} + 4\,CH_3NH_2 \rightleftharpoons [Cd(CH_3NH_2)_4]^{2+} + 4\,H_2O$$

$$[Cd(H_2O)_4]^{2+} + 2\,en \rightleftharpoons [Cd(en)_2]^{2+} + 4\,H_2O$$

Die Bildung des $[Cd(en)_2]^{2+}$-Komplexes ist der zuvor genannten Definition des Entropieeffektes entsprechend thermodynamisch begünstigt, weil sich in diesem Fall die Anzahl der Teilchen von drei auf fünf erhöht. Bei der Bildung des $[Cd(CH_3NH_2)_4]^{2+}$-Komplexes ändert sich die Anzahl der Teilchen dagegen nicht. In der folgenden Tabelle sind die entsprechenden thermodynamischen Daten gegenübergestellt:

Komplex	ΔH^0 in $kJ \cdot mol^{-1}$	$\lg K$	ΔG^0 in $kJ \cdot mol^{-1}$	ΔS^0 in $J \cdot K^{-1} \cdot mol^{-1}$
$[Cd(CH_3NH_2)_4]^{2+}$	−57,3	6,52	−37,2	−67,3
$[Cd(en)_2]^{2+}$	−56,5	10,6	−60,7	+14,1

Tab. 14: Thermodynamische Daten der Cadmiumkomplexe für $T = 295$ K.

Man erkennt anhand dieser Daten, dass die Bildung des Ethylendiamin-Komplexes trotz ähnlicher Standardreaktionsenthalpien thermodynamisch günstiger ist als die des Methylenamin-Komplexes. Die **Entropieänderung** ΔS^0 lässt sich aus der Änderung der **Reaktionsenthalpie** (ΔH^0), der Komplexbildungskonstante K, der Temperatur T in Kelvin und der allgemeinen Gaskonstante R bestimmen:

$$\Delta S^0 = \frac{\Delta H^0 - \Delta G^0}{T} = \frac{\Delta H^0 + R \cdot T \cdot \ln K}{T}$$

Mehrzähnige Liganden und Chelate

Der strukturelle Unterschied zwischen den Liganden Methylamin und Ethylendiamin besteht darin, dass bei Methylamin nur ein Atom pro Molekül mit dem Zentralteilchen koordiniert ist, beim Ethylendiamin sind es jedoch zwei, Ethylendiamin wird daher als **zweizähniger** Ligand bezeichnet. Die folgende Abbildung zeigt dies für die beiden oktaedrischen Nickelkomplexe $[Ni(en)_3]^{2+}$ und $[Ni(CH_3NH_2)_6]^{2+}$:

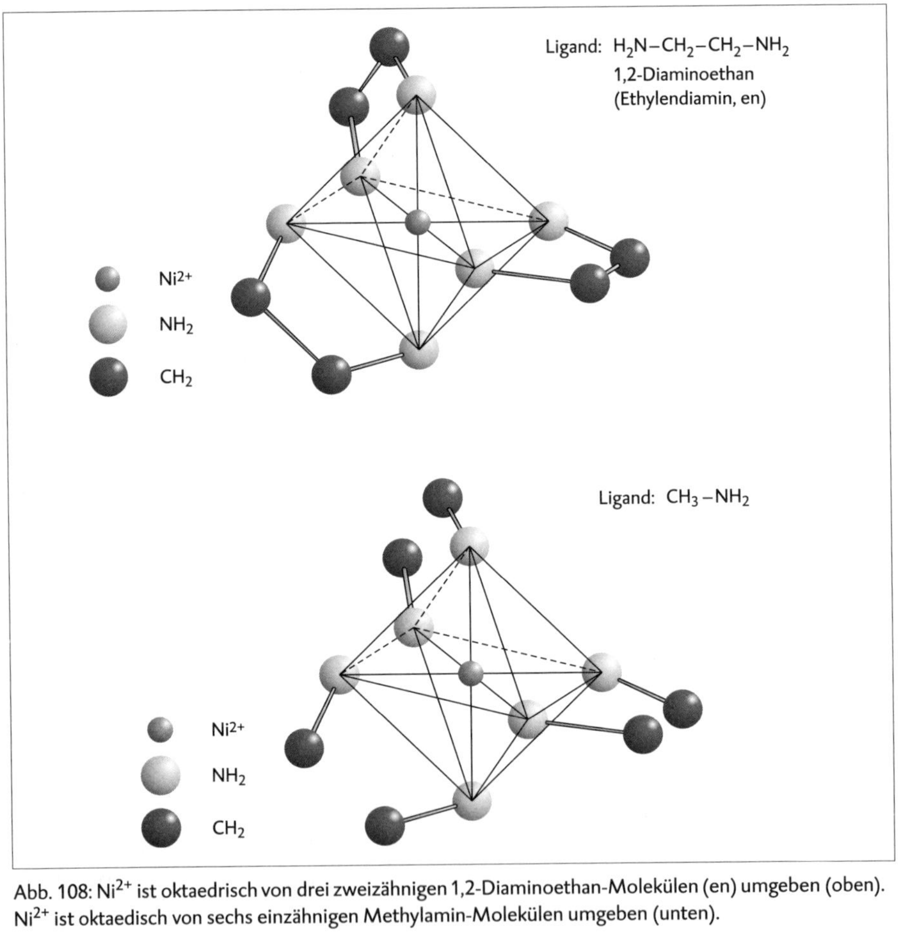

Abb. 108: Ni^{2+} ist oktaedrisch von drei zweizähnigen 1,2-Diaminoethan-Molekülen (en) umgeben (oben). Ni^{2+} ist oktaedisch von sechs einzähnigen Methylamin-Molekülen umgeben (unten).

Komplexe, an deren Bau mehrzähnige Liganden beteiligt sind, nennt man **Chelate.** Dieser Begriff ist vom griechischen Wort *chele* = „Krebsschere" abgeleitet.

Im Experiment kann man zeigen, dass bei der Zugabe von 1,2-Diaminoethan (en) zum Hexaaminnickel(II)-Komplex die sechs Ammoniak-Liganden durch drei en-Liganden ersetzt werden, obwohl in beiden Fällen Stickstoffatome mit dem Nickelion verbunden sind. Der stabilere Chelatkomplex bildet sich in einer Ligandenaustauschreaktion (siehe S. 120).

Den Effekt der Stabilisierung eines Komplexes durch Bildung eines Chelats nennt man „**Chelateffekt**".

Der Chelateffekt zeigt sich eindrucksvoll bei der so genannten „**Phasentransferkatalyse**": Violettes Kaliumpermanganat löst sich sehr gut in Wasser, in organischen Lösungsmitteln wie Dichlormethan hingegen schlecht. Die Zugabe von Dichlormethan zu wässriger Kaliumpermanganat-Lösung führt zur Entstehung zweier nicht miteinander mischbarer Phasen, Kaliumpermanganat verbleibt auch beim Schütteln in der wässrigen Phase. Gibt man eine Spatelspitze des in der organischen Phase gut löslichen Kronenethers **18-Krone-6** hinzu, so werden die Kaliumionen vom Kronenether komplexiert und „wandern" in die organische Phase. Aus Gründen der Elektroneutralität folgt das Permanganation nach, wodurch sich die organische Phase violett verfärbt. Auf diese Art ist es möglich, ein organisches Molekül mit Permanganationen zu oxidieren.

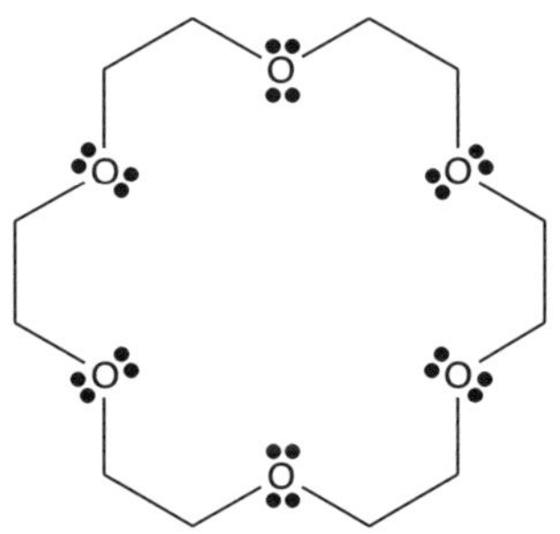

Abb. 109: Der Kronenether 18-Krone-6: Das Molekül enthält 18 C-Atome und sechs O-Atome.

5.12 Anwendung und Vorkommen komplexer Verbindungen

Anwendung in der chemischen Analytik

Die Bildung von Chelaten spielt in der analytischen Chemie eine besondere Rolle. So lassen sich Nickelionen als himbeerroter und schwerlöslicher Dimethylglyoxim-Nickelkomplex quantitativ durch Gravimetrie nachweisen. Dimethylglyoxim ist ein zweizähniger Ligand.

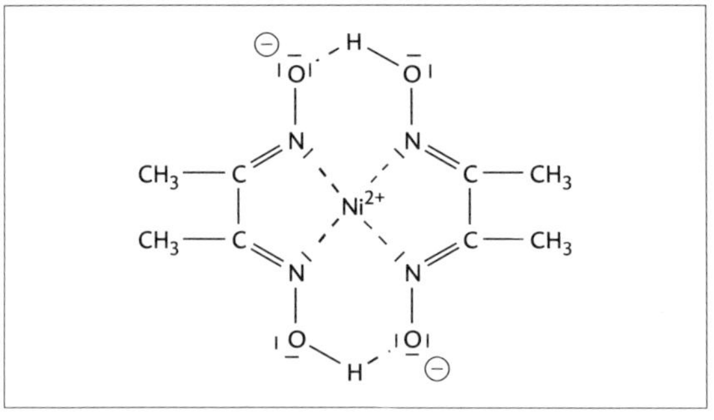

Abb. 110: Dimethylglyoxim-Nickelkomplex (Ni-Hdmg-Komplex oder $[Ni(Hdmg)_2]$).

Aufgrund ihrer hohen Stabilität spielen Chelate auch bei komplexometrischen Titrationen („**Komplexometrie**") eine große Rolle, etwa bei der Bestimmung der Konzentration von Metallionen. Zu diesem Zweck wird sehr häufig der sechszähnige Ligand Ethylendiamintetraessigsäure (**EDTA**) verwendet, dessen gut wasserlösliches Natriumsalz Na_2H_2edta, das unter dem Namen „Titriplex III®" bekannt ist, sehr stabile, farblose Komplexe mit zweiwertigen Metallionen wie Mg^{2+}, Ca^{2+}, Cu^{2+}, Ni^{2+} und Zn^{2+} bildet:

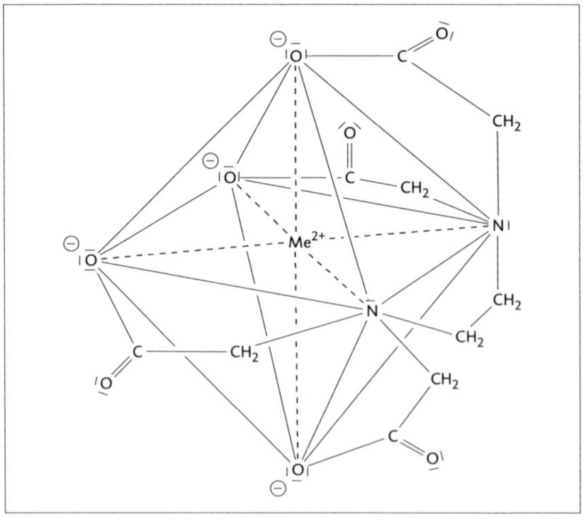

Abb. 111: EDTA-Komplex mit zweiwertigem Metallion Me^{2+}.

Zur Bestimmung der Ionen titriert man die zu untersuchende Lösung mit Titriplex bekannter Konzentration. Als **Indikator** verwendet man eine Verbindung, die mit den Metallionen einen farbigen Komplex bildet, der allerdings weniger stabil sein muss, als der zwischen den untersuchten Ionen und den EDTA-Molekülen. Am Endpunkt der Titration verschwindet die Farbe, da der dann vorliegende EDTA-Metallion-Komplex farblos ist.

Anwendungen in der Medizin

Auch in der **Medizin** spielen Komplexe eine große Rolle: So hilft $Na_2CaEDTA$ z. B., um bei einer Vergiftung Schwermetalle zu komplexieren. Dies geschieht durch Verdrängung der Ca^{2+}-Ionen im Komplex durch die im Körper des Patienten vorhandenen Schwermetallionen. Die komplexe Verbindung, die das Schwermetall enthält, wird anschließend ausgeschieden.

„Morbus Wilson“ ist eine relativ seltene Erkrankung des Kupferstoffwechsels. Unbehandelt führt die Krankheit zum Tod. Normalerweise wird der größte Teil der aus der Nahrung ausgenommenen Kupferionen über die Leber und den Darm, ein kleinerer Teil auch über die Niere ausgeschieden. Aufgrund einer Störung der Kupferionen-Ausscheidung können sich die Ionen in der Leber und in anderen Organen anreichern. Als Standardtherapie gilt bereits seit über 50 Jahren die Gabe von Penicillamin. Das D-Penicillamin bildet mit Cu^{2+}-Ionen stabile Komplexe, die über die Niere ausgeschieden werden:

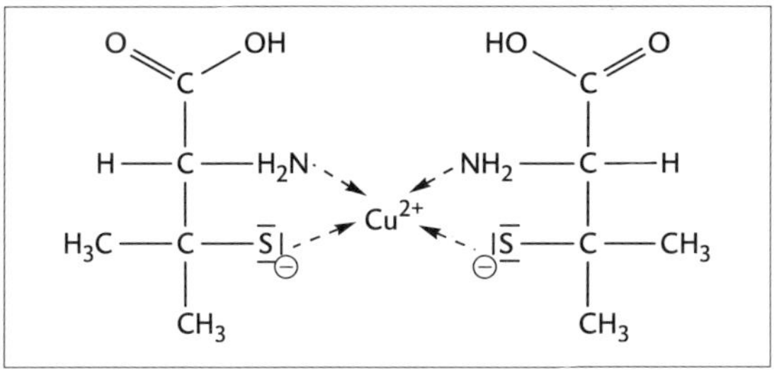

Abb. 112: Der D-Penicillamin-Kupfer-Komplex.

Der Erfolg der Behandlung lässt sich an der erhöhten Ausscheidung von Kupferionen über den Urin ablesen.

1965 entdeckte der amerikanische Physiker ROSENBERG von der MICHIGAN STATE UNIVERSITY, dass *Escherichia coli*-Bakterien in einer Ammoniumchlorid-Nährlösung, an die mittels Platinelektronen eine elektrische Spannung angelegt wurde, ohne Zellteilung bis zu ihrer 300-fachen Länge anwuchsen. In der Lösung wurde die in der folgenden Abbildung 113 links gezeigte Komplexverbindung identifiziert.

Im Verlauf der folgenden Jahren wurden mehrere Tausend Pt-Komplexverbindungen mit dem Ziel synthetisiert, ein Mittel zu finden, dass das unkontrollierte Zellwachstum, etwa in **Tumoren** unterbinden kann. So stellte man fest, dass cis-$Pt(NH_3)_2Cl_2$ auf das Wachstum von Tumoren hemmend wirkt, die entsprechende trans-Form hingegen nicht:

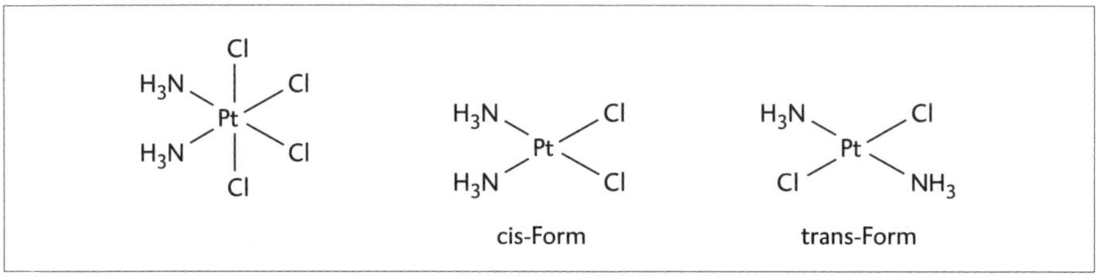

Abb. 113: Platinkomplexe: Links der von Rosenberg identifizierte, in der Mitte und rechts die beiden Stereoisomeren von $Pt(NH_3)_2Cl_2$.

Moderne Pt-Komplexverbindungen sind relativ gut verträgliche Medikamente. Zudem haben sie deutlich weniger toxische Nebenwirkungen als die ersten Präparate dieser Art.

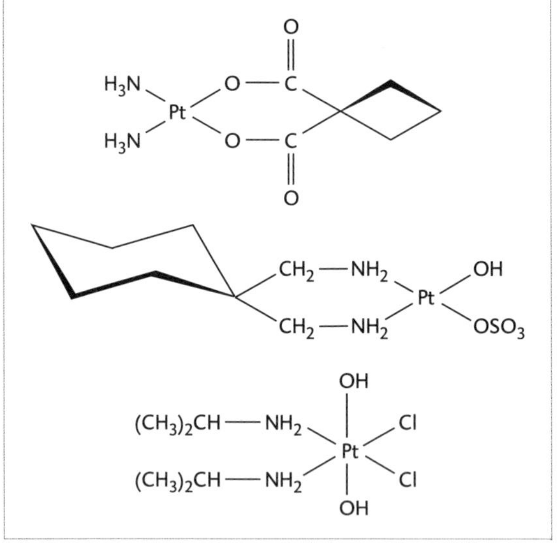

Abb 114: Drei moderne, hochwirksame Platinverbindungen zur Hemmung des Tumorwachstums.

Anwendung in Waschmitteln

Härtebildner im Wasser sind Hydogencarbonate, Sulfate und Chloride von Magnesium- und Calciumionen. Eine hohe Wasserhärte verhindert beim Waschvorgang eine vollständige Benetzung der Textilien. In so genannten „**Vollwaschmitteln**" ist Pentanatriumtriphosphat ($Na_5P_3O_{10}$) enthalten, der mehrzähnige Ligand $P_3O_{10}{}^{5-}$ bildet mit Calcium- und Magnesiumionen stabile Komplexe, sodass keine schwer wasserlöslichen Kalkseifen und auch kein Calciumcarbonat („Kalkstein") entstehen können. Phosphate wurden in den letzten Jahren zunehmend durch Na-Al-Silicate, so genannte „**Zeolithe**" ersetzt. Dies sind Verbindungen mit definierten Hohlräumen in der Molekülstruktur, in denen Calcium- bzw. Magnesiumionen gebunden und mit dem Waschwasser entfernt werden.

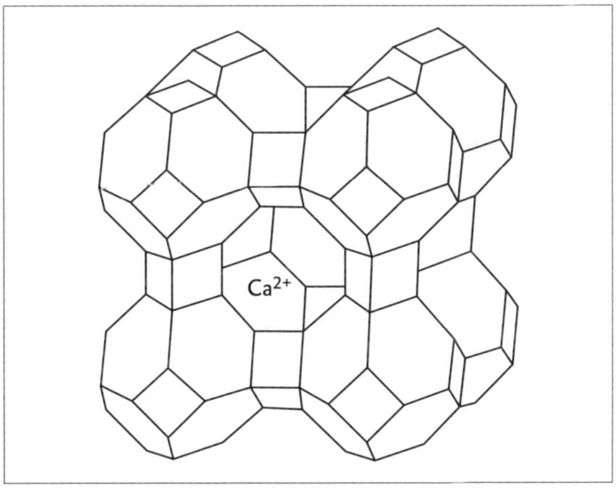

Abb. 115: Zeolith mit einem Calciumion im Hohlraum.

Anwendung in der Fotografie

Ein fotografischer Film besteht aus feinverteiltem Silberbromid (AgBr) in einer Matrix aus Gelatine. Bei Belichtung findet eine fotochemische Spaltung der AgBr-Moleküle in Ag und Br_2 statt. Die entstandenen „Silberkeime" werden anschließend vergrößert („entwickelt"). Die Auflösung derjenigen AgBr-Moleküle, die nicht vom Licht getroffen wurden, geschieht mit Thiosulfationen, die in der Lage sind, das schwer wasserlösliche Silberbromid zu lösen:

$$AgBr + 2\,S_2O_3{}^{2-} \longrightarrow [Ag(S_2O_3)_2]^{3-} + Br^-$$

Anwendung bei der Metallgewinnung

Silber und Gold lassen sich durch Komplexbildung aus Erzen herauslösen. Dazu werden die Metalle an der Luft oxidiert und mit einer wässerigen Cyanidlösung komplexiert. Anschließend wird Zinkstaub zugegeben:

$$4\,Au + 8\,CN^- + 2\,H_2O_2 + O_2 \longrightarrow 4\,[Au(CN)_2]^- + 4\,OH^-$$

$$2\,[Au(CN)_2]^- + Zn \longrightarrow [Zn(CN)_4]^{2-} + 2\,Au$$

Aluminium wird aus dem Aluminiumerz Bauxit gewonnen. Der Aufschluss gelingt mit Natronlauge, da sich der in der Lauge lösliche Tetrahydroxoaluminat-Komplex $[Al(OH)_4]^-$ bildet (siehe S. 100), aus dem dann Aluminiumoxid, anschließend Natriumhexafluoroaluminat ($Na_3[AlF_6]$) gebildet wird.

Komplexverbindungen in der Natur

Transport und kurzzeitige Speicherung von Sauerstoff geschieht durch das Blut. Das in den Erythrocyten enthaltenen **Hämoglobin** enthält eine metallhaltige Wirkgruppe, die Hämgruppe. Diese Komplexverbindung besteht aus einem zentralen Eisenion und vier Porphyrinringen als Liganden. Strukturell ähnlich aufgebaut sind die **Chlorophylle**, die grünen Blattfarbstoffe. Hierin ist ein Mg^{2+}-Ion von Porphyrinringen umgeben:

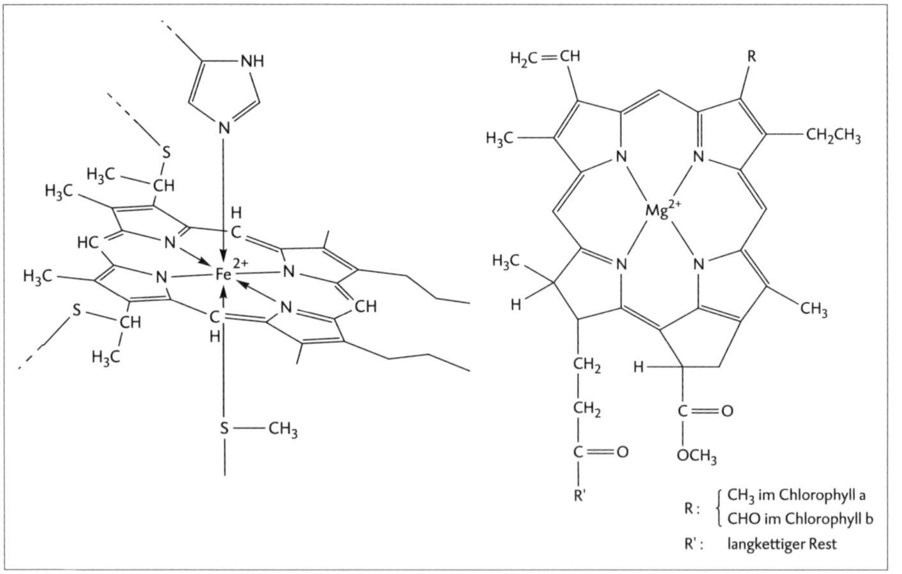

Abb. 116: Porphyrinsystem der Hämgruppe (die angedeuteten Aminosäurereste gehören zum gebundenen Proteinanteil; links) und der Chlorophylle (rechts).

Zusammenfassung

1. Materie besteht aus kleinsten Teilchen, die verschiedenen Gesetzmäßigkeiten unterworfen sind, etwa dem **Gesetz von der Erhaltung der Masse**, dem **Gesetz von den konstanten Proportionen** und dem **Satz von Avogadro**.
2. Verschiedene Atommodelle wie das **Rutherford'sche Kern-Hülle Modell**, das **Bohr'sche Atommodell**, die **de Broglie-Theorie** und das **Orbitalmodell** sowie die Deutung verschiedener Experimente wie das zum „Schwarzen Strahler", der Franck-Hertz-Versuch, die Compton Streuung, der Fotoeffekt und Moseleys Untersuchung der K-Kantenabsorption erweiterten in der ersten Hälfte des 20. Jahrhunderts das Wissen über den Atombau.
3. Eine genauere, quantenmechanische Betrachtung von Atomen wird mit der Lösung der **Schrödinger-Gleichung**, der Bewegungsgleichung für die Elektronen im Atom, möglich. Diese sind, entsprechend der **Heisenberg'schen Unschärferelation**, nicht lokalisierbar, sondern befinden sich je nach ihrer Energie in verschiedenen **Orbitalen**.
4. Die Schödinger-Gleichung ist nur für wenige Systeme wie das **Wasserstoffatom exakt** lösbar. Bei Atomen mit mehreren Elektronen bedient man sich verschiedener **Näherungsverfahren**.
5. Die Energie eines Elektronen ist durch die drei **Quantenzahlen** n, ℓ und m sowie durch den **Spin** s eindeutig bestimmt.
6. Bei Atomen mit mehreren Elektronen gilt das **Pauli-Prinzip**, nach dem es in einem Atom keine zwei Elektronen geben darf, die in allen vier Quantenzahlen identisch sind.
7. Das **Periodensystem der Elemente** spiegelt die Gesetzmäßigkeiten des atomaren Aufbaus und der physikalischen Eigenschaften der Elemente wider. Die chemischen Elemente werden nach ihrer **Protonenzahl** geordnet, eine neue Periode beginnt mit der nächst größeren **Hauptquantenzahl** *n*.
8. Ionisierungsenergie, Elektronenaffinität und Atom- und Ionenradius können aus der Stellung eines Elements im Periodensystem nur indirekt erschlossen werden.
9. Es gibt mehrere Arten der chemischen Bindung:
   - Die **Ionenbindung**, bei der ein oder mehrere Valenzelektronen von einem Element zu seinem Bindungspartner wechseln.
   - Die **Atombindung**, bei der sich die Bindungspartner desselben Elements, wie etwa bei Wasserstoff (H_2), die Valenzelektronen exakt „teilen".
   - Die **polare Atombindung**, etwa bei CCl_4, bei der die Valenzelektronen zwar ebenfalls beiden Bindungspartner zuzuordnen, aber entsprechend der Elektronegativität der an der Bindung beteiligten Atome verschoben sind.
   - Die **Wasserstoffbrückenbindung**, die zustande kommt, wenn elektropositiv polarisierte Wasserstoffatome mit einem freien Elektronenpaar eines negativ polarisierten Atoms in Wechselwirkung treten.

- Die **van-der-Waals-Kräfte**, bei der der Zusammenhalt der Atome und Moleküle durch induzierte Dipole erklärt werden kann.
- Die **metallische Bindung**, bei der die Elektronen sich wie ein Gas zwischen den Atomrümpfen bewegen.

10. Die **räumliche Struktur** von Molekülen kann mithilfe des Elektronenpaarabstoßungsmodells (**VSEPR-Modell**) von Gillespie und Nyholm erklärt werden.
11. Nach der Theorie der **Quantenmechanik** kombinieren je zwei Atomorbitale der an der chemischen Bindung beteiligten Atome zu zwei **Molekülorbitalen**, eines mit bindendem und eines mit antbindendem Charakter. Die Elektronen werden den **Hund'schen Regeln** entsprechend in die Molekülorbitale gefüllt.
12. Sind Atomorbitale der an der chemischen Bindung beteiligten Atome energetisch ähnlich, dann können sich diese „mischen", es bilden sich **Hybridorbitale**. Ein Beispiel hierfür ist die Bildung des Methanmoleküls (CH_4), bei dem das s-Orbital des Kohlenstoffs mit den drei p-Orbitalen zu vier **sp^3-Hybridorbitalen** kombiniert.
13. **Festkörper** können kristallin oder ungeordnet sein. Kristalline Stoffe besitzen eine **Nah- und eine Fernordnung**. Ungeordnete Feststoffe wie **Glas** besitzen nur eine Nahordnung.
14. Es gibt **sieben verschiedene Kristallsysteme** mit kubischer, tetragonaler, orthorhombischer, monokliner, trikliner, hexagonaler und rhomboedrischer Elementarzelle.
15. Es gibt 14 verschiedene Anordnungsmöglichkeiten der Atome oder Moleküle in den sieben verschiedenen Elementarzellen, also **14** so genannte **Bravais-Gittertypen**.
16. Der energetische Zustand und die elektrische Leitfähigkeit von **Leitern, Halbleitern und Isolatoren** lässt sich mithilfe des **Energiebändermodells** erklären. So besitzen Metalle keinen, Halbleiter eine mittleren und Nichtmetalle einen großen energetischen Abstand zwischen **Valenz- und Leitungsband**.
17. **Halbleiter** (Elemente aus der 4. Hauptgruppe) lassen sich **p- bzw. n-dotieren**. Ihre Eigenschaft als Halbleiter wird dadurch verbessert.
18. **Komplexe** sind chemische Verbindungen, die aus einem **Zentralteilen**, das neutral oder geladen sein kann, und **Liganden** bestehen. Diese sind in unterschiedlicher Geometrie um die Zentralteilchen angeordnet.
19. Die chemische Bindung der Komplexe wurde erstmals durch die **18-Elektronen-Regel** gedeutet. Diese Theorie wurde durch die **Ligandenfeldtheorie** abgelöst, nach der die an der Bindung beteiligten fünf 3 d-Orbitale je nach Geometrie des Ligandenfeldes in unterschiedlicher Art **energetisch aufgespalten** werden.
20. Aufgrund der teilweise sehr großen Stabilität von Komplexen, insbesondere der **Chelate**, werden diese in der **chemischen Analytik** und in der **Medizin** verwendet.

Kernchemie

Ein Brennelement, das aus einer Vielzahl von Kernbrennstäben besteht, wird in den Reaktorkern (Core) eingeführt, der von einer meterdicken Betonhülle umgeben ist.

1 Radioaktivität

1.1 Die Entdeckungsgeschichte der Radioaktivität

Henri BECQUEREL entdeckte im Jahr 1896 bei Fluoreszenzuntersuchungen zufällig, dass von Uranverbindungen eine unsichtbare Strahlung ausgeht, die in der Lage ist, Luft zu ionisieren, eine fotografische Platte durch die Verpackung hindurch zu schwärzen und Leuchtstoffe zur Lumineszenz anzuregen. Marie und Pierre CURIE erforschten 1898 zwei weitere strahlende Elemente, Radium und Polonium, die sie aus der Pechblende isolierten. Ebenfalls im Jahr 1898 entdeckte SCHMIDT die Radioaktivität des Thoriums.

Abb. 117: Antoine Henri BECQUEREL (1852–1908).

Als **Radioaktivität** bezeichnet man die Eigenschaft bestimmter chemischer Elemente, **Strahlung** auszusenden.

Die Wissenschaftler RUTHERFORD, CURIE, BECQUEREL und VILLARD stellten um das Jahr 1900 fest, dass radioaktive Strahlung nicht einheitlich ist, sondern in **drei Strahlungsarten** unterteilt werden kann. Sie erkannten auch, dass diese drei Strahlungsarten Materie unterschiedlich gut durchdringen können, von dieser also verschieden gut **abgeschirmt** werden. Experimente zur **Ablenkbarkeit** radioaktiver Strahlung im elektrischen und magnetischen Feld ergaben für die verschiedenen Typen radioaktiver Strahlung verschieden starke Ablenkungen in unterschiedliche Richtungen (siehe S. 134).
Zusammen mit Becquerel erhielt das Ehepaar Curie 1903 den Nobelpreis für Physik für ihre Arbeit auf dem Gebiet der Radioaktivität. Acht Jahre später wurde Marie Curie außerdem mit dem Nobelpreis für Chemie ausgezeichnet. In jahrelanger, mühevoller Arbeit hatte sie aus mehreren Tonnen Pechblende ein Zehntelgramm Radiumchlorid isoliert, aus dem sie Radium gewann.
1913 formulierten SODDY und FAJANS die **Verschiebungsgesetze** des radioaktiven Zerfalls (siehe S. 135 ff.).

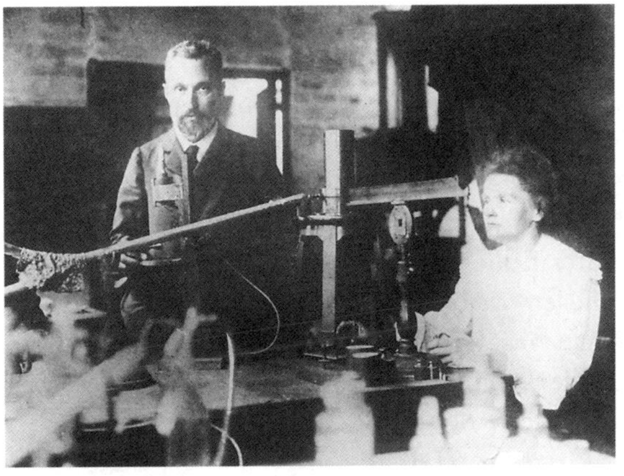

Abb. 118: Marie und Pierre CURIE, aufgenommen im Labor um 1900.

1.2 Wirkungen der radioaktiven Strahlung

Die von einem radioaktiven Präparat ausgehende radioaktive Strahlung kann beim Durchgang durch umgebende Materie Atome anregen oder sogar ionisieren. Dies ist die Ursache für die mess- und beobachtbaren Wirkungen radioaktiver Strahlung:

- **Luminiszenz:** Radiumpräparate leuchten in der Luft blau, was auf die Anregung von Stickstoffmolekülen zurückzuführen ist. Sehr schwach radioaktive Präparate können nur leicht anregbare Substanzen wie Zinksulfid zum Leuchten bringen. Angewendet wird diese Eigenschaft radioaktiver Substanzen z. B. in Leuchtziffern von Uhren mit Auflage einer dünnen Schicht aus Zinksulfid und einer schwach radioaktiven Substanz.
- **Ionisation:** Gase werden durch radioaktive Strahlung ionisiert und damit elektrisch leitend.
- **Beeinflussung von Silberhalogeniden:** Radioaktive Strahlung bewirkt einen Belichtungseffekt, d. h. dass sich beim Entwickeln die von radioaktiver Strahlung getroffenen Stellen einer fotografischen Platte wie belichtete Stellen schwärzen.
- **Ozonisierung:** Durch radioaktive Strahlung angeregte Sauerstoffmoleküle reagieren mit weiterem Sauerstoff zu Ozon (O_3).
- **physiologische Wirkungen:** Radioaktive Strahlung kann am Zellaufbau beteiligte Moleküle anregen oder ionisieren und die Zellen dadurch schädigen (siehe S. 147 ff.).

1.3 Arten und Eigenschaften radioaktiver Strahlung

Im **magnetischen Feld** lassen sich die einzelnen Komponenten radioaktiver Strahlung auftrennen: Ein Teil wird in die gleiche Richtung wie bewegte positiv geladene Teilchen abgelenkt. Diese Strahlungsart wird als **α-Strahlung** bezeichnet. Dabei handelt es sich um zweifach positiv geladene Heliumkerne. Ein zweiter Teil der Strahlen wird in dieselbe Richtung wie bewegte negativ geladene Teilchen abgelenkt. Dieser Strahlungsanteil wird **β-Strahlung** genannt. Es handelt sich um einfach negativ geladene Elektronen. Zwar tragen Heliumkerne eine doppelt so große Ladung wie Elektronen, dafür sind sie aber um ein Vielfaches schwerer, weshalb α-Strahlung auch erheblich schwächer abgelenkt wird als β-Strahlung. Ein dritter Teil, die so genannte **γ-Strahlung**, wird vom Magnetfeld nicht beeinflusst:

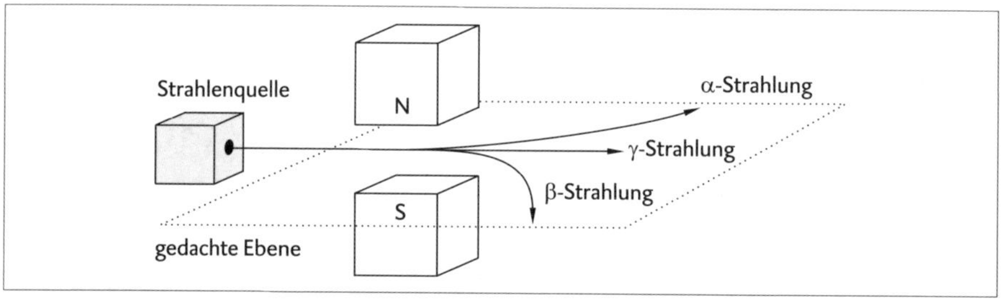

Abb. 119: Beeinflussung radioaktiver Strahlung im Magnetfeld.

Die folgende Tabelle charakterisiert die drei Arten radioaktiver Strahlung:

	α-Strahlung	β-Strahlung	γ-Strahlung
Natur der Strahlung	2-fach positiv geladene Heliumkerne (He^{2+}) **Teilchenstrahlung (korpuskulare Strahlung)**	einfach negativ geladene Elektronen (e^-)	kurzwellige elektromagnetische Strahlung
Ausbreitungsgeschwindigkeit	5 bis 7 % der Lichtgeschwindigkeit	bis zu 99 % der Lichtgeschwindigkeit	Lichtgeschwindigkeit
Reichweite in Luft	bis 9 cm	bis 8,5 m	größte Reichweite
Verhaltensregeln	direkten Körperkontakt vermeiden	direkten Körperkontakt vermeiden	großen Abstand halten
Abschirmung durch ...	ein Blatt Papier	eine dünne Aluminium- oder Bleischicht	Bleiplatten oder andere Materialien hoher Dichte

Tab. 15: Radioaktive Strahlungsarten und ihre Eigenschaften.

In der Regel sendet eine radioaktive Substanz entweder α- oder β-Strahlung aus. Es gibt jedoch einige wenige Atomarten, die beide Strahlungsformen gleichzeitig aussenden. Dabei sendet ein gewisser Prozentsatz der Atome die eine,

der Rest die andere Strahlensorte aus. γ-Strahlung tritt nie alleine, sondern immer als Begleiterscheinung von α- bzw. β-Strahlung auf. Man geht davon aus, dass sich ein Atomkern nach Aussendung eines α- bzw. β-Teilchens in einem **angeregten, energiereichen Zustand** befindet. Bei Rückkehr in den Grundzustand wird die Energiedifferenz als γ-Quant abgegeben (siehe S. 136).
Von radioaktiven Präparaten gehen oft alle drei Strahlungsarten aus, da es sich meist um Gemische verschiedener radioaktiver Substanzen handelt.

1.4 Die radioaktiven Verschiebungsgesetze

Der Ursprung radioaktiver Strahlung

Der Befund, dass die Aussendung radioaktiver Strahlung durch äußere Faktoren wie Druck- oder Temperaturänderungen nicht beeinflusst werden kann, ist ein Indiz dafür, dass es sich nicht um chemische Vorgänge handelt, die per Definition mit Veränderungen in der Elektronenhülle einhergehen. Die Ursache für die Aussendung radioaktiver Strahlung liegt vielmehr im Atomkern.
Radioaktive Atomkerne werden als **Radionuklide** bezeichnet, die durch das Elementsymbol mit vorgestellter Massen- und Kernladungszahl charakterisiert werden. Die Massenzahl *A* gibt die Anzahl der Kernbausteine (**Nukleonen**) an. Sie gibt also Aufschluss darüber, wie viele Protonen und Neutronen den Kern bilden. Die **Kernladungszahl** *Z* ist gleich der Zahl der Protonen im Kern, entspricht also der Ordnungszahl im Periodensystem (siehe S. 32).

Beispiel

Für ein radioaktives Uranatom schreibt man:

$$\begin{matrix}\text{Massenzahl (A):} \\ \text{Kernladungszahl (Z):}\end{matrix}\ {}^{235}_{92}\mathrm{U}$$

Oft wird auch nur die Massenzahl hinter dem Elementsymbol angegeben, dann lautet die Schreibweise verkürzt U 235.

Die Verschiebung beim α-Zerfall

Sendet ein Radionuklid ein α-Teilchen $\left({}^{4}_{2}\mathrm{He} \text{ oder } {}^{4}_{2}\alpha\right)$ aus, so entsteht ein neuer Atomkern mit einer um vier Einheiten kleineren Massenzahl und einer um zwei Einheiten geringeren Kernladungszahl.

Beispiel

Sendet Uran 235 ein α-Teilchen aus, so entsteht Thorium:

$${}^{235}_{92}\mathrm{U} \longrightarrow {}^{231}_{90}\mathrm{Th} + {}^{4}_{2}\alpha$$

Bei kernchemischen Gleichungen müssen die Summen der Massenzahlen (**Nukleonenzahlen**) auf beiden Seiten der Gleichung übereinstimmen. Dasselbe gilt für die Summe der Kernladungszahlen (**Protonenzahlen**).

Am radioaktiven Zerfall ist primär nur der Kern eines Atoms beteiligt. Veränderungen im Kern können sich jedoch sekundär auch auf die **Atomhülle** auswirken, da sich die Elektronenzahl der Protonenzahl im Kern durch Aufnahme oder Abgabe von Elektronen anpassen kann. Nach einem α-Zerfall werden beispielsweise zwei Elektronen aus der Hülle abgegeben. Damit entsteht ein neues Element, das im Periodensystem zwei Stellen weiter links steht als das Ausgangselement, aus dem es hervorgegangen ist. α-Zerfall tritt bei schweren Kernen mit einer Kernladungszahl größer als 83 auf.

Die Verschiebung beim β-Zerfall

Sendet ein Radionuklid ein β-Teilchen $\left({}^{0}_{-1}e;\ \beta^{-}\right)$ aus, so entsteht ein Atomkern mit unveränderter Massenzahl und einer um eins vergrößerten Kernladungszahl. Dies kann beim Zerfall von Actinium 227 beobachtet werden:

$$ {}^{227}_{89}Ac \longrightarrow {}^{0}_{-1}e + {}^{227}_{90}Th $$

Das ausgesandte Elektron stammt auch hier aus dem Kern, nicht aus der Hülle. Es wird gebildet, weil ein **Neutron** des Kerns in ein Proton $\left({}^{1}_{1}p\right)$ und ein Elektron zerfällt, welches dann abgestrahlt wird. Außerdem entsteht ein Elementarteilchen der Ruhemasse 0 und variablen Energiegehalts, ein so genanntes **Antineutrino** $\overline{\nu}$. Im Kern läuft also der folgende Zerfall eines Neutrons ab:

$$ {}^{1}_{0}n \longrightarrow {}^{0}_{-1}e + {}^{1}_{1}p + \overline{\nu} $$

Nach Anpassung der Elektronenzahl an die veränderte Kernladungszahl entsteht durch β-Zerfall ein Element, das im Periodensystem eine Stelle weiter rechts steht als das Ausgangselement.
β-Zerfall tritt v. a. bei Kernen auf, die im Vergleich zur Protonenzahl eine zu hohe Neutronenzahl besitzen. Durch den Zerfall erhöht sich die Protonenzahl, die Neutronenzahl wird kleiner.

Die Verschiebung bei γ-Strahlung

γ-Strahlung wird in Verbindung mit einem α- oder β-Zerfall abgegeben. Es handelt sich um energiereiche **elektromagnetische Strahlung**, die portionsweise („gequantelt"; siehe S. 10) in Form von Photonen abgegeben wird. Bei Aussendung eines γ-Quants ändert sich weder die Massen- noch die Kernladungszahl, der radioaktive Atomkern geht dabei aber von einem energiereicheren, angeregten in einen energieärmeren Zustand über.

1.5 Messung radioaktiver Strahlung

Spinthariskop und Szintillationszähler

Spinthariskop und Szintillationszähler sind Geräte, die die Tatsache nutzen, dass gewisse Stoffe, so genannte Phosphore wie z. B. Zinksulfid, beim Auftreffen radioaktiver Strahlung Lichtblitze (Szintillationen) aussenden.
Beim **Spinthariskop** handelt es sich um einen Metallzylinder, der an einem Ende einen Leuchtschirm, am anderen Ende eine Lupe besitzt. Bringt man eine radioaktive Substanz hinein, so kann man im Dunkeln durch das Okular die entstehenden Lichtblitze beobachten.

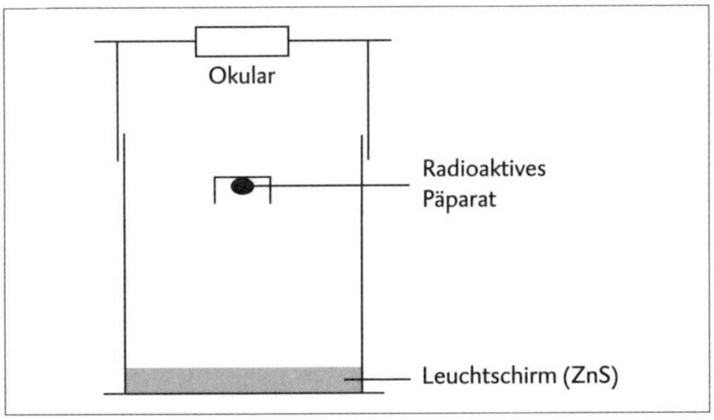

Abb. 120: Schematischer Aufbau eines Spinthariskops.

Allerdings bewirken nur α-Strahlen beobachtbare Szintillationen. Einzelne Elektronen (β-Strahlung) und γ-Strahlung ergeben so schwache Lichtblitze, dass diese vom menschlichen Auge nicht erkannt werden können.
Bei **Szintillationszählern** treffen die Lichtblitze auf eine hochempfindliche Fotozelle und setzen hier Fotoelektronen frei. Diese treffen auf weitere Elektroden K_1, K_2, K_3, ... und setzen dort erneut Elektronen frei. Jeder einzelne Lichtblitz wird dadurch vielfach verstärkt und kann erkannt werden. Man spricht auch von einem „Sekundärelektronen-Vervielfacher". Durch die Verstärkung wird die Empfindlichkeit so weit gesteigert, dass neben α-Strahlung auch β- und γ-Strahlen beobachtet werden können.

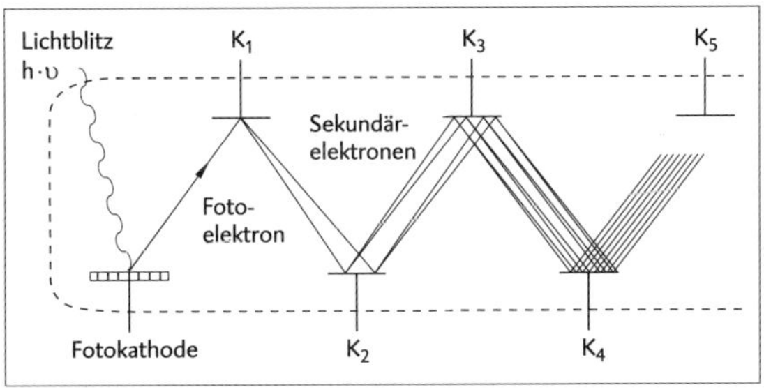

Abb. 121: Funktion eines Sekundärelektronen-Vervielfachers.

Nebelkammer

Gemeinsam ist der Nebelkammer, dem Geiger-Müller-Zählrohr und der Kernspurplatte, dass sie die **ionisierende Wirkung** der radioaktiven Strahlung als Grundlage für den Nachweis nutzen.

Die **Nebelkammer**, deren Seiten und deren Deckplatte aus Glas bestehen, enthält mit Wasserdampf gesättigte Luft, d. h. die bei gegebener Temperatur maximal mögliche Menge an Wasserdampf. Bei niedrigerer Temperatur kann Luft weniger Wasserdampf aufnehmen, als bei höherer. Dann bilden sich Wassertröpfchen („Nebel"), bis der dieser Temperatur entsprechende Sättigungswert wieder erreicht ist. Die Nebelbildung erfolgt an so genannten „**Kondensationskernen**". Dies können Staubteilchen oder eben Ionen sein.

Bei der Wilson-Kammer wird die Abkühlung, die die Übersättigung der Luft zur Folge hat, durch eine plötzliche Volumenvergrößerung, eine adiabatische[17] Expansion, erreicht. Durch Entspannung des Luftinhalts sinkt dessen Temperatur. Tritt nun in die staubfreie Kammer ein ionisierendes Teilchen ein, so erzeugt dieses entlang seiner Flugbahn Ionen, an denen Wassertröpfchen kondensieren. Der Weg des Teilchens wird als **Nebelspur** markiert, die fotografiert werden kann. Bei den stark ionisierend wirkenden α-Teilchen, die zwischen 3 000 und 6 000 Ionenpaare pro mm zurückgelegter Wegstrecke erzeugen können, entstehen sehr deutliche, zusammenhängende Nebelspuren:

Abb. 122: α-Zerfälle in einer Nebelkammer. Ein einzelnes, energiereicheres Teilchen verursacht eine längere Spur. Es stammt aus einem Atom, das sich zum Zeitpunkt des Zerfalls in einem angeregten energetischen Zustand befand.

β-Strahlung wirkt schwächer ionisierend. Sie erzeugt nur vier bis acht Ionenpaare pro mm. Energiereiche Elektronen hinterlassen geradlinige, dünne Spuren. Energieärmere Elektronen werden beim Zusammenstoß mit den Hüllenelektronen der Atome in der Luft von ihrer Bahn abgelenkt. Sie hinterlassen in der Kammer unregelmäßige, nicht zusammenhängende „Nebelflecken".

17 Bei einer adiabatischen Zustandsänderung wird weder (Wärme-)Energie von außen zugeführt, noch nach außen abgegeben.

Geiger-Müller-Zählrohr

Das **Geiger-Müller-Zählrohr** besteht aus einem Metallzylinder, in dem sich – davon isoliert – ein feiner Draht befindet. Zwischen Metallzylinder und Draht liegt eine Spannung von 1 000 bis 2 000 V an, wobei der Zylinder als Kathode, der Draht als Anode fungiert. Das Rohr ist unter vermindertem Druck mit einem Gasgemisch, z. B. aus Argon und Alkoholdampf, gefüllt:

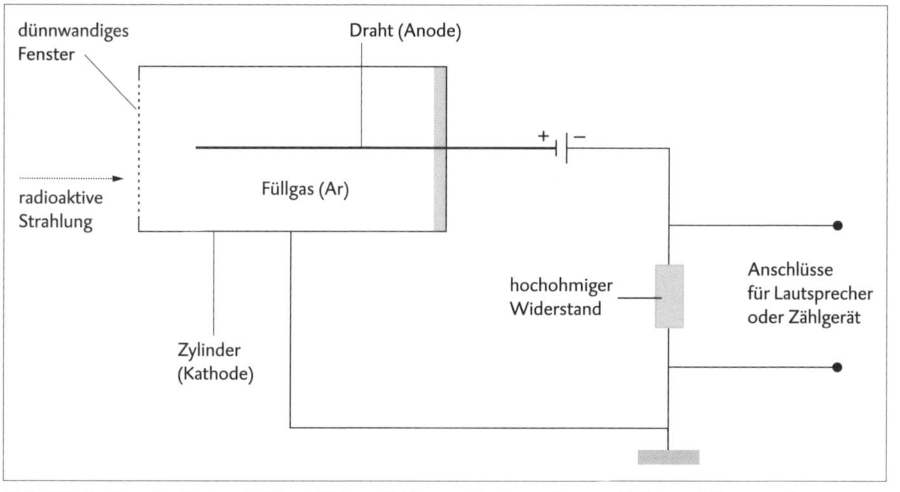

Abb. 123: Aufbau des Geiger-Müller-Zählers, 1913 entwickelt von GEIGER, 1928 von MÜLLER verbessert.

Durch ein Fenster, das aus einer dünnen Metall- oder Glimmerfolie besteht, oder durch eine dünne Stelle der Metallwandung kann radioaktive Strahlung in das Zählrohr eindringen und eine Ionisierung des Füllgases bewirken. Im elektrischen Feld werden die primär erzeugten Elektronen so stark beschleunigt, dass es beim Zusammenstoß mit anderen Atomen des Füllgases zu sekundären Ionisationen kommt. Die Ionen bzw. Elektronen fliegen zu den entgegengesetzt geladenen Elektroden, sodass ein kurzzeitiger Stromstoß erfolgt. Diese Stromstöße können mit einem Lautsprecher hörbar gemacht oder über ein Zählwerk als Impulse registriert werden. Durch den Stromstoß sinkt die Spannung zwischen Anode und Zylinder, die Ionen werden nicht mehr beschleunigt, die Entladung bricht zusammen. Die Zeit, die bis zur Löschung der Ionenlawine vergeht, wird als „Totzeit" bezeichnet. In diesen 10^{-4} bis 10^{-5} Sekunden können keine weiteren ionisierenden Teilchen registriert werden.

Die gemessene Impulsrate hängt wesentlich von der angelegten Spannung ab: Unterhalb der Einsatzspannung kann keine Entladung ausgelöst werden. Erhöht man die Spannung im so genannten „Proportionalbereich", so kann man aus der **Impulsrate** auf die Art der in das Zählrohr eingedrungenen Teilchen schließen. In diesem Spannungsbereich ist die Anzahl der durch Sekundärionisation entstehenden Ionen proportional zur Anzahl primär erzeugter Ionen. Stark ionisierende α-Strahlen erzeugen somit höhere Impulsraten als schwach ionisierende β-Strahlen.

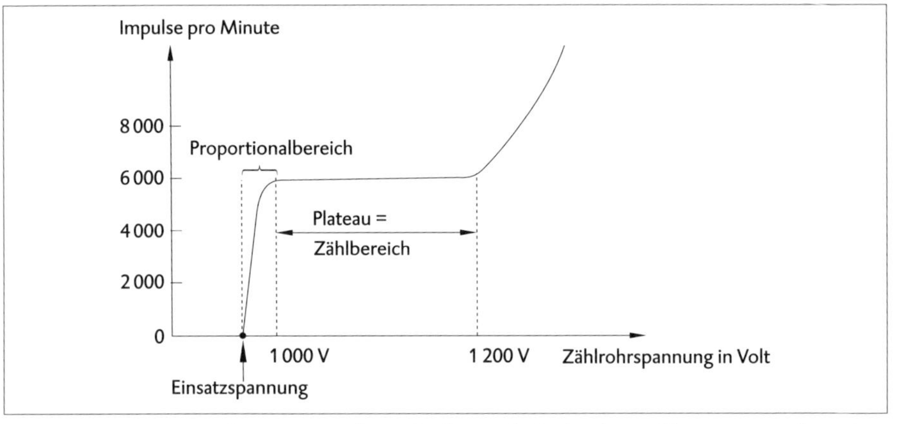

Abb. 124: Spannungsverlauf im Geiger-Müller-Zählrohr („Zählrohrcharakteristik"). Proportionalbereich: Spannungsbereich von der Einsatzspannung bis 1 000 V (Beginn des Zählbereichs).

Wählt man die Spannung noch größer („Auslöse-" oder „Zählbereich"), so ist der Verstärkungsfaktor durch Sekundärionisation so groß, dass alle Teilchen, unabhängig von ihrem primären Ionisationsvermögen, gleichartige Impulsraten liefern, so dass eine Unterscheidung nicht möglich ist und nur die Zahl der Teilchen pro Zeiteinheit gemessen wird. Ein Zählrohr im Auslösebereich spricht auch an, wenn kein radioaktives Präparat vorhanden ist. Dieser „Nulleffekt" wird zum einen durch **terrestrische Strahlung** verursacht, also die Strahlung radioaktiver Stoffe in der Erdkruste, zum anderen durch **Höhenstrahlung**, d. h. durch radioaktive Strahlung aus dem Weltall, die die Atmosphäre durchdringt.

Kernspurplatten

Treffen radioaktive Strahlen die lichtempfindliche Schicht einer fotografischen Platte, so wird das Silberhalogenid in der feinkörnigen, ca. 0,5 – 1 mm dünnen Emulsion zersetzt. Ein Teilchen, das sich etwa parallel zur Oberfläche durch die lichtempfindliche Schicht bewegt, hinterlässt so eine Spur, die nach dem Entwickeln sichtbar wird. Diese Spuren werden unter dem Mikroskop vermessen und ausgewertet. Aus der Länge und der Dicke der Spur kann man Schlüsse auf Art und Energie der Teilchen ableiten.

1.6 Radioaktive Zerfallsgesetze und die Aktivität radioaktiver Stoffe

Ableitung der radioaktiven Zerfallsgesetze

Der radioaktive Zerfall gehorcht statistischen Gesetzmäßigkeiten. Von einer Probe gleichartiger Radionuklide zerfällt in jeder Zeiteinheit ein gleich bleibender Anteil der jeweils noch vorhandenen, unzerfallenen Atome. Die Zerfallsgeschwindigkeit $dN \cdot dt^{-1}$ ist somit proportional der Anzahl N der unzerfallenen Atome. Durch Einführung eines Proportionalitätsfaktors, der **Zerfallskonstante** k, ergibt sich:

$$\frac{dN}{N} = -k \cdot dt, \quad \text{da} \quad \frac{dN}{dt} = -k \cdot N \qquad (1)$$

Da durch den Zerfall die Anzahl der unzerfallenen Atome verkleinert wird, hat der Geschwindigkeitsausdruck ein negatives Vorzeichen. Die Zerfallskonstante k, die ein Maß für die **Zerfallswahrscheinlichkeit** darstellt, ist eine charakteristische Größe für jedes Nuklid.

Aufgrund der statistischen Natur des radioaktiven Zerfalls kann man zwar berechnen, welcher Bruchteil einer großen Anzahl von Atomen in einer bestimmten Zeit zerfällt, man kann aber nichts über die „**Lebensdauer**“ eines einzelnen Atoms voraussagen. Es kann in der nächsten Sekunde oder erst in Tausenden von Jahren zerfallen. Bei einer hinreichend großen Anzahl von Atomen lässt sich lediglich eine Wahrscheinlichkeitsaussage über den zeitlichen Ablauf des Zerfalls machen.

Durch Integration von Gleichung 1 und Umformung erhält man:

$$\int_{N_0}^{N_t} \frac{dN}{N} = -k \int_0^t dt, \quad \text{also} \quad \ln N_t - \ln N_0 = -k \cdot t \quad \text{bzw.} \quad \ln \frac{N_t}{N_0} = -k \cdot t$$

$$\frac{N_t}{N_0} = e^{-k \cdot t}$$

$$N_t = N_0 \cdot e^{-k \cdot t} \qquad (2)$$

Oft wird zur Charakterisierung der Zerfallswahrscheinlichkeit nicht die Zerfallskonstante angegeben, sondern die **Halbwertzeit** $t_{1/2}$.

> Die **Halbwertzeit** eines Radionuklids ist diejenige Zeit, nach der **die Hälfte** der anfänglich vorhandenen Atome noch unzerfallen vorliegt.

Nach Ablauf der Halbwertzeit ($t = t_{1/2}$) gilt:

$$N_t = \frac{1}{2} \cdot N_0$$

Eingesetzt in Gleichung 2 ergibt sich:

$$\frac{N_0}{2} = N_0 \cdot e^{-k \cdot t_{1/2}} \quad \text{oder} \quad \frac{1}{2} = e^{-k \cdot t_{1/2}}$$

$$\ln\frac{1}{2} = \ln e^{-k \cdot t_{1/2}}$$

$$\ln 1 - \ln 2 = -k \cdot t_{1/2} \cdot \ln e \quad \text{mit} \quad \ln 1 = 0;\ \ln e = 1 \quad \text{folgt} \quad -\ln 2 = -k \cdot t_{1/2}$$

$$t_{1/2} = \frac{\ln 2}{k} \approx \frac{0{,}693}{k}$$

$$k = \frac{\ln 2}{t_{1/2}}$$

Setzt man Ausdruck für *k* in Gleichung 2 ein, so erhält man:

$$N_t = N_0 \cdot e^{-\frac{\ln 2 \cdot t}{t_{1/2}}}$$

In der Natur kommen sowohl sehr lange als auch sehr kurze Halbwertzeiten vor. Die extrem langen Halbwertzeiten von Uran 238 mit $4{,}5 \cdot 10^9$ Jahren, Uran 235 mit $7{,}1 \cdot 10^8$ Jahren oder Thorium 232 mit $1{,}4 \cdot 10^{10}$ Jahren haben zur Folge, dass noch lange nicht alle Nuklide zerfallen sind, die seit Entstehung der Erde vor ca. $4{,}5 \cdot 10^9$ Jahren existieren. Im Gegensatz zu diesen sehr langlebigen Radionukliden gibt es auch solche mit extrem kurzen Halbwertzeiten, wie etwa Polonium 212 mit 0,3 µs, oder mittleren Halbwertzeiten, wie Xenon 133 mit 5,3 Tagen:

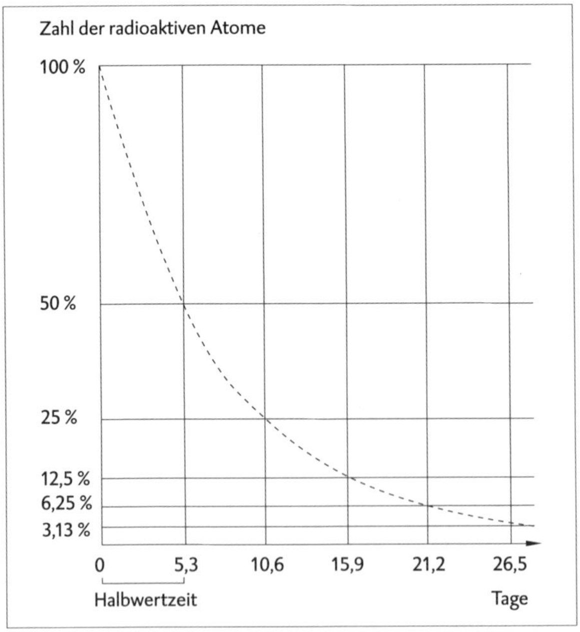

Abb. 125: Das Abklingen der Radioaktivität bei Xenon 133.

Die Aktivität radioaktiver Stoffe

Die **Aktivität** A eines radioaktiven Präparats gibt an, wie viele Teilchen von diesem pro Zeiteinheit ausgesandt werden. Sie ist proportional zur Zahl der noch nicht zerfallenen Atome:

$$A_t = \left| \frac{dN}{dt} \right| = k \cdot N_t$$

$$A_t = k \cdot N_0 \cdot e^{-k \cdot t}$$

$$A_t = A_0 \cdot e^{-\frac{\ln 2 \cdot t}{t_{1/2}}} \qquad (\text{wobei } k \cdot N_0 = A_0)$$

Hierbei bezeichnet A_0 die Aktivität zum Zeitpunkt $t = 0$ und A_t die Aktivität zum Zeitpunkt t.

Die Einheit der Aktivität ist das **Becquerel** [$Bq = s^{-1}$]. Ein Bq entspricht einem Zerfall pro Sekunde. Die ältere Einheit Curie [Ci] entspricht $3{,}7 \cdot 10^{10}$ Bq.

Beispiele

- In Milch ist radioaktives Kalium 40 enthalten. Es verursacht pro Liter Milch ca. 60 radioaktive Zerfälle pro Sekunde. Die Aktivität beträgt also etwa 60 Bq pro Liter Milch.
- Die Elemente Strontium 90 ($t_{1/2} = 28$ a) und Cäsium 137 ($t_{1/2} = 30$ a), die durch den Reaktorunfall in TSCHERNOBYL im Jahr 1986 in großen Mengen in die Atmosphäre gelangten, sind noch heute nachweisbar.

Abb. 126: Blick in den völlig zerstörten Block 4 des ukrainischen Atomkraftwerks Tschernobyl nach der Reaktorkatastrophe am 26. April 1986.

Denn bis die Aktivität z. B. von Cäsium 137 auf 10 % abgesunken ist, müssen 100 Jahre seit der Reaktorkatastrophe vergangen sein:

$$\frac{A_t}{A_0} = e^{-\frac{\ln 2 \cdot t}{t_{1/2}}}$$

$$0{,}1 = e^{-\frac{\ln 2 \cdot t}{t_{1/2}}}$$

$$\ln 0{,}1 = -\ln 2 \cdot \frac{t}{t_{1/2}}$$

Nach t aufgelöst, liefert die Berechnung:

$$t = -\frac{\ln 0{,}1}{\ln 2} \cdot t_{1/2} = -\frac{\ln 0{,}1}{\ln 2} \cdot 30\,\text{a} = 100\,\text{a}$$

1.7 Natürliche Zerfallsreihen

Häufig entsteht beim Zerfall eines Atomkerns ein neuer Atomkern, der wiederum instabil ist, also eine begrenzte mittlere Lebensdauer hat. Der Tochterkern zerfällt ebenfalls, usw. Damit ergibt sich eine so genannte **„Zerfallsreihe"**, die erst beendet ist, wenn ein stabiles Nuklid entsteht.

Beispiel

Die radioaktive Zerfallsreihe von Uran 235 endet beim Blei 207:

$$^{235}_{92}\text{U} \xrightarrow{-\alpha} {}^{231}_{90}\text{Th} \xrightarrow{-\beta} {}^{231}_{91}\text{Pa} \xrightarrow{-\alpha} {}^{227}_{89}\text{Ac} \xrightarrow{-\beta} {}^{227}_{90}\text{Th}$$

$$\xrightarrow{-\alpha} {}^{223}_{88}\text{Ra} \xrightarrow{-\alpha} {}^{219}_{86}\text{Rn} \xrightarrow{-\alpha} {}^{215}_{84}\text{Po} \xrightarrow{-\alpha} {}^{211}_{82}\text{Pb}$$

$$\xrightarrow{-\beta} {}^{211}_{83}\text{Bi} \xrightarrow{-\alpha} {}^{207}_{81}\text{Tl} \xrightarrow{-\beta} {}^{207}_{82}\text{Pb}$$

Da sich in jeder Zerfallsreihe nur bei α-Zerfällen die Massenzahl ändert, gibt es nur vier verschiedene Zerfallsreihen, deren Glieder die Massenzahlen $4n$, $4n+1$, $4n+2$ und $4n+3$ ($n \in \mathbb{N}$) besitzen. In der Natur sind nur noch drei Zerfallsreihen von Bedeutung:

Zerfallsreihe von ...	Anfangsnuklid	stabiles Endnuklid	Massenzahlen der Tochternuklide ($n \in \mathbb{N}$)
Uran-Actinium	$^{235}_{92}\text{U}$	$^{207}_{82}\text{Pb}$	$4n+3$
Uran-Radium	$^{238}_{92}\text{U}$	$^{206}_{82}\text{Pb}$	$4n+2$
Thorium	$^{232}_{90}\text{Th}$	$^{208}_{82}\text{Pb}$	$4n$

Tab. 16: Drei natürliche Zerfallsreihen.

Neben diesen drei Zerfallsreihen, die mit verschiedenen Bleiisotopen enden, gibt es die $(4n+1)$-Reihe, die mit Pu 241 beginnt und mit Bi 209 endet. Sie läuft in der Natur nicht mehr ab, da die Halbwertzeit ihrer Glieder im Vergleich zum Erdalter (10^9 a) zu kurz ist. Sollte Pu 241 bei der Entstehung der Erde existiert haben, so ist es bis heute bereits in das Endglied der Zerfallsreihe übergegangen. Diese Zerfallsreihe wurde erst entdeckt, als es gelungen war, Pu 241 künstlich herzustellen (siehe S. 152 ff.).

Isotope sind Atome mit **gleicher Protonenzahl**, die also zum gleichen Element gehören, die sich jedoch in ihrer **Neutronenzahl** unterscheiden.

1.8 Altersbestimmungen mithilfe natürlicher Radionuklide

Die Uran-Blei-Methode

Für die **Altersbestimmung von Gesteinen** ist der Zerfall von Radionukliden mit hohen Halbwertzeiten geeignet. Uran 238 z. B. hat eine Halbwertzeit von $4{,}5 \cdot 10^9$ a und geht als Anfangsglied der Uranzerfallsreihe in Pb 206 über.
Mit dem Verhältnis aus den ursprünglich vorhandenen (N_0) und den zum Untersuchungszeitpunkt noch vorhandenen Uran 238-Atomen (N_t) lässt sich das Alter eines Gesteins berechnen:

$$N_t = N_0 \cdot e^{-k \cdot t}$$

$$\frac{N_t}{N_0} = \frac{N_U}{N_U + N_{Pb}} = e^{-k \cdot t} \quad \text{bzw.} \quad \ln \frac{N_U}{N_U + N_{Pb}} = -k \cdot t, \text{ wobei } k = \frac{\ln 2}{t_{1/2}} \text{ gilt}$$

$$\ln \frac{N_U}{N_U + N_{Pb}} = -\frac{\ln 2}{t_{1/2}} \cdot t$$

$$t = -\frac{\ln \frac{N_U}{N_U + N_{Pb}}}{\ln 2} \cdot t_{1/2}$$

Gilt etwa für eine Gesteinsprobe $\frac{N_U}{N_U + N_{Pb}} = \frac{2}{3}$, so besitzt sie ein Alter von

$$t = -\frac{\ln \frac{2}{3}}{\ln 2} \cdot 4{,}5 \cdot 10^9 \text{ a} = 2{,}6 \cdot 10^9 \text{ a}$$

Die Anzahl der ursprünglich vorhandenen Uranatome (N_0) ergibt sich dabei als Summe aus den vorhandenen Uranatomen (N_t) und den durch radioaktiven Zerfall des Urans über die Zerfallsreihe gebildeten Bleiatomen. Allerdings werden dabei diejenigen bereits zerfallenen Uranatome nicht berücksichtigt, bei denen der Zerfall noch nicht bis zum Blei 206, dem Endglied der Reihe, fortgeschritten ist.

In der Natur ist nicht alles Blei 206 durch radioaktiven Zerfall entstanden. Blei 206 liegt auch im gewöhnlichen Isotopengemisch des Bleis vor, dort tritt es in einem bestimmten Mengenverhältnis mit den anderen Isotopen Pb 204, Pb 207 und Pb 208 auf. Pb 204 ist kein Endglied einer Zerfallsreihe, was dafür spricht, dass auch Pb 206 nichtradiogenen Ursprungs vorhanden ist. Dieser Anteil lässt sich über das Isotopenverhältnis mithilfe der Menge an Pb 204 berechnen und muss bei der Altersbestimmung von der Gesamtmenge Pb 206 abgezogen werden.

Die Radiokarbonmethode zur Altersbestimmung

Die **Radiokarbonmethode** ist zur Altersbestimmung von kohlenstoffhaltigen Stoffproben geeignet. Der größte Teil des in der Natur vorkommenden Kohlenstoffs besteht aus stabilen $^{12}_{6}$C-Atomen, nur ein geringer Teil aus dem radioaktiven Isotop $^{14}_{6}$C. Das natürliche Verhältnis beträgt $10^{12}:1$. Radioaktives $^{14}_{6}$C wird in den oberen Schichten der Atmosphäre in einem so genannten (n, p)-Prozess gebildet:

$$^{14}_{7}N + ^{1}_{0}n \longrightarrow ^{14}_{6}C + ^{1}_{1}p$$

Kohlenstoff 14 ist ein β-Strahler mit einer Halbwertzeit von 5 730 Jahren:

$$^{14}_{6}C \longrightarrow ^{14}_{7}N + ^{0}_{-1}e$$

Da sich Zerfall und Neubildung von C 14 die Waage halten, ist der radioaktive Anteil an der Gesamtmenge Kohlenstoff konstant. Es kann davon ausgegangen werden, dass sich dieser Gleichgewichtsanteil in den letzten 100 000 Jahren nicht verändert hat. Die spezifische Aktivität der Kohlenstoffmischung liegt bei 16 Zerfällen je Gramm Kohlenstoff in der Minute.

In der Atmosphäre liegt Kohlenstoff im Wesentlichen als Kohlenstoffdioxid-Gas gebunden vor. Auf dem Weg der **Fotosynthese** gelangt das radioaktive Isotop mit C 14-haltigen Kohlenstoffdioxid-Molekülen in Pflanzen und über den Verzehr von Fotosyntheseprodukten in Mensch und Tier. In **lebenden** Organismen, die sich in Fließgleichgewichten mit ihrer Umgebung befinden, ist das Verhältnis $^{12}_{6}$C : $^{14}_{6}$C konstant und entspricht dem der Atmosphäre. Mit dem Tod des Lebewesens verschiebt sich dieses Verhältnis, da kein neuer Kohlenstoff 14 aufgenommen wird, der gebundene aber unter Aussendung von β-Strahlung zerfällt. Zur **Altersbestimmung** misst man die aktuelle C 14-Aktivität und kann mithilfe der Halbwertzeit denjenigen Zeitpunkt berechnen, an dem die Aktivität noch bei 16 Zerfällen pro Gramm Kohlenstoff in der Minute lag. Entsprechend der Halbwertzeit von C 14 lässt diese Methode Altersbestimmungen zwischen 1 000 und 30 000 Jahren zu.

Bei allen zukünftigen Untersuchungen müssen **Störungen des natürlichen Verhältnisses** als mögliche Fehlerquellen berücksichtigt werden. So kann z. B. durch oberirdische Atomwaffenversuche der Anteil an C 14 gesteigert worden sein. Der Anteil an C 12 kann aber auch erhöht sein, z. B. in Funden, die aus stark industrialisierten Regionen stammen. Durch Verbrennung fossiler Brennstoffe, in denen das ursprüngliche C 14 bereits zerfallen ist, liegt der C 12-Anteil dort höher. Um solche Störfaktoren zu reduzieren, wird der C 14-Gehalt der Probe zunächst mit einem empfindlichen Massenspektrometer bestimmt.

1.9 Biologische Strahlenwirkung und Strahlenschutzmaßnahmen

Die unterschiedlichen Dosisbegriffe

Radioaktive Strahlung kann lebende Zellen schädigen, was auf Anregung oder Ionisation von Molekülen zurückzuführen ist. Je mehr Energie durch die Strahlung auf das Gewebe übertragen wird, je mehr Moleküle also angeregt oder ionisiert werden, umso größer ist das Schädigungsrisiko. Die **Energiedosis** D ist definiert als der Quotient aus absorbierter Energie W und Masse m der durchstrahlten Materie:

$$D = \frac{W}{m}$$

Die Energiedosis hat die Einheit $[\mathrm{J \cdot kg^{-1} = Gy}$ („Gray")]. Früher war die Einheit Rad [rd] gebräuchlich ($1\ \mathrm{rd} = 10^{-2}\ \mathrm{Gy}$).

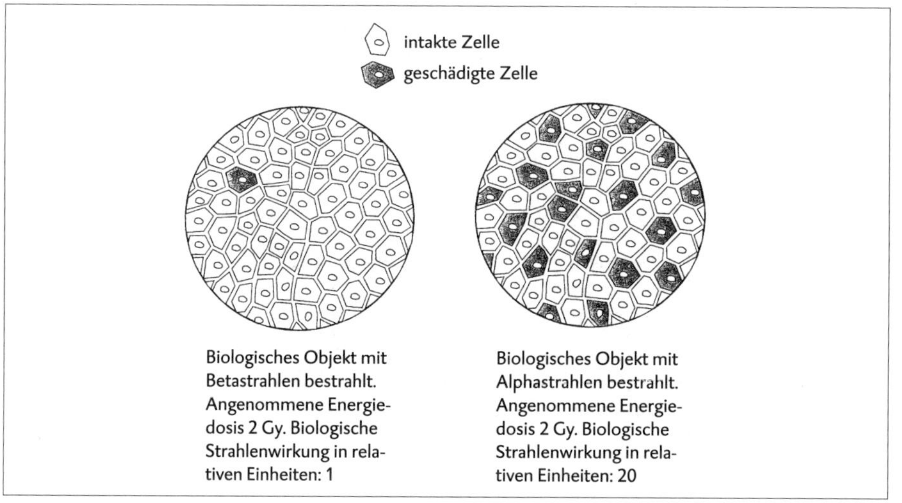

Abb. 127: Bei gleicher Energiedosis $D = 2$ Gy führt α-Strahlung zu einer 20-fach stärkeren Schädigung biologischer Strukturen als β-Strahlung.

Da, wie in Abbildung 127 gezeigt, die verschiedenen Strahlenarten bei gleicher Energiedosis im gleichen Gewebe unterschiedliche biologische Strahlenwirkungen haben, wurde die **Äquivalentdosis** H eingeführt. Dazu wird die Energiedosis mit einem dimensionslosen „Qualitätsfaktor" Q multipliziert, der von der Internationalen Strahlenschutzkommission (ICNIRP) gemäß der unterschiedlichen biologischen Wirksamkeit der Strahlung festgelegt wurde:

$$H = Q \cdot D$$

Diese Festlegung erfolgt so, dass gleiche Äquivalentdosen, unabhängig von der Strahlenart, durch die sie erzeugt werden, gleiche Wirkung auf biologische Systeme entfalten. Die biologische Strahlenwirkung der stark ionisierenden α-Strahlen ist 20-mal stärker als die von β- oder γ-Strahlung, d. h. bei gleicher Energieaufnahme werden Zellen durch α-Strahlen 20-mal stärker geschädigt:

$Q = 1$ für β- und γ-Strahlen

$Q = 20$ für α-Strahlen

Die Äquivalentdosis hat ebenfalls die Einheit $[J \cdot kg^{-1}]$. Für sie verwendet man den Begriff „Sievert" [Sv]. Früher war auch die Einheit [rem] gebräuchlich (1 rem = Q · 1 rd).

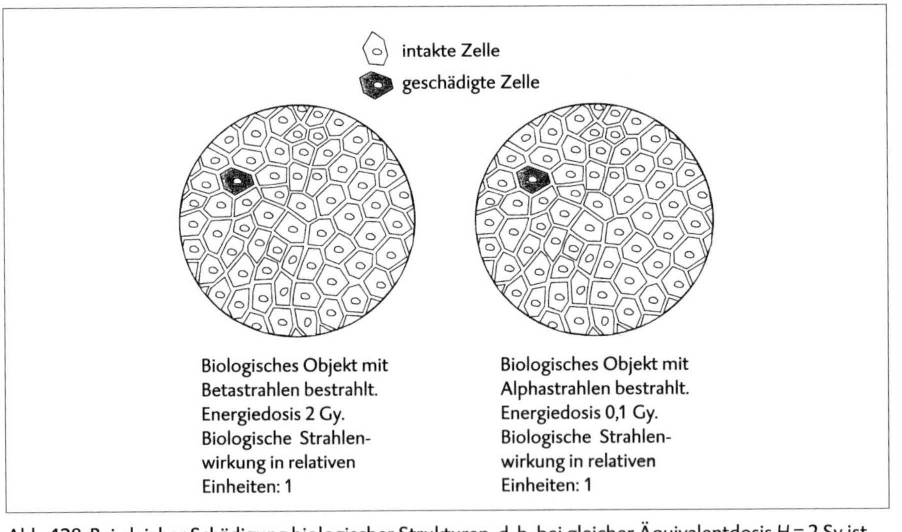

Abb. 128: Bei gleicher Schädigung biologischer Strukturen, d. h. bei gleicher Äquivalentdosis $H = 2$ Sv ist die aufgenommene Energiedosis D für α- und β-Strahlung unterschiedlich hoch (2 bzw. 0,1 Gy).

Die folgende Grafik gibt einen Überblick über die Schäden, die radioaktive Strahlung in **biologischen Systemen** hervorruft:

Einwirkung radioaktiver Strahlung auf Zellen

↓

Anregung oder Ionisation von Molekülen durch absorbierte Strahlenenergie

↓

Veränderungen z. B. an Proteinen, Enzymen, Nukleinsäuren (DNA)

↓

Veränderungen an somatischen bzw. Keimzellen

↙ ↘

nichtstochastische Schäden
(nicht zufallsbedingte Effekte) z. B. Strahlenkrankheit, wobei in Abhängigkeit von der Dosis verschiedene Symptome auftreten können (z. B. Hautrötungen, Übelkeit, Geschwüre, Haarausfall, Veränderungen des Blutbilds)

Trübungen der Augenlinse

Diese Schäden treten auf, wenn eine gewisse Schwellendosis (je nach Gewebe 0,25 – 1 Sv) überschritten wird. Bei überschwelligen Dosen ist die **Schwere des Schadens** der Strahlendosis proportional.

stochastische Schäden
(zufallsbedingte Effekte)

- Krebs
- Leukämie
- Erbschäden bei Nachkommen

Für diese Schäden, die auf einer Schädigung der DNA beruhen, gibt es keinen Schwellenwert.
Die **Häufigkeit der Schäden** ist proportional zur Strahlendosis. Sie können Folge sowohl einer einmaligen hohen Strahlenbelastung, als auch einer längeren schwachen Strahleneinwirkung sein. Krebs und Leukämie können als Spätschäden u. U. erst nach Jahren auftreten. Mutationen im Erbgut der Keimzellen, d. h. Veränderungen der DNA wirken sich erst bei den Nachkommen aus.
Bei kurzzeitiger Ganzkörperbestrahlung von über 7 Sv kommt es zum Strahlentod.

Abb. 129: Mögliche Strahlenschäden in biologischen Systemen.

Strahlenschutz

Das Ziel aller Strahlenschutzmaßnahmen ist, die Belastung der Bevölkerung so niedrig wie möglich zu halten. Mögliche Strahlenschutzmaßnahmen sind:

- **Abstand:** Die Strahlungsleistung P ist umgekehrt proportional zum Quadrat des Abstandes ($P(r) \sim r^{-2}$), d. h. sie nimmt mit zunehmender Entfernung schnell ab. Im doppelten bzw. dreifachen Abstand zur Strahlungsquelle beträgt die Strahlungsleistung nur noch ein Viertel bzw. ein Neuntel ihres ursprünglichen Wertes.

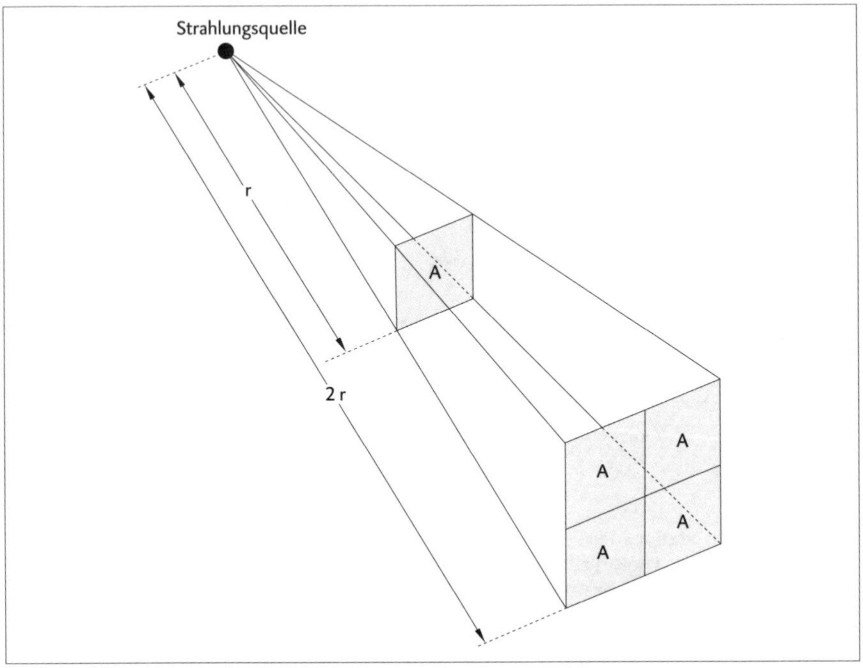

Abb. 130: Abnahme der Strahlungsintensität mit zunehmender Entfernung von einer Strahlenquelle.

In kerntechnischen Laboratorien verwendet man aus diesem Grund Werkzeuge mit langen Griffen. Bei Verwendung eines 1 m langen Griffes lässt sich die Strahlungsleistung um den Faktor 10 000 im Vergleich zu einem 1 cm langen Griff verringern.

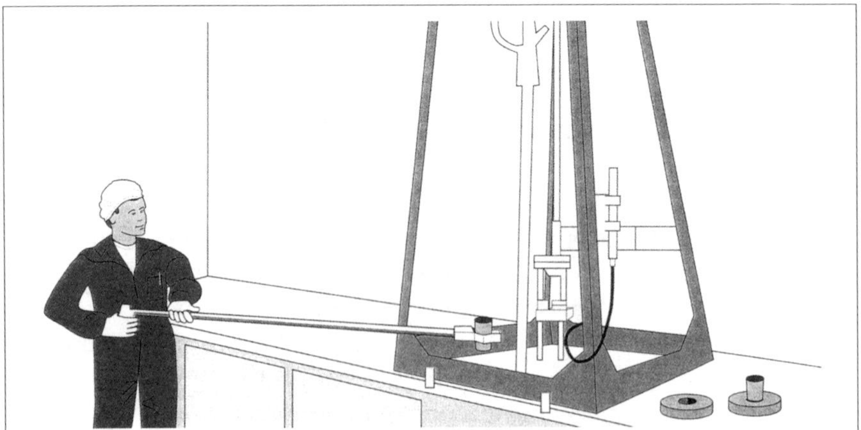

Abb. 131: Strahlenschutz im Labor durch Einsatz einer Zange mit langem Griff.

- **Abschirmung:** Radioaktive Strahlung wird beim Durchgang durch Materie aufgrund von Absorption und Streuung abgeschwächt. Die Wahl geeigneter Materialien, die zur Abschirmung verwendet werden können, hängt von der Natur und der Energie der Strahlung ab. Bei γ-Strahlung handelt es sich um energiereiche elektromagnetische Strahlung, die Materie gut durchdringen kann. Für ihre Abschirmung verwendet man Materialien mit hoher Ordnungszahl und hoher Dichte. Meistens benutzt man Blei, in besonderen Fällen auch Wolfram oder abgereichertes Uran. Da die Bereitstellung dieser Materialien jedoch mit hohen Kosten verbunden ist, spielen sie in der Strahlenschutzpraxis keine bedeutende Rolle. α- und β-Strahlung sind im Vergleich zur γ-Strahlung einfach abzuschirmen. Die Reichweite der α-Strahlung in Luft beträgt nur wenige Zentimeter. Schon ein Blatt Papier reicht aus, um sie fast vollständig abzuschirmen. Zur Absorption von β-Strahlung, deren Reichweite etwas größer ist, verwendet man dünne Aluminiumscheiben. Auch eine 1 mm dünne Bleischicht absorbiert diese Strahlung bereits vollständig. Bei **Castorbehältern**, die zum Transport von abgebrannten Brennelementen oder von hochradioaktivem Material dienen, bestehen die 45 cm starken Außenwände aus Gusseisen.

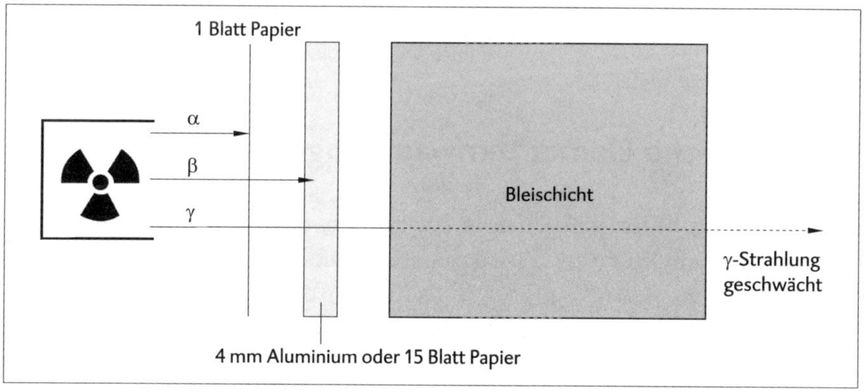

Abb. 132: Möglichkeiten der Abschirmung radioaktiver Strahlung.

- **Verringerung der Bestrahlungszeit:** Die von einer Person aufgenommene Strahlendosis ist der Bestrahlungszeit direkt proportional. Jede Strahlenexposition sollte daher so kurz wie nur möglich dauern.
- **Kontrolle:** Die Belastung strahlenexponierter Personen muss ständig kontrolliert werden. Jede in einem strahlengefährdeten Betrieb arbeitende Person muss ein so genanntes „Dosimeter“ mit sich führen. Dabei handelt es sich um ein Messgerät, welches die Strahlendosis erfasst, der die Person aus-

gesetzt ist. Beim Umgang mit radioaktiven Stoffen sind Vorsichtsmaßnahmen zu treffen, sodass damit radioaktive Stoffe weder eingeatmet noch auf anderen Wegen, z. B. über Wunden, in den Körper gelangen.

- **Schutz von Wasser und Luft:** Aus kerntechnischen Anlagen frei gesetzte Luft oder abgegebenes Wasser darf nicht über eine festgesetzte Höchstgrenze hinaus radioaktiv belastet sein. Die Einhaltung der Vorschriften wird ständig kontrolliert.
- **Sicherheitsvorschriften:** Bei der Planung, dem Bau und dem Betrieb kerntechnischer Anlagen müssen strenge Auflagen erfüllt werden, um das Entweichen radioaktiver Stoffe zu verhindern und das Risiko eines Zwischenfalls so gering wie möglich zu halten.
- **Endlagerung:** Die Endlagerung radioaktiven Abfalls muss so erfolgen, dass dieser nicht in die Biosphäre gelangen kann. Als Lagerstätten kommen daher nur geologisch stabile Gesteinsformationen wie Salzstöcke, Erze oder Granit in Frage. Vor allem Bergwerke oder tiefe Bohrungen eignen sich hierfür. Die Lagerstätte muss so beschaffen sein, dass zum einen durch die Endlagerung keine Gefährdung für das Grundwasser entsteht und zum anderen die vom radioaktiven Material ausgehende Wärme gut abgeleitet werden kann. In Deutschland ist der Salzstock im niedersächsischen GORLEBEN zur Endlagerung verbrauchter Kernbrennstoffe vorgesehen (siehe S. 171 ff.).

2 Künstliche Elementumwandlungen

Die Forschung in der Kernchemie hat gezeigt, dass sich z. B. Quecksilber in Gold verwandeln lässt, wenn auch mit sehr großem Aufwand.

Durch eine **Veränderung der Protonenzahl** kann man chemische Elemente umwandeln.

Eine Elementumwandlung lässt sich durch den Beschuss von Atomkernen mit energiereichen Teilchen erreichen. Die **künstliche Radioaktivität**, die durch **Beschuss** mit geeigneten Teilchen in Gang gebracht wird, unterliegt denselben Gesetzen wie die natürliche Radioaktivität, jedoch sind neben α- und β-Zerfällen noch weitere Zerfallsarten zu beobachten.
Jede Kernspaltung strebt, ebenso wie ein spontaner exothermer Zerfall einer chemischen Verbindung, einen energetisch günstigeren Zustand an, muss jedoch durch Energiezufuhr in Gang gebracht werden. Die bei radioaktiven Zerfällen neu entstehenden Kerne sind meist instabil und zerfallen weiter.

2.1 Austausch- und Einfangreaktionen

Trifft ein Geschoss auf einen Atomkern, so kann dies unterschiedliche Reaktionen hervorrufen:

- Werden ein bzw. mehrere Teilchen frei gesetzt, so spricht man von einer **Austauschreaktion**.
- Bei Integration des Geschosses in den Kern handelt es sich um eine **Einfangreaktion**. Dabei wird lediglich ein γ-Quant abgegeben.

Austauschreaktionen

Verwendet man α-Teilchen als Projektile, so müssen diese eine hohe kinetische Energie zur Überwindung der großen Abstoßungskraft („Potenzialwall", „Coulombbarriere") zwischen Kern und Projektil besitzen.
Die erste künstliche Kernumwandlung gelang Rutherford im Jahr 1919. In einer Nebelkammer setzte er Stickstoffatome einem Beschuss mit α-Teilchen aus und beobachtete zwei Nebelspuren von wegfliegenden Teilchen. Die längere, dünnere der beiden Spuren mit starker Ablenkung identifizierte er als **Proton**, welches aus dem Kern eines Stickstoffatoms stammen musste. Der Vergleich von Massen- und Kernladungszahlen vor und nach dem Stoß ergab, dass die kürzere, dickere Spur mit geringerer Ablenkung von einem **Sauerstoffatom** herrührte:

$$^{14}_{7}N + ^{4}_{2}He \longrightarrow ^{18}_{9}F^{*} \longrightarrow ^{17}_{8}O + ^{1}_{1}p$$

Der durch den Zusammenstoß von Targetkern und Projektil entstandene instabile Zwischenkern $\left(^{18}_{9}F^{*}\right)$, auch „Compoundkern" genannt, zerfällt also in einen Sauerstoffkern und ein Proton.

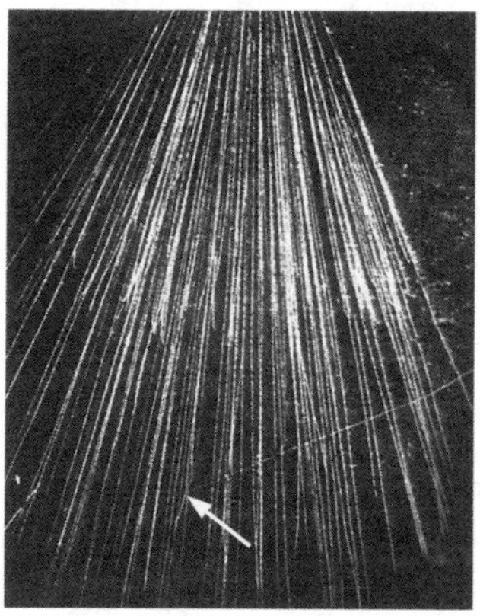

Abb. 133: Beschuss von Stickstoffatomen mit α-Teilchen in einer Nebelkammer. Der Pfeil markiert die Stelle der Teilung einer Spur in einen dickeren (O) und einen dünneren Ast (p).

In der Kurzschreibweise der vorangegangenen Gleichung wird das Symbol des beschossenen Kerns (Target) vor der Klammer angegeben. In die Klammer, durch Komma getrennt, schreibt man das Geschoss und das aus dem Kern emittierte Teilchen, hinter der Klammer das Symbol des gebildeten Nuklids:

$$^{14}_{7}\text{N}\ (\alpha,\text{p})\ ^{17}_{8}\text{O}$$

> **(α, p)-Prozesse** sind dadurch gekennzeichnet, dass die Massenzahl des neuen Elements um drei, seine Ordnungszahl um eine Einheit höher ist:
>
> $$^{A}_{Z}\text{E}\ (\alpha,\text{p})\ ^{A+3}_{Z+1}\text{E}$$

Im Jahr 1930 entdeckten BOTHE und BECKER das **Neutron** durch Beschuss von Berylliumatomen mit α-Teilchen:

$$^{9}_{4}\text{Be} + ^{4}_{2}\text{He} \longrightarrow ^{12}_{6}\text{C} + ^{1}_{0}\text{n}$$

In der Kurzschreibweise wird dies wie folgt formuliert:

$$^{9}_{4}\text{Be}(\alpha,\text{n})\ ^{12}_{6}\text{C}$$

In der Nebelkammer ist keine Bahngabelung beobachtbar. Neben den nachweisbar gebildeten $^{12}_{6}\text{C}$-Isotopen müssen Teilchen entstanden sein, die keine Ionisation hervorrufen. 1932 identifizierte CHADWICK diese Strahlung als **Neutronenstrahlung**. Freie Neutronen sind im Gegensatz zu Kernneutronen instabil und zerfallen mit einer Halbwertzeit von 11,5 Minuten in ein Proton, ein Elektron und ein Antineutrino:

$$^{1}_{0}\text{n} \longrightarrow ^{1}_{1}\text{p} + ^{0}_{-1}\text{p} + \overline{\nu}$$

> Bei **(α, n)-Prozessen** liegt die Massenzahl des neuen Kerns um drei, die Kernladungszahl um zwei Einheiten höher als die des Ausgangskerns:
>
> $$^{A}_{Z}\text{E}\ (\alpha,\text{n})\ ^{A+3}_{Z+2}\text{E}$$

Die erste künstlich induzierte **Positronenstrahlung** wurde von JOLIOT und CURIE im Jahr 1934 anhand folgender Reaktion beobachtet:

$$^{27}_{13}\text{Al} + ^{4}_{2}\text{He} \xrightarrow{95\,\%} ^{30}_{14}\text{Si} + ^{1}_{1}\text{p}$$

$$^{27}_{13}\text{Al} + ^{4}_{2}\text{He} \xrightarrow[4\,\%]{} ^{30}_{15}\text{P} + ^{1}_{0}\text{n}$$

Das dabei entstehende Phosphorisotop ist ein künstliches Radionuklid und zerfällt unter Emission eines **Positrons** $^{0}_{+1}\text{e}$:

$$^{30}_{15}\text{P} \longrightarrow ^{30}_{14}\text{Si} + ^{0}_{+1}\text{e} + \nu$$

Ein Positron $_{+1}^{0}e$ besitzt die gleiche Masse wie das Elektron, trägt jedoch eine positive Elementarladung. Es entsteht beim Zerfall eines Kernprotons in ein Kernneutron und ein Neutrino:

$$_{1}^{1}p \longrightarrow {}_{0}^{1}n + {}_{+1}^{0}e + \nu$$

Die Umwandlung eines Protons in ein Neutron, die zur Positronenemission führt, ist nur bei Kernen mit **Protonenüberschuss** möglich. Sie erfordert zusätzliche Energie und tritt deshalb nur bei künstlicher Radioaktivität auf. Der Zerfall eines freien Protons ist energetisch unmöglich, da die Masse des Protons kleiner als die des Neutrons ist.

Bei **Positronenemissionen** bleibt die Nukleonenzahl unverändert, während die Ordnungszahl um eine Einheit abnimmt.

Das Positron und das aus der Hülle frei werdende Elektron vernichten sich beim Aufeinandertreffen gegenseitig unter Abstrahlung von zwei γ-Quanten.
Weitere Austauschreaktionen laufen ab mit

- Protonen:

  (p, n)-Prozesse: $_{Z}^{A}E + {}_{1}^{1}p \longrightarrow {}_{Z+1}^{A}E + {}_{0}^{1}n$

  (p, α)-Prozesse: $_{Z}^{A}E + {}_{1}^{1}p \longrightarrow {}_{Z-1}^{A-3}E + {}_{2}^{4}He$

  (Die Wahrscheinlichkeit, mit der diese Reaktionen auftreten, ist abhängig von der kinetischen Energie des Projektils.)

- Deuteronen:

  (d, p)-Prozesse: $_{Z}^{A}E + {}_{1}^{2}d \longrightarrow {}^{A+1}_{Z}E + {}_{1}^{1}p$

  (d, n)-Prozesse: $_{Z}^{A}E + {}_{1}^{2}d \longrightarrow {}_{Z+1}^{A+1}E + {}_{0}^{1}n$

  (d, α)-Prozesse: $_{Z}^{A}E + {}_{1}^{2}d \longrightarrow {}_{Z-1}^{A-2}E + {}_{2}^{4}He$

- Neutronen:

  (n, p)-Prozesse: $_{Z}^{A}E + {}_{0}^{1}n \longrightarrow {}_{Z-1}^{A}E + {}_{1}^{1}p$ (bevorzugt mit mittelschnellen Neutronen)

  (n, α)-Prozesse: $_{Z}^{A}E + {}_{0}^{1}n \longrightarrow {}_{Z-2}^{A-3}E + {}_{2}^{4}He$ (bevorzugt mit schnellen Neutronen)

Einfangreaktionen

Wenn ein künstlich gebildeter Kern ein Neutronendefizit besitzt, dabei jedoch zu energiearm ist, um eine Positronenemission zu ermöglichen, d. h. die Energiedifferenz zwischen Anfangs- und Endzustand ist kleiner als 1,02 MeV, so geht das Mutternuklid durch Einfang eines Elektrons aus der kernnächsten K-Schale („**K-Einfang**") der Hülle in das Tochternuklid über:

$$_{1}^{1}p + {}_{-1}^{0}e \longrightarrow {}_{0}^{1}n + \nu$$

Das in der K-Schale entstandene Elektronendefizit wird durch ein Elektron aus den äußeren Schalen wieder aufgefüllt.

Beim **Elektroneneinfang** bleibt die Nukleonenzahl unverändert, die Protonenzahl (Ordnungszahl) nimmt um eine Einheit ab. Damit entstehen durch Positronenemission bzw. Elektroneneinfang die gleichen Tochternuklide.

Weitere Einfangreaktionen laufen ab mit

- Protonen:

  (p, γ)-Prozesse: $^{A}_{Z}E + ^{1}_{1}p \longrightarrow ^{A+1}_{Z+1}E + \gamma$

- Neutronen:

  (n, γ)-Prozesse: $^{A}_{Z}E + ^{1}_{0}n \longrightarrow ^{A+1}_{Z}E + \gamma$

  Beim Neutroneneinfang entsteht ein Isotop (siehe S. 145) des Targetnuklids.

Einfangreaktionen sind immer (–, γ)-Prozesse, d. h. Prozesse bei denen **γ-Strahlung** frei gesetzt wird.

Allgemein nimmt die Anzahl der Kernreaktionen, die nebeneinander ablaufen, mit steigender kinetischer Energie der Projektile zu, da damit auch die Anregungsenergie des Compoundkerns steigt und zur Abgabe dieser Anregungsenergie eine größere Zahl zu emittierender Teilchen nötig wird.

2.2 Teilchenbeschleuniger

Werden positive Teilchen zum Beschuss von Atomkernen verwendet, so treten zwischen dem positiven Zielkern und dem Geschoss Abstoßungskräfte aufgrund der gleichnamigen Ladungen auf. Damit diese Abstoßungskräfte überwunden werden können, besonders beim Beschuss schwerer Kerne mit hoher Ladung, müssen die Geschosse eine große kinetische Energie, d. h. eine hohe Geschwindigkeit haben. In **Teilchenbeschleunigern** können elektrisch geladene Teilchen wie Protonen, α-Teilchen, Deuteriumkerne oder „schwerere" Ionen im elektrischen Feld sehr stark beschleunigt werden. Hochenergetische Teilchen werden zur Erforschung der Struktur der Atomkerne und ihrer Reaktionen, für die Entdeckung neuer Elementarteilchen sowie für die gezielte Herstellung bestimmter radioaktiver Isotope benötigt. Künstlich hergestellte Radioisotope besitzen große Bedeutung in der Medizin, Forschung und Technik.

Die verschiedenen Teilchenbeschleuniger unterscheiden sich in ihrem Aufbau:

- **Linearbeschleuniger:** Die Teilchen werden mithilfe von Wechselspannung auf einer geraden Bahn vorangetrieben. Die Frequenz der Wechselspannung wird so eingestellt, dass die Teilchen immer dann nach vorne beschleunigt werden, wenn sie gerade die Lücke zwischen zwei Elektroden passieren. Mit einer Länge von 3,2 km zählt der Linearbeschleuniger an der STANFORD UNIVERSITY in Kalifornien zu den größten der Welt. Elektronen können dort auf Energien bis 50 GeV gebracht werden.
- **Zyklotron:** Die Teilchen werden mithilfe eines starken Magnetfeldes auf eine spiralförmige Bahn gezwungen. Zur Teilchenbeschleunigung dienen zwei D-förmige Elektroden, die durch einen schmalen Spalt getrennt sind. Die Elektroden sind an eine Wechselspannung geeigneter Frequenz angeschlossen, sodass bei jedem Durchgang durch den Spalt die Teilchen immer weiter beschleunigt werden. Dabei nimmt der Radius ihrer spiralförmigen Bahn immer mehr zu bis sie an den Rand des Beschleunigers gelangen und auf ein Target treffen. Das derzeit leistungsfähigste Zyklotron (K 1200) steht seit 1988 im National Superconducting Cyclotron Laboratory der University of Michigan. Atomkerne erreichen dort Energien bis 8 GeV.
- **Synchrotron:** Im Gegensatz zum Zyklotron werden im Synchrotron die Teilchen auf einer engen kreisförmigen Sollbahn gehalten. Das Magnetfeld kann daher auf einen viel kleineren Raum beschränkt werden, muss aber dafür mit zunehmender Teilchenenergie anwachsen, damit die Kreisbahn eingehalten wird. Im Super-Protonen-Synchrotron (SPS) von **CERN** (**C**onseil **E**uropéen pour la **R**echerche **N**ucléaire) bei Genf werden Protonenenergien bis 450 GeV erreicht. Auch in HAMBURG bei **DESY** (**D**eutsches **E**lektronen-**Sy**nchrotron) werden verschiedene Teilchenbeschleuniger betrieben, um Erkenntnisse über die Strukturen im subatomaren Bereich zu gewinnen.

Abb. 134: Die Hadron-Elektron-Ring-Anlage HERA ist der größte Teilchenbeschleuniger bei DESY in Hamburg. Die Anlage ist seit 1992 im Forschungsbetrieb. HERA ist der einzige Speicherring, in dem beide Arten von Materieteilchen, Protonen und Elektronen, bzw. ihre Antiteilchen, die Positronen, kollidieren können. Die Fotografie zeigt den unterirdischen Verlauf der Anlage.

2.3 Nutzung künstlicher Radioisotope

Anwendung in der Wissenschaft

Radioisotope besitzen die gleichen chemischen Eigenschaften wie nicht radioaktive Isotope derselben Elemente. Aus diesem Grund ersetzt man in bestimmten Verbindungen die inaktiven Isotope durch Radioisotope, um diese als Indikatoren nutzen zu können. Mithilfe geeigneter Detektoren können die Radioisotope dann nachgewiesen werden. Anwendungsbeispiele der so genannten **Tracermethode** sind:

- Nachweis des Lösungsgleichgewichtes von schwerlöslichen Salzen.
- Untersuchung von Stoffwechselwegen, z. B. Aufklärung der Dunkelreaktion der Fotosynthese durch Einsatz von Kohlenstoff 14.

Anwendung in der Technik

In der Technik werden künstlich erzeugte Radioisotope eingesetzt für

- die Kontrolle der Dicke verschiedener Werkstoffe wie Metalle, Textilien, oder Papier im laufenden Produktionsprozess durch Messung der Strahlungsintensitäten vor und nach Prüfstoffdurchtritt.
- die Überprüfung der Bewegung von Öl in Pipelines um Dichtigkeit, Strömungsgeschwindigkeit zu messen oder Verstopfungen zu erkennen.
- die Bereitstellung von Energie (Isotopenbatterien) durch Umwandlung der erzeugten Wärmeenergie in elektrische Energie.
- Verschleißprüfungen verschiedener Materialien, etwa die Prüfung von Tragseilen verschiedener Bergbahnen mittels Durchstrahlung mit dem Radionuklid Iridium 192 bzw. die Untersuchungen von Schmierstoffeigenschaften durch Feststellung des Abriebs, oder auch die Prüfung von Schweißnähten mittels Gammastrahlung:

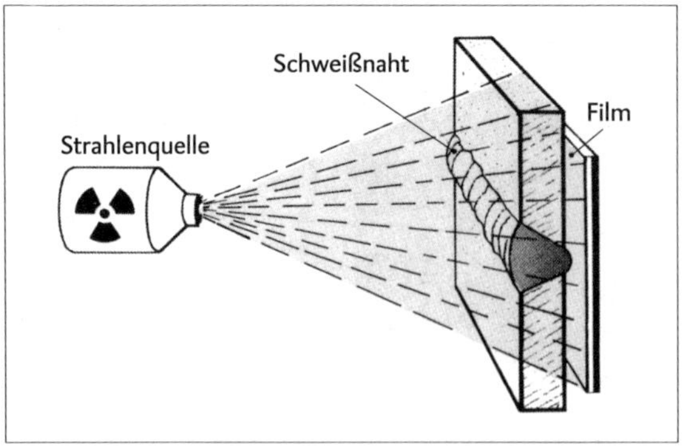

Abb. 135: Prüfung einer Schweißnaht mit Gammastrahlung.

Anwendung in der Lebensmittelindustrie

Im Gegensatz zur Hitzesterilisierung bzw. Kältekonservierung treten bei einer Konservierung von Nahrungsmitteln durch **Sterilisation** mittels γ-Strahlung keine Geschmacksverluste auf.

Anwendung in der Medizin

Bei der **Strahlendiagnostik** werden den Patienten Substanzen verabreicht, die mit bestimmten Radionukliden markiert sind. Aus dem Ausmaß und der Geschwindigkeit der Ansammlung lassen sich Rückschlüsse bezüglich krankhafter Veränderungen ziehen.
Konkrete Anwendungen sind

- der Nachweis eines **Tumors** mit Phosphor 32. Dabei findet eine verstärkte Anreicherung der markierten Substanz im stoffwechselgesteigerten Tumorgewebe statt. Dies zeigt sich durch verstärkte Strahlung im erkrankten Gewebe.
- die **Schilddrüsen-Funktionsprüfung** mit Iod 131. Hierfür wird dem Patienten eine bestimmte Menge dieser Substanzen injiziert, die innerhalb weniger Stunden zu ca. 90 % von der Schilddrüse aufgenommen wird. Der zeitliche Verlauf der Aufnahme durch die Schilddrüse sowie die insgesamt gespeicherte Menge geben Auskunft über den Zustand der Schilddrüse.
- die Untersuchung von Stoffwechsel und Blutkreislauf: Man verfolgt u. a. die (Abbau-)Wege bestimmter Giftstoffe und erhält damit Informationen über den Stoffwechsel.

In der **Strahlentherapie** wird ionisierende Strahlung zur Behandlung bösartiger Erkrankungen wie Krebs eingesetzt. Das Prinzip der Strahlentherapie beruht auf der Tatsache, dass Tumorgewebe gegenüber ionisierender Strahlung empfindlicher ist und durch diese stärker geschädigt wird, als gesundes Gewebe. Gleichzeitig erneuert sich gesundes Gewebe nach Strahleneinwirkung besser. Die Bestrahlung von Krebszellen erfolgt in der Regel mit Cobalt 60. Unter Lasereinsatz wird dabei einer eng begrenzten Körperstelle eine ganz bestimmte Strahlendosis verabreicht. Man richtet etwa von verschiedenen Richtungen mehrere gebündelte Strahlen so aus, dass sie sich im Tumorgewebe treffen, dabei aber das gesunde Gewebe nur mit geringer Intensität durchdringen.

3 Kernenergietechnik

3.1 Massendefekt und Kernbindungsenergie

Kernenergie wird durch radioaktive Zerfälle, durch Kernfusionen und Kernspaltungen frei gesetzt. Die bei diesen Prozessen umgesetzten Energiebeträge lassen sich durch den so genannten „**Massendefekt**“ erklären:

- Bei radioaktivem Zerfall ist die Summe der Massen der Produkte kleiner als die Masse des Ausgangsstoffs.
- Die Masse von Nukliden ist stets kleiner als die Summe der Massen ihrer Nukleonen.

Diese Massendifferenz ist der Massendefekt Δm:

$$\Delta m = (\underbrace{N_p \cdot m_p}_{\text{Masse der Protonen}} + \underbrace{N_n \cdot m_n}_{\text{Masse der Neutronen}}) - \underbrace{m}_{\text{tatsächliche Kernmasse}} \qquad (N = \text{Anzahl}; m = \text{Masse})$$

Beispiel

Ein Heliumkern ^4_2He besteht aus zwei Protonen und zwei Neutronen:

Masse von ...	
2 Protonen[18]	$2 \cdot 1{,}007277$ u = 2,014554 u
2 Neutronen	$2 \cdot 1{,}008665$ u = 2,017330 u
theoretische Masse des Heliumkerns	4,031884 u
experimentell bestimmte Masse des Heliumkerns	4,001507 u
Massendefekt	Δm = **0,030377 u**

Nach Einstein sind Masse und Energie äquivalent:

$E = m \cdot c^2$ (c = Lichtgeschwindigkeit im Vakuum)

Aus einer physikalischer Formelsammlung erhält man folgende Daten:

$1\,u \cdot c^2 = 931{,}5\,MeV = 1{,}4923 \cdot 10^{-11}\,J$

Der Masse von 1 u ist also eine Energie von 931,5 MeV äquivalent. Dem zuvor errechneten Massendefekt $\Delta m = 0{,}03077$ u des Heliumkerns ^4_2He entspricht damit die folgende Energie:

$E = m \cdot c^2$

$E = 0{,}030377\,u \cdot c^2 = 0{,}030377 \cdot 931{,}5\,MeV = 28{,}296\,MeV = 0{,}4533 \cdot 10^{-12}\,J$

18 Einheit: $1\,u = 1{,}660566 \cdot 10^{-27}$ kg. „u“ ist die atomare Masseneinheit, die in der Atomphysik verwendet wird. 1 u ist definiert als $\frac{1}{12}$ der Masse eines Atoms des Kohlenstoffisotops C 12.

Man deutet den **Massendefekt** mit der äquivalenten **Energiemenge**, die beim hypothetischen Zusammentritt von Nukleonen zu einem Atomkern abgestrahlt wird.

Der gleiche Energiebetrag müsste aufgewendet werden, um den Kern in seine Bausteine zu zerlegen. Dieser dem Massendefekt äquivalente Energiebetrag ist also ein Maß für die Stärke des Zusammenhaltes der Nukleonen im Kern. Man bezeichnet sie als **Kernbindungsenergie**. Um die Kernbindungsenergie von Kernen verschiedener Atome vergleichbar zu machen, bezieht man sie jeweils auf ein Nukleon des Kerns. Durch Division des Energiebetrags durch die Nukleonenzahl erhält man die mittlere Kernbindungsenergie pro Nukleon. Trägt man die mittlere Kernbindungsenergie pro Nukleon gegen die Nukleonenzahl in einem Diagramm auf, so erhält man die Kernbindungsenergiekurve:

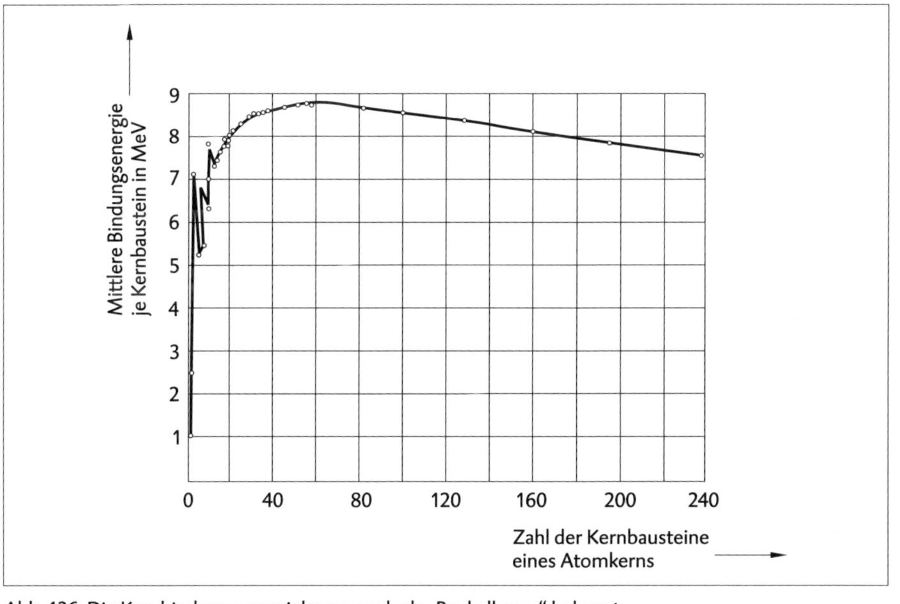

Abb. 136: Die Kernbindungsenergiekurve, auch als „Buckelkurve" bekannt.

Die mittlere Bindungsenergie pro Nukleon schwankt bei den meisten Elementen zwischen 7 und 9 MeV. Mit zunehmender mittlerer Kernbindungsenergie wächst die Stabilität eines Kerns. Bei Nukleonenzahlen um 60 (Fe, Co, Ni) ist sie am höchsten. Die Kerne dieser Elemente sind deshalb besonders stabil. Die Kerne kleinerer und hoher Nukleonenzahlen besitzen eine geringere mittlere Bindungsenergie pro Nukleon und damit einen kleineren Massendefekt.

Abweichungen hiervon findet man bei Helium, das eine außergewöhnlich hohe Bindungsenergie pro Nukleon besitzt, weiterhin bei $^{8}_{4}Be$, $^{12}_{6}C$ und $^{16}_{8}O$. Alle sind aus $^{4}_{2}He$-Kernen zusammengesetzt denkbar.
Aus dem zuvor gezeigten Verlauf der Kernbindungsenergiekurve lassen sich zwei wichtige Möglichkeiten der Energiegewinnung ableiten:

1. Durch **Fusion** zweier leichter Kerne zu einem mittelschweren Kern.
2. Durch **Spaltung** eines schweren Kerns in mittelschwere Kerne.

In beiden Fällen nimmt die Bindungsenergie pro Nukleon und damit der Massendefekt zu. Der entstehende Massenverlust ist dem entsprechenden Energiegewinn äquivalent.

3.2 Kriegerische Nutzung der Kernenergietechnik

Wie gewaltig die bei Kernspaltungen frei werdende Energie tatsächlich ist, wenn nur die Anzahl der Spaltungen genügend groß ist, wurde spätestens sieben Jahre nach der Entdeckung der Kernspaltung im Jahre 1938 durch HAHN, MEITNER und STAßMANN auf schrecklich Art und Weise deutlich: Am 16. Juli 1945 wurde die erste **Atombombe** in der Wüste von NEW MEXICO bei LOS ALAMOS gezündet. Ihre Sprengkraft entsprach der von 18 600 Tonnen TNT. Bereits wenige Tage später, am 6. August 1945 wurde die erste Atomwaffe in einer kriegerischen Auseinandersetzung eingesetzt. Um Japan zur Kapitulation zu zwingen, gab der amerikanische Präsident TRUMAN den Befehl, eine Atombombe über der Stadt HIROSHIMA abzuwerfen. Am 9. August 1945 fiel eine weitere Atombombe auf die Stadt NAGASAKI. In Hiroshima wurden allein 200 000 Menschen getötet und rund 100 000 verletzt. Die Explosion zerstörte eine Fläche von mehr als zehn Quadratkilometern. Die eingesetzte Bombe besaß eine Sprengkraft, die der von 20 000 Tonnen TNT entsprach, die Explosion war dabei von einer nur tennisballgroßen Menge Plutonium ausgelöst worden.
Nach dem Zweiten Weltkrieg wurden Bombentypen entwickelt, die sich diejenige Energie nutzbar machten, die bei der Fusion leichter Kerne frei wird. Als Ergebnis dieser Waffenforschung wurden **Wasserstoffbomben** hergestellt, bei denen die Kerne der Wasserstoffisotope zu schweren Heliumkernen verschmolzen. Damit wurde die Sprengkraft vieler Megatonnen TNT erreicht.

Abb. 137: Der Stadtkern von Hiroshima nach der Explosion der Atombombe am 6. August 1945.

3.3 Energiegewinnung durch Kernspaltung

Energetische Betrachtungen

Bei sehr schweren Kernen ist die mittlere Kernbindungsenergie so gering, dass die elektrostatischen Abstoßungskräfte zwischen den positiv geladenen Protonen etwa den gleichen Wert erreichen. Diese Kerne sind sehr instabil und schon eine geringe Aktivierungsenergie, die z. B. durch Beschuss mit Neutronen bereit gestellt werden kann, reicht aus, um sie zu spalten.

Bereits 1934 beschossen FERMI und seine Mitarbeiter Uran mit Neutronen. Wie bereits erwähnt, gelang es Hahn, Meitner und Straßmann im Jahre 1938 nach Wiederholung von Fermis Versuchen, die Spaltung von Urankernen durch Nachweis der Spaltprodukte Barium und Krypton zu belegen:

$$^{235}_{92}U + ^{1}_{0}n \longrightarrow ^{236}_{92}U^{*} \longrightarrow ^{144}_{56}Ba + ^{89}_{36}Kr + 3\,^{1}_{0}n$$

Neben Barium und Krypton treten noch weitere mittelschwere Spaltprodukte auf, deren Nukleonenzahlen zwischen 70 und 170 (Maxima bei 93 und 140) liegen, da der instabile Compoundkern nicht immer an der gleichen Stelle zerplatzt. Da der Urankern im Verhältnis zur Protonenzahl einen Neutronenüberschuss besitzt (> 1,5), werden bei der Spaltung zwei bis drei Neutronen frei.

Die Spaltprodukte besitzen ebenfalls einen Neutronenüberschuss, weshalb sie instabil sind und als β^--Strahler Neutronen in Protonen umwandeln:

$$^{1}_{0}n \longrightarrow \, ^{1}_{1}p + \, ^{0}_{-1}e + \overline{\nu}$$

Dabei entstehen mehrere Zerfallsreihen, die mit einem stabilen Nuklid enden.

Beispiel

$$^{92}_{36}Kr \xrightarrow{-\beta} \, ^{92}_{37}Rb \xrightarrow{-\beta} \, ^{92}_{38}Sr \xrightarrow{-\beta} \, ^{92}_{39}Y \xrightarrow{-\beta} \, ^{92}_{40}Zr \quad \text{(stabil)}$$

Bei der Spaltung eines U 235-Kernes wird eine Energie von ca. 198 MeV frei. Dieser Energiebetrag ist dem bei der Spaltung auftretenden Massendefekt äquivalent. Wie bereits gezeigt, ist die Summe der Massen von Ausgangskern und Neutron etwas größer als die Summe der Massen der entstehenden Teilchen (siehe S. 160 f.). Die Massendifferenz wird in Energie umgesetzt.
Der frei werdende Energiebetrag lässt sich außerdem mithilfe der unterschiedlichen Kernbindungsenergien pro Nukleon von Ausgangs- und Tochterkernen begründen. Für Uran beträgt die Bindungsenergie etwa 7,5 MeV, für die zwei Kernbruchstücke mittlerer Größe etwa 8,35 MeV pro Nukleon. Das bedeutet eine Differenz von 0,85 MeV pro Nukleon. Bei 235 Nukleonen wird also pro Spaltung eine Energie von ca. $235 \cdot 0{,}85$ MeV = 200 MeV frei.

Schnelle und langsame Neutronen

Prinzipiell sind alle Nuklide mit Ordnungszahlen größer als 90 durch Beschuss mit Neutronen spaltbar. Bei einigen Nukliden sind hierfür jedoch sehr energiereiche, d. h. **schnelle Neutronen** ($\upsilon = 20\,000 \text{ km} \cdot \text{s}^{-1}$) notwendig, wie sie in einem Reaktor praktisch nicht zur Verfügung stehen. Nur bei wenigen Nukliden wie U 233, U 235 oder Pu 239 genügen langsame, so genannte **thermischen Neutronen** mit der Geschwindigkeit thermisch bewegter Gasmoleküle ($\upsilon = 2 \text{ km} \cdot \text{s}^{-1}$), um eine Spaltung herbeizuführen. Der Beschuss von U 238 mit thermischen Neutronen führt praktisch zu keiner Kernspaltung. Die meisten thermischen Neutronen werden von den U 238-Kernen elastisch gestreut, d. h. ohne Energieverlust wieder abgestrahlt. Der Grund dafür ist, dass eine Kernspaltung nur dann zu Stande kommt, wenn die beim Neutroneneinfang frei werdende Kernbindungsenergie größer ist als die Energieschwelle, die für die Spaltung des Compoundkernes notwendig ist.

Kettenreaktionen

Bei jeder Spaltung eines Uran 235-Kerns entstehen neben den Tochternukliden, wie zuvor gezeigt, zwei bis drei Folgeneutronen. Treffen diese wieder auf Uran 235-Kerne, so kommt es erneut zu Spaltungen. Geht man z. B. davon aus, dass von den bei jeder Spaltung frei gesetzten Neutronen zwei zu neuen Spaltungen führen, so wächst die Zahl der gebildeten Neutronen und damit die Zahl der Kernspaltungen lawinenartig an. In der 1. Generation sind es 2, dann 4, 8, 16, 32 und in der n-ten Generation 2^n. Diese Reaktion setzt sich also selbstständig fort, daher wird sie als **Kettenreaktion** bezeichnet.

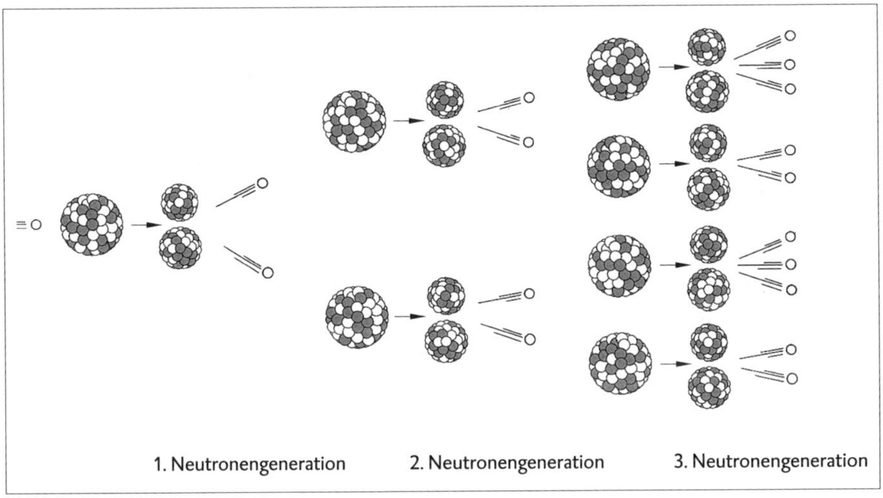

Abb. 138: Kettenreaktion bei Uran 235.

Damit eine Kernkettenreaktion ablaufen kann, müssen verschiedene Voraussetzungen erfüllt sein:

- Natürliches Uran besteht zu 99,3 % aus Uran 238 und nur zu 0,7 % aus spaltbarem Uran 235. Uran 238 ist, wie zuvor gezeigt, in der Lage, Neutronen einzufangen und damit einer Kettenreaktion zu entziehen:

  $$^{238}_{92}U + ^{1}_{0}n \longrightarrow ^{239}_{92}U + \gamma$$

  Das entstehende Uran 239 ist radioaktiv und zerfällt unter Bildung von **„Transuranen“**[19]. Um den Neutroneneinfang gering zu halten, verwendet man in den Brennstäben **angereichertes Uran** mit einem Uran 235-Gehalt von 2 bis 4 %.

19 Die Transurane sind diejenigen Elemente, die im Periodensystem auf das Element Uran folgen, deren Ordnungszahl also größer als 92 ist.

- Zum Ablauf einer Kettenreaktion muss eine hinreichend große Masse, die so genannte **kritische Masse** des spaltbaren Materials vorliegen. Unterhalb der kritischen Masse ist der Neutronenverlust über die Oberfläche zu groß, als dass eine Kettenreaktion ablaufen könnte. Da das Volumen eines Körpers mit zunehmender Masse schneller wächst als seine Oberfläche, ist das Verhältnis **Volumen : Oberfläche** bei größeren Körpern günstiger, der Neutronenverlust daher geringer. Eine Kugel mit achtfachem Volumen ($V \sim r^3$) hat beispielsweise nur die vierfache Oberfläche ($O \sim r^2$). Da der Neutronenverlust zudem mit zunehmendem Gehalt an nicht spaltbarem Material steigt, ist die Größe der kritischen Masse abhängig vom prozentualen Anteil des spaltbaren Uran 235.
- Der Neutronenverlust kann durch einen Neutronenreflektor verringert werden, der den eigentlichen Reaktorkern umgibt. Er hat die Aufgabe, Neutronen, die den Reaktorkern verlassen wollen, zu reflektieren. Damit lässt sich die notwendige Kernbrennstoffmenge erheblich verringern.
- Wie bereits zuvor erwähnt, ist bei Uran 235 die Wahrscheinlichkeit für das Eintreten eines Spaltprozesses, der so genannte **Wirkungsquerschnitt**, bei thermischen Neutronen größer als bei schnellen Neutronen. Daher setzt man in einem Kernreaktor einen **Moderator** ein. Dieser vermindert die Energie der Neutronen und bremst schnelle Neutronen auf die Geschwindigkeit thermischer Neutronen herunter. Gleichzeitig soll der Moderator möglichst wenige Neutronen absorbieren. Man verwendet Materialien, bei denen die Neutronengeschwindigkeit bereits durch wenige elastische Zusammenstöße verringert wird. Als Moderatoren eignen sich „schweres" (D_2O) und „leichtes" Wasser (H_2O) sowie Graphit.
  Thermische Neutronen haben zudem den Vorteil, dass sie nur in geringem Maße von Uran 238 eingefangen werden. Die Abbremsung der Neutronen durch den Moderator hält somit die Verluste an Neutronen durch Absorption gering.

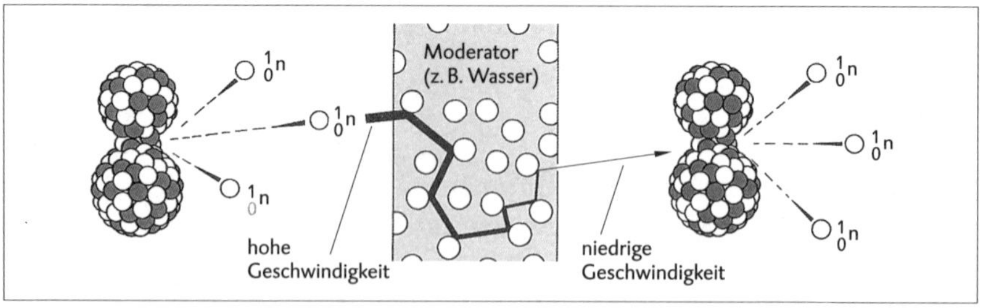

Abb. 139: Abbremsung schneller Neutronen durch einen Moderator.

Der beste Moderator ist schweres Wasser, jedoch ist dieses sehr teuer. Leichtes Wasser ist deutlich billiger, absorbiert aber erheblich mehr Neutronen. Um dennoch für die Kettenreaktion ausreichend Spaltneutronen zur Verfügung zu haben, muss bei Verwendung von Leichtwasser als Moderator angereichertes Uran mit einem U 235-Anteil von ca. 3 % verwendet werden.

- Die atomare Kettenreaktion darf nicht ungesteuert ablaufen, da bei jeder Spaltung sehr viel Energie frei gesetzt wird und eine ungesteuerte Kettenreaktion zu einer **Explosion** führen würde.

Prinzip der Steuerung

Beim Hochfahren eines Reaktors muss die Kettenreaktion zunächst gesteigert werden. Der **Neutronenvermehrungsfaktor** *K*, um den sich die Anzahl der Neutronen, die zu neuen Spaltungen führen, durchschnittlich pro Generation vermehrt, muss bis zum Erreichen der gewünschten Leistung größer als 1 sein. Im stationären, „kritischen" Zustand muss jedes verbrauchte Neutron durch ein anderes ersetzt werden. Der Vermehrungsfaktor *K* muss genau 1 sein. Steigt *K* über 1, so müssen überschüssige Neutronen abgefangen werden. Dazu werden automatisch **Regulierstäbe**, die meist aus bor- oder cadmiumhaltigen Legierungen bestehen und die in der Lage sind, Neutronen zu absorbieren, zwischen die Brennelemente geschoben:

$$^{10}_{5}B + ^{1}_{0}n \longrightarrow ^{7}_{3}Li + ^{4}_{2}He + \gamma$$

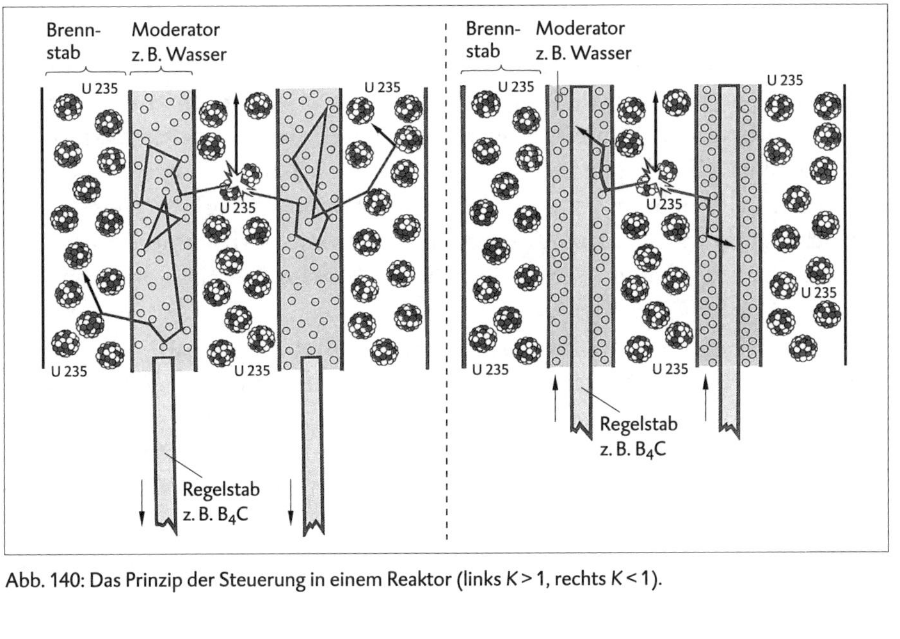

Abb. 140: Das Prinzip der Steuerung in einem Reaktor (links $K > 1$, rechts $K < 1$).

Sinkt K unter 1, müssen die Regelstäbe so weit zurückgezogen werden, bis der gewünschte Vermehrungsfaktor wieder erreicht ist. Dasselbe geschieht zur Steigerung der gewünschten Leistung. Die „**schnelle Abschaltung**“ erfolgt durch Steuerstäbe (Abschaltstäbe), die in den Reaktor fallen.

Der Spaltungsreaktor

Spaltungsreaktoren sind Anlagen, durch die Spaltungsreaktionen eingeleitet und als stationäre Kettenreaktion aufrecht erhalten werden, wobei Energie frei gesetzt wird. Diese wird schließlich in elektrische Energie umgewandelt. Man unterscheidet **Forschungsreaktoren** für kerntechnische Untersuchungen und Unterrichtszwecke von **Leistungsreaktoren** zur Energieerzeugung. Beide Typen bestehen aus einer Spaltzone mit Kernbrennstoff, einem Moderator, einem Neutronenreflektor, einer Abschirmung, Regelvorrichtungen und einem Wärmeableiter. Bei Leistungsreaktoren sind Kernbrennstoff und Moderator stets getrennt, man spricht daher von „heterogenen Reaktoren“.

Die Kernreaktionen finden im Reaktorkern (**Core**) statt, welcher zur Sicherheit mit einer gasdichten Hülle aus Stahl (containment) umgeben ist, die sich in einer 2 m dicken Stahlbetonkugel befindet. Der Kern enthält die auswechselbaren Brennelemente, die aus vielen Brennstäben bestehen. Die Brennstäbe enthalten als Brennstoffe Uran (233, 235, 238), Thorium (232) oder/und Plutonium (239, 240, 241). Der Brennstoff befindet sich in einer gasdichten Hülle, die dem Schutz vor chemischer Reaktion mit der Umgebung, dem Schutz vor Austritt von Spaltprodukten und der wärmeleitenden Verbindung zwischen Brennstoff und Umgebung dient. Die bei der Spaltung frei werdende Wärmeenergie muss abgeführt werden. Dazu tauchen die Brennelemente in ein **Kühlmittel**. Als Kühlmittel werden leichtes Wasser („Leichtwasserreaktor“), seltener schweres Wasser („Schwerwasserreaktor“), flüssiges Natrium oder Gase wie Helium („gasgekühlter Hochtemperaturreaktor“) eingesetzt. Zur Steuerung des Neutronenflusses tauchen neutronenabsorbierende Regel- und Abschaltstäbe in den Reaktorkern. Diese können zwischen die Brennelemente eingeschoben werden.

Zu den wirtschaftlichsten Leistungsreaktoren gehören Siedewasser- und Druckwasserreaktoren. Bei ihnen wird leichtes Wasser als Primärkühlmittel eingesetzt, welches zugleich als Moderator dient.

- Beim **Druckwasserreaktor** steht das Wasser unter einem Druck von 150 bar, sodass es im Primärkreislauf bei 300 °C nicht siedet. Das überhitzte Kühlmittel des Primärkreislaufs gelangt in einen Wärmeaustauscher und gibt seine Wärme an das Wasser eines Sekundärkreislaufs ab, wobei Dampf erzeugt wird. Schließlich wird es wieder in den Reaktorkern zurückgepumpt. Mit dem Dampf kann die Wärmeenergie wie im herkömmlichen Wärmekraftwerk über Turbinen und einen angeschlossenen Generator in elektrische Energie umgewandelt werden.

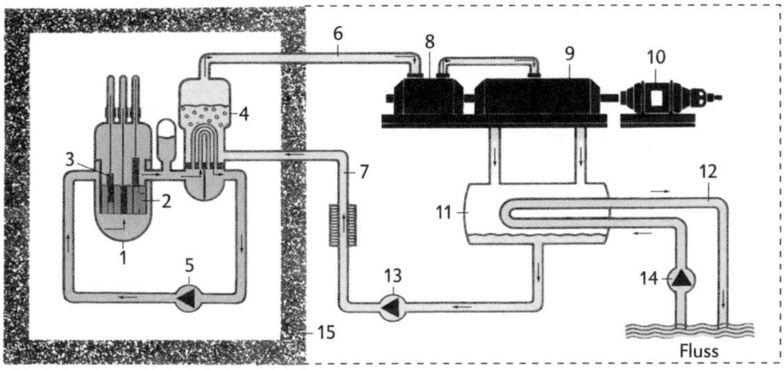

Abb. 141: Druckwasserreaktor. (1: Reaktordruckbehälter, 2: Uranbrennelement, 3: Regelstab, 4: Dampferzeuger, 5: Kühlmittelpumpe, 6: Frischdampf, 7: Speisewasser, 8: Hochdruckteil der Turbine, 9: Niederdruckteil der Turbine, 10: Generator, 11: Kondensator, 12: Flusswasser, 13: Speisewasserpumpe, 14: Kühlwasserpumpe, 15: Betonmantel)

- Beim **Siedewasserreaktor** ist der Reaktordruckbehälter nur zu zwei Dritteln mit Wasser gefüllt, darüber befindet sich Wasserdampf. Durch die in den Brennelementen erzeugte Wärme wird das Wasser auf 300 °C erhitzt. Aufgrund des niedrigeren Druckes von 70 bar siedet das Wasser. Der entstehende Wasserdampf wird direkt, ohne Zwischenschaltung eines Sekundärkreislaufes, zur Stromerzeugung verwendet.

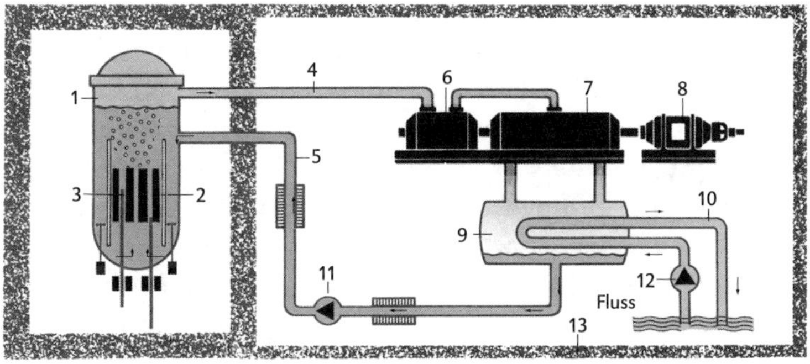

Abb. 142: Siedewasserreaktor. (1: Reaktordruckbehälter, 2: Brennelemente, 3: Regelstab, 4: Frischdampf, 5: Speisewasser, 6: Hochdruckteil der Turbine, 7: Niederdruckteil der Turbine, 8: Generator, 9: Kondensator, 10: Flusswasser, 11: Speisewasserpumpe, 12: Kühlwasserpumpe, 13: Betonmantel)

In Deutschland wurden zwischen 1960 und 1989 insgesamt 35 Atomanlagen gebaut, 19 davon sind heute noch in Betrieb. Hierbei handelt es sich fast ausschließlich um Druck- und Siedewasserreaktoren mit Leichtwasser als Kühlmittel und Moderator. Ihr Wirkungsgrad liegt zwischen 32 und 34 %. Gegenwärtig stammen 28 % des in Deutschland erzeugten Stromes aus Atomanlagen (Stand 2003).

Abb. 143: Das Atomkraftwerk in WÖRTH an der Isar (Bayern).

Der Brennstoffkreislauf

Kernkraftwerke benötigen ein Versorgungs- und Entsorgungssystem, das als **Brennstoffkreislauf** bezeichnet wird. Dieser Kreislauf umfasst die Gewinnung und Aufbereitung des Uranerzes, die Herstellung der Brennelemente, ihren Einsatz im Reaktor, die Wiederaufarbeitung und die Endlagerung.
Die größten Vorkommen an Uranerz finden sich u. a. in Kanada, Australien, Niger oder Namibia. Aus dem in Bergwerken geförderten Erz, dessen Urangehalt etwa 0,1 bis 0,5 % beträgt, wird zunächst auf chemischem Wege ein Urankonzentrat, der so genannte „**yellow cake**" gewonnen. Das größte Umweltproblem hierbei sind die Rückstände, die radioaktive Substanzen enthalten. Nach weiteren Reinigungsprozessen erfolgt eine **Anreicherung** von Uran 235 durch **Isotopentrennung**. Dazu wird das Uran in eine gasförmige Verbindung Uranhexafluorid (UF_6) umgesetzt. Die Anreicherungsverfahren mittels Gasdiffusion oder in einer Gaszentrifuge nutzen die Massenunterschiede der Uranisotope. Die geringen Unterschiede in der Masse machen eine häufige Wiederholung der Trennschritte nötig, um die gewünschte Anreicherung zu erhalten. Bisher wird im großtechnischen Maßstab nur das **Gasdiffusions-Trennverfahren** eingesetzt: Moleküle, die das leichtere Isotop enthalten, diffundieren schneller durch die Poren einer Membran, sodass sie sich hinter der

Membran in einer geringfügig höheren Konzentration (Trennfaktor 1,002) ansammeln. Durch Hintereinanderschalten vieler Schritte lässt sich der Trenneffekt vervielfachen. Bei der **Gaszentrifugation** werden die Isotope aufgrund der unterschiedlichen Zentrifugalkräfte effektiver getrennt. Die Isotope mit geringerer Masse bewegen sich näher an der Rotationsachse und können dort abgesaugt werden.

Das angereicherte Uranmaterial wird zu pulverförmigem Uranoxid verarbeitet und zu Tabletten gepresst, die in Metallrohre gefüllt werden. Diese **Brennstäbe** werden – zu Brennelementen gebündelt – in den Reaktor eingebracht.

Abb. 144: Brennelement aus 63 Brennstäben.

Durch Kernspaltung sinkt der Anteil an angereichertem U 235, zugleich steigt der Anteil an Spaltprodukten, u. a. an Plutonium, der durch Neutroneneinfang die Kernspaltung zunehmend behindert. Da die Brennstäbe noch spaltbares Material enthalten, ist eine **Wiederaufarbeitung** wirtschaftlich. Die zerkleinerten Brennelemente werden in Salpetersäure aufgelöst und in mehreren Stufen chemisch aufgetrennt (**Purex-Verfahren**).

Als Fraktionen erhält man die Spaltstoffe Uran, das dem Natururan entspricht, und Plutonium sowie ein Gemisch verschiedener Spaltprodukte. Das Uran lässt sich nach Anreicherung wieder als Brennstoff verwenden. Plutonium kann als neuer Kernbrennstoff ebenfalls in Kernreaktoren eingesetzt werden. Wegen seiner Giftigkeit und kanzerogenen Wirkung ist die Wiederaufarbeitung umstritten. Als Abfall anfallende Spaltprodukte, welche Radionuklide mit teilweise hohen Halbwertzeiten enthalten, müssen für lange Zeit sicher beseitigt werden. Dazu ist eine **Endlagerung** der Spaltprodukte in großer Tiefe nach dem Einschmelzen in Glas oder Keramik vorgesehen.

Die Bundesanstalt für Bodenforschung, die heutige Bundesanstalt für Geowissenschaften und Rohstoffe, sprach bereits 1963 eine Empfehlung zur Endlagerung in **Salzsteinformationen** aus. Diese weisen keine wasserführenden Schichten auf, weshalb die eingelagerten Abfälle nicht in den Wasserkreislauf gelangen können.

Abb. 145: Eine Lagerkammer im Versuchsendlager Asse II bei WOLFENBÜTTEL. Zwischen 1967 und 1978 wurden dort insgesamt 126 000 Fässer mit Atommüll eingelagert. Bis 2013 soll das ehemalige Salzbergwerk stillgelegt und endgültig geschlossen werden.

Inzwischen wurden zahlreiche Standorte untersucht, aber lediglich GORLEBEN blieb von insgesamt 140 Salzstöcken als mögliches Endlager übrig. Im April 1979 begann dort die Standorterkundung über Tage, mehr als sieben Jahre später schließlich unter Tage. Mit Blick auf eine **geordnete Beendigung der Nutzung der Kernenergie** haben Bundesregierung und Energieversorgungsunternehmen am 14. 6. 2000 eine Unterbrechung der untertägigen Erkundung des Salzstockes Gorleben ab dem 1. 10. 2000 vereinbart. Diese Unterbrechung soll genutzt werden, um verschiedene sicherheitstechnische Fragen zu klären, wie z. B. die Beherrschung der Gasbildung, die durch die Korrosion der Behälter und die Zersetzung der Abfälle auftritt.

Abb. 146: Atomkraftgegner bei einer Demonstration gegen das Endlager Bure im französischen LOTHRINGEN.

3.4 Energiegewinnung durch Kernfusion

Bei der Kernfusion verschmelzen positiv geladene Atomkerne. Die elektrostatischen Abstoßungskräfte zwischen den Kernen müssen überwunden werden. Bei extrem hohen Temperaturen von 10^8 K haben die Kerne aufgrund ihrer Wärmebewegung eine so hohe kinetische Energie, dass eine Verschmelzung möglich ist (thermonukleare Reaktion). Bei diesen Temperaturen liegt ein vollionisiertes **Plasma**, d. h. ein Gemisch aus Atomkernen und Elektronen vor.
Die Kerne der Wasserstoffisotope besitzen sehr kleine Kernbindungsenergien, sodass bei Verschmelzung mehrerer Wasserstoffkerne zu Helium eine hohe Bindungsenergie frei gesetzt wird:

$$4\,{}^{1}_{1}\mathrm{H} \longrightarrow {}^{4}_{2}\mathrm{He} + 2\,{}^{0}_{+1}\mathrm{e} + 2\,\nu$$

Diese Reaktion tritt sehr häufig im Inneren der **Sonne** auf. Aufgrund der hohen Dichte und des großen Druckes beträgt die Temperatur dort ca. $15 \cdot 10^6$ K. Es kommt zu Proton-Proton-Fusionsreaktionen, die stark vereinfacht als Verschmelzung von vier Protonen zu einem Heliumkern aufgefasst werden können. Da die Verschmelzung von vier Wasserstoffkernen außerhalb der Sonne sehr unwahrscheinlich ist, kommt sie für eine wirtschaftliche Nutzung nicht in Betracht. Als günstig hat sich die Fusion von Deuterium (schwerer Wasserstoff, H 2; D) und Tritium (überschwerer Wasserstoff, H 3; T) erwiesen,

$${}^{3}_{1}\mathrm{H} + {}^{2}_{1}\mathrm{H} \longrightarrow {}^{4}_{2}\mathrm{He} + {}^{1}_{0}\mathrm{n}$$

da hier der Wirkungsquerschnitt bei relativ niedriger Temperatur am höchsten ist. Diese Fusion scheint nach dem derzeitigen Stand der Wissenschaft für eine Realisierung in einem **Fusionsreaktor** am besten geeignet. Die Forschungen sind bereits so weit vorangeschritten, dass man inzwischen konkrete Vorstellungen vom Aufbau des Reaktors hat. Deuterium und Tritium dienen als „Brennstoffe", das Plasma im Reaktor wird von einer Schicht aus flüssigem Lithium umgeben, die u. a. Li 6 enthält. Das Lithium hat zwei Aufgaben:

1. Da Tritium in der Natur nicht in ausreichenden Mengen vorkommt, ist es notwendig, dieses im Reaktor zu erzeugen. Das Isotop Lithium 6 aus der umgebenden Schicht reagiert mit den bei den Fusionsprozessen frei werdenden Neutronen zu Tritium und liefert somit einen der „Brennstoffe":

   $${}^{6}_{3}\mathrm{Li} + {}^{1}_{0}\mathrm{n} \longrightarrow {}^{4}_{2}\mathrm{He} + {}^{3}_{1}\mathrm{H}$$

2. Die bei der Fusion frei werdende Energie wird zu einem großen Teil in Form von kinetischer Energie der Neutronen in die Lithiumschicht transportiert. In einem Wärmeaustauscher wird diese Energie an Wasser abgegeben, das verdampft und eine Turbine antreibt.

In CULHAM in Großbritannien wurde bereits ein Fusionsreaktor erprobt. Mit dem Experiment **JET** (**J**oint **E**uropean **T**orus) wurde eine Leistung von 15 MW erreicht, was für einen Leistungsreaktor noch nicht ganz genügt. Die USA, Japan, Russland und Europa planen gemeinsam einen Fusionsreaktor, der eine deutlich höhere Leistung haben wird. Das **ITER**-Experiment (**I**nternational **T**hermonuclear **E**xperimental **R**eactor) soll eine Leistung von 1,5 GW erzeugen. Voraussichtlich wird 2008 mit ersten Probeläufen begonnen.
Eine ökonomische Nutzung der Kernfusion, die die Energieversorgung der Menschheit langfristig sichern könnte, ist derzeit noch nicht möglich. Von einer Fülle technischer Probleme, die einer Verwirklichung eines Fusionsreaktors im Wege stehen, seien nur einige genannt:

- Bisher ist es noch nicht gelungen, die für die Herstellung eines vollionisierten Deuteriumplasmas notwendigen **Temperaturen** über einen längeren Zeitraum aufrecht zu erhalten.
- Um Leistungsabgabe und Plasmadruck in kontrollierbaren Grenzen zu halten, darf die **Plasmadichte** nur sehr gering sein. Bei höheren Plasmadichten ist die Zahl der Fusionen und damit die Leistungsabgabe und der Plasmadruck zu hoch.
- Nur in einem geschlossenen **Gefäß** lässt sich die gewünschte Plasmadichte aufrecht erhalten. Die Kerne des Plasmas dürfen jedoch nicht auf die Gefäßwand treffen, da sie sonst zuviel kinetische Energie verlieren würden und ein kontinuierlicher Fusionsprozess unmöglich würde. Man experimentiert mit starken magnetischen Feldern, um das Plasma von den Gefäßwänden fern zu halten.

Das Max-Planck-Institut für Plasmaphysik in GARCHING bei MÜNCHEN arbeitet seit einigen Jahren im Rahmen des Fusionsexperiments **ASDEX** (**A**xial**s**ymmetrisches **D**ivertor**ex**periment) daran, die Wechselwirkung zwischen Plasma und Gefäßwand möglichst gering zu halten.

Zusammenfassung

1. **Radioaktivität** ist die Eigenschaft bestimmter chemischer Elemente, Strahlung auszusenden.
2. Man unterscheidet **drei Typen radioaktiver Strahlung**:
   α-Strahlung: zweifach positiv geladene Heliumkerne
   β-Strahlung: einfach negativ geladene Elektronen
   γ-Strahlung: kurzwellige elektromagnetische Strahlung
3. Für radioaktive Zerfallsreaktionen gelten die **Verschiebungsgesetze**: Die Summen der Massenzahlen *A* und die Summen der Kernladungszahlen *Z* müssen bei kernchemischen Gleichungen auf beiden Seiten der Gleichung übereinstimmen:
   α-Strahlung: ${}^{A}_{Z}E \longrightarrow {}^{A-4}_{Z-2}E + {}^{4}_{2}He$
   β-Strahlung: ${}^{A}_{Z}E \longrightarrow {}^{A}_{Z+1}E + {}^{0}_{-1}e + \overline{\nu}$
   ${}^{1}_{0}n \longrightarrow {}^{1}_{1}p + {}^{0}_{-1}e + \overline{\nu}$
   γ-Strahlung: ${}^{A}_{Z}E^{*} \longrightarrow {}^{A}_{Z}E + \gamma$ (E^* = angeregter Zustand)
4. Für die **Anzahl** N_t der zur Zeit *t* noch **unzerfallenen Atome** gilt
   $N_t = N_0 \cdot e^{-k \cdot t}$ mit der Zerfallskonstante $k = \frac{\ln 2}{t_{1/2}}$.
5. Die **Halbwertzeit** $t_{1/2}$ ist diejenige Zeit, nach der noch die Hälfte der anfänglich vorhandenen Atome unzerfallen vorliegt.
6. Die **Aktivität** $A_t = \left| \frac{dN}{dt} \right|$ gibt die Anzahl der Zerfälle pro Zeiteinheit an. Für A_t gilt:
   $A_t = A_0 \cdot e^{-k \cdot t}$ (Die Einheit der Aktivität ist **Becquerel**: [1 Bq = 1 s^{-1}])
7. In der Natur gibt es drei **Zerfallsreihen**, die alle mit einem Bleiisotop enden:
   Uran-Actinium-Reihe: Massenzahlen 4n + 3
   Uran-Radium-Reihe: Massenzahlen 4n + 2
   Thorium-Reihe: Massenzahlen 4n
   Die Neptunium-Reihe (Massenzahlen 4n + 1) existiert inzwischen nicht mehr.
8. Zur Beschreibung der Wechselwirkung von Strahlung mit Materie verwendet man die **Energiedosis** *D*. Sie ist definiert als Quotient aus absorbierter Energie *W* und Masse *m* der durchstrahlten Materie:
   $D = \frac{W}{m}$ (Die Einheit der Energiedosis ist **Gray**: [1 Gy = 1 J · kg^{-1}])
9. Zur Abschätzung der biologischen Strahlenwirkung wird die Energiedosis mit dem dimensionslosen Qualitätsfaktor *Q* multipliziert und die **Äquivalentdosis** *H* eingeführt:
   $H = Q \cdot D$ (Die Einheit der Äquivalentdosis ist **Sievert**: [1 Sv = 1 J · kg^{-1}])

10. Wichtige **Strahlenschutzmaßnahmen** sind ein großer Abstand, eine wirksame Abschirmung und eine geringe Bestrahlungszeit.

11. Durch den Beschuss von Atomkernen mit Nukleonen oder anderen Kernen kann man **künstliche Elementumwandlungen** herbeiführen.
Wird das Geschoss in den Kern integriert, so spricht man von einer **Einfangreaktion**.
Beim Elektroneneinfang wird ein Elektron aus der kernnächsten K-Schale in den Kern eingebaut:
$^{A}_{Z}E + ^{0}_{-1}e \longrightarrow {}^{A}_{Z-1}E + \nu$; $^{1}_{1}p + ^{0}_{-1}e \longrightarrow {}^{1}_{0}n + \nu$
Bei **Austauschreaktionen** werden ein oder mehrere Teilchen frei gesetzt.
Die Positronenemission ist eine Austauschreaktion, bei der ein Proton in ein Neutron umgewandelt wird:
$^{A}_{Z}E \longrightarrow {}^{A}_{Z-1}E + ^{0}_{+1}e + \nu$; $^{1}_{1}p \longrightarrow {}^{1}_{0}n + ^{0}_{+1}e + \nu$

12. **Künstliche Radioisotope** finden verbreitet Anwendung in der Wissenschaft, der Technik, der Lebensmittelindustrie und der Medizin.

13. Bei allen Atomkernen ist die Masse des Kerns kleiner als die Summe der Massen seiner Nukleonen. Die Massendifferenz nennt man **Massendefekt** Δm:
$\Delta m = N_p \cdot m_p + N_n \cdot m_n - m$
Nach der Einstein'schen Äquivalenz von Masse und Energie ($E = m \cdot c^2$) entspricht dem Massendefekt Δm eine Energie, die als Bindungsenergie bei der Fusion der Nukleonen zu einem Atomkern abgestrahlt wird. Der gleiche Energiebetrag muss zur Trennung der Nukleonen aufgewendet werden.

14. Es gibt zwei Möglichkeiten der Gewinnung und Nutzung von Kernenergie:
    - **Spaltung** eines schweren Kerns in mittelschwere Kerne
    - **Fusion** zweier leichter Kerne zu einem mittelschweren Kern

15. Das Absinken der Bindungsenergie pro Nukleon von schweren zu mittelschweren Kernen hat zur Folge, dass bei der **Spaltung** eines großen Kerns in kleinere Bruchstücke Energie frei gesetzt wird. Für eine fortgesetzte **Kettenreaktion** eignet sich z. B. das Isotop Uran 235. Es findet daher in Spaltungsreaktoren Verwendung. Mithilfe von **Regelstäben** wird im Reaktor der **Neutronenvermehrungsfaktor** K konstant auf dem Wert 1 gehalten. Die Zahl der Kernspaltungen pro Zeiteinheit verändert sich daher nicht. Die wirtschaftlichsten Reaktortypen sind der **Druck-** und der **Siedewasserreaktor**, die in Deutschland ausschließlich eingesetzt werden.

16. Das Absinken der Bindungsenergie pro Nukleon von leichten zu mittelschweren Kernen hat zur Folge, dass bei der **Fusion** kleiner Kerne Energie frei gesetzt wird.
Für zukünftige Fusionsreaktoren ist insbesondere die Verschmelzung von Deuterium und Tritium von Interesse. Diese besitzt bei relativ niedrigen Temperaturen den größten Wirkungsquerschnitt.
$^{3}_{1}H + ^{2}_{1}H \longrightarrow {}^{4}_{2}He + ^{1}_{0}n$

Stichwortverzeichnis

Bildnachweis:
Umschlagbild: Julius Ecke, München; info@julius-ecke.de
S. 1: © Dmitry Sunagatov – Fotolia.com
S. 4, 7, 11, 31, 132, 133: Bildarchiv Preußischer Kulturbesitz (bpk)
S. 9: Joachim Strähle, Eberhard Schweda: Jander/Blasius, Einführung in das anorganisch-chemische Praktikum. S. Hirzel Verlag, Stuttgart und Leipzig 1995, verändert
S. 18: Wolfgang Demtröder, Experimentalphysik 3: Atome, Moleküle und Festkörper. Springer Verlag, Berlin, Heidelberg, 2. Auflage
S.29: Jacques-Louis David: Monsieur Lavoisier and his Wife, 1788, The Metropolitan Museum of Art, New York
S. 73: Wolfgang Demtröder, Experimentalphysik 3: Atome, Moleküle und Festkörper. Springer Verlag, Berlin, Heidelberg, 2. Auflage, Fotor: Dr. Eigler
S. 72: Aus: Jun-ichi Aihara: „Warum sind aromatische Verbindungen stabil?" Spektrum der Wissenschaft, Mai 1992, S. 64–7. Image reproduced by permission of IBM Research, Almaden Research Center. Unauthorized use not permitted.
S. 103: © The Nobel Foundation
S. 131, 171: COGEMA Frankreich
S. 138, 153: Helmut Vogel: Gerthsen, Physik. Springer Verlag, Berlin und Heidelberg, 20. Auflage 1999
S. 143: Ullstein – Reuters AG
S. 157: Deutsches Elektronen-Synchrotron DESY, Hamburg
S. 163: © Ullstein-Bilderdienst
S. 170: www.BilderBox.com
S. 172: Ullstein – Becker & Bredel

Der Verlag hat sich bemüht, die Urheber der in diesem Werk abgedruckten Abbildungen ausfindig zu machen. Wo dies nicht gelungen ist, bitten wir diese sich gegebenenfalls an den Verlag zu wenden.

Ihre Meinung ist uns wichtig!

Ihre Anregungen sind uns immer willkommen. Bitte informieren Sie uns mit diesem Schein über Ihre Verbesserungsvorschläge!

Titel-Nr.	Seite	Vorschlag

Bitte hier abtrennen

Zutreffendes bitte ankreuzen!

Die Absenderin/der Absender ist:

- ☐ Lehrer/in in den Klassenstufen: ____
- ☐ Fachbetreuer/in
  Fächer: ____
- ☐ Seminarlehrer/in
  Fächer: ____
- ☐ Regierungsfachberater/in
  Fächer: ____
- ☐ Oberstufenbetreuer/in
- ☐ Schulleiter/in
- ☐ Referendar/in, Termin 2. Staatsexamen: ____
- ☐ Leiter/in Lehrerbibliothek
- ☐ Leiter/in Schülerbibliothek
- ☐ Sekretariat
- ☐ Eltern
- ☐ Schüler/in, Klasse: ____
- ☐ Sonstiges: ____

Unterrichtsfächer: (Bei Lehrkräften!)

____

STARK Verlag
Postfach 1852
85318 Freising

18-V1T
Bitte ausfüllen und im frankierten Umschlag an uns einsenden. Für Fensterkuverts geeignet.

Kennen Sie Ihre Kundennummer?
Bitte hier eintragen.

Absender (Bitte in Druckbuchstaben!)

Name/Vorname

Straße/Nr.

PLZ/Ort/Ortsteil

Telefon privat

Geburtsjahr

E-Mail

Schule/Schulstempel (Bitte immer angeben!)

Bitte hier abtrennen

(Bitte blättern Sie um)

Wirtschaft/Recht

Wirtschaft – Baden-Württemberg .... Best.-Nr. 84851
Betriebswirtschaft .... Best.-Nr. 94851
Abitur-Wissen Volkswirtschaft .... Best.-Nr. 94881
Abitur-Wissen Rechtslehre .... Best.-Nr. 94882
Kompakt-Wissen Abitur Volkswirtschaft .... Best.-Nr. 948501

Politik

Abitur-Wissen Internationale Beziehungen .... Best.-Nr. 94802
Abitur-Wissen Demokratie .... Best.-Nr. 94803
Abitur-Wissen Sozialpolitik .... Best.-Nr. 94804
Abitur-Wissen Die Europäische Einigung .... Best.-Nr. 94805
Abitur-Wissen Politische Theorie .... Best.-Nr. 94806
Kompakt-Wissen Abitur Politik/Sozialkunde .... Best.-Nr. 948001
Lexikon Politik/Sozialkunde .... Best.-Nr. 94801

Erdkunde

Methoden Erdkunde .... Best.-Nr. 94901
Geographie – Atmosphäre · Küstenlandschaften in Europa
Wirtschaftsstrukturen und -prozesse – Baden-W. Best.-Nr. 84902
Erdkunde – Atmosphäre · Relief- und Hydrosphäre · Wirtschafts-
prozesse und -strukturen · Verstädterung .... Best.-Nr. 94909
Abitur-Wissen GUS-Staaten/Russland .... Best.-Nr. 94908
Abitur-Wissen Entwicklungsländer .... Best.-Nr. 94902
Abitur-Wissen USA .... Best.-Nr. 94903
Abitur-Wissen Europa .... Best.-Nr. 94905
Abitur-Wissen Der asiatisch-pazifische Raum .... Best.-Nr. 94906
Kompakt-Wissen Abitur Erdkunde
Allgemeine Geografie · Regionale Geografie .... Best.-Nr. 949010
Lexikon Erdkunde .... Best.-Nr. 94904

Deutsch

Methoden Deutsch .... Best.-Nr. 944062
Dramen analysieren und interpretieren .... Best.-Nr. 944092
Erörtern und Sachtexte analysieren .... Best.-Nr. 944094
Gedichte analysieren und interpretieren .... Best.-Nr. 944091
Epische Texte analysieren und interpretieren .... Best.-Nr. 944093
Übertritt in die Oberstufe .... Best.-Nr. 90409
Abitur-Wissen Erörtern und Sachtexte analysieren Best.-Nr. 944064
Abitur-Wissen Textinterpretation .... Best.-Nr. 944061
Abitur-Wissen Deutsche Literaturgeschichte .... Best.-Nr. 94405
Abitur-Wissen Prüfungswissen Oberstufe .... Best.-Nr. 94400
Kompakt-Wissen Rechtschreibung .... Best.-Nr. 944065
Lexikon Autoren und Werke .... Best.-Nr. 944081

Ethik

Ethische Positionen in historischer Entwicklung gk Best.-Nr. 94951
Abitur-Wissen Philosophische Ethik .... Best.-Nr. 94952
Abitur-Wissen Glück und Sinnerfüllung .... Best.-Nr. 94953
Abitur-Wissen Freiheit und Determination .... Best.-Nr. 94954
Abitur-Wissen Recht und Gerechtigkeit .... Best.-Nr. 94955
Abitur-Wissen Religion und Weltanschauungen .... Best.-Nr. 94956
Abitur-Wissen Politische Ethik .... Best.-Nr. 94958

Erziehungswissenschaft

Erziehungswissenschaft NRW GK/LK .... Best.-Nr. 54941

Pädagogik/Psychologie

Grundwissen Pädagogik .... Best.-Nr. 92480
Grundwissen Psychologie .... Best.-Nr. 92481

Latein

Abitur-Wissen Lateinische Literaturgeschichte .... Best.-Nr. 94602
Wiederholung Grammatik .... Best.-Nr. 94601
Wortkunde .... Best.-Nr. 94603
Kompakt-Wissen Kurzgrammatik .... Best.-Nr. 906011

Französisch

Landeskunde Frankreich .... Best.-Nr. 94501
Themenwortschatz .... Best.-Nr. 94503
Literatur .... Best.-Nr. 94502
Abitur-Wissen Literaturgeschichte .... Best.-Nr. 94506
Kompakt-Wissen Abitur Themenwortschatz .... Best.-Nr. 945010
Kompakt-Wissen Kurzgrammatik .... Best.-Nr. 945011

Religion

Katholische Religion 1 gk .... Best.-Nr. 84991
Katholische Religion 2 gk .... Best.-Nr. 84992
Abitur-Wissen gk ev. Religion
Der Mensch zwischen Gott und Welt .... Best.-Nr. 94973
Abitur-Wissen gk ev. Religion
Die Verantwortung des Christen in der Welt .... Best.-Nr. 94974
Abitur-Wissen Glaube und Naturwissenschaft .... Best.-Nr. 94977
Abitur-Wissen Jesus Christus .... Best.-Nr. 94978
Abitur-Wissen Die Frage nach dem Menschen .... Best.-Nr. 94990
Abitur-Wissen Die Bibel .... Best.-Nr. 94992
Abitur-Wissen Christliche Ethik .... Best.-Nr. 94993

Sport

Bewegungslehre · Sportpsychologie .... Best.-Nr. 94981
Trainingslehre .... Best.-Nr. 94982

Kunst

Abitur-Wissen Malerei .... Best.-Nr. 94961
Abitur-Wissen Analyse und Interpretation .... Best.-Nr. 94962

Englisch

Übersetzungsübung .... Best.-Nr. 82454
Grammatikübung .... Best.-Nr. 82452
Themenwortschatz .... Best.-Nr. 82451
Grundlagen, Arbeitstechniken, Methoden mit CD .. Best.-Nr. 944601
Sprachmittlung .... Best.-Nr. 94469
Textaufgaben Literarische Texte und Sachtexte .... Best.-Nr. 94468
Sprechfertigkeit mit CD .... Best.-Nr. 94467
Englisch – Grundwissen Übertritt in die Oberstufe Best.-Nr. 82453
Abitur-Wissen Landeskunde Großbritannien .... Best.-Nr. 94461
Abitur-Wissen Landeskunde USA .... Best.-Nr. 94463
Abitur-Wissen Englische Literaturgeschichte .... Best.-Nr. 94465
Kompakt-Wissen Abitur Themenwortschatz .... Best.-Nr. 90462
Kompakt-Wissen Abitur Landeskunde/Literatur ... Best.-Nr. 90463
Kompakt-Wissen Abitur
Landeskunde/Literatur – NRW .... Best.-Nr. 50463
Kompakt-Wissen Kurzgrammatik .... Best.-Nr. 90461
Kompakt-Wissen Grundwortschatz .... Best.-Nr. 90464

Bestellungen bitte direkt an:
STARK Verlagsgesellschaft mbH & Co. KG · Postfach 1852 · 85318 Freising
Tel. 0180 3 179000* · Fax 0180 3 179001* · www.stark-verlag.de · info@stark-verlag.de
* 9 Cent pro Min. aus dem deutschen Festnetz

STARK

18-VIT